Hérodote

*revue de géographie
et de géopolitique*
n° 163

SOMMAIRE

Hérodote

PROCHAIN NUMÉRO

N° 164 : L'Europe

DERNIERS NUMÉROS D'*HÉRODOTE*

N° 117 : Élisée Reclus.
N° 118 : L'Europe et ses limites.
N° 119 : Les évangéliques à l'assaut du monde.
N° 120 : La question postcoloniale.
N° 121 : Menaces sur les deltas.
N° 122 : Ghettos américains, banlieues françaises.
N° 123 : Amérique latine : nouvelle géopolitique.
N° 124 : Proche-Orient, géopolitique de la crise.
N° 125 : Chine, nouveaux enjeux géopolitiques.
N° 126 : Géopolitique de la langue française.
N° 127 : Géopolitique du tourisme.
N° 128 : Vers une nouvelle Europe de l'Est ?
N° 129 : Stratégies américaines aux marches de la Russie.
N° 130 : Géographie, guerres et conflits.
N° 131 : Les enjeux de la crise alimentaire.
N° 132 : L'Amérique d'Obama.
N° 133 : Le Golfe et ses émirats.
N° 134 : Pillages et Pirateries.
N° 135 : France, enjeux territoriaux.
N° 136 : Femmes et géopolitiques.
N° 137 : Géopolitique des Îles Britanniques.
N° 138 : Géopolitique de la Russie.
N° 139 : Géopolitique du Pakistan.
N° 140 : Renseignement et intelligence géographique.
N° 141 : Géopolitique de la péninsule coréenne.
N° 142 : Géopolitique du Sahara.
N° 143 : Santé publique et Territoires.
N° 144 : L'extrême droite en Europe.
N° 145 : Géopolitique de l'océan Indien.
N° 146-147 : La Géopolitique, des géopolitiques.
N° 148 : Géopolitique de la Turquie.
N° 149 : L'Amérique d'Obama, 2.
N° 150 : Regards géopolitiques sur la Chine.
N° 151 : Économie et géopolitique.
N° 152-153 : Cyberespace : enjeux politiques.
N° 154 : France, pouvoirs et territoires.
N° 155 : Géopolitique de l'énergie.
N° 156 : Géopolitique de l'agriculture.
N° 157 : Géopolitique du Viêt Nam
N° 158 : Postconflit : entre guerre et paix ?
N° 159 : Géopolitique du Nigeria
N° 160-161 : Hérodote a 40 ans : spécial monde arabe
N° 162 : le 9-3, un territoire de la nation

ISBN : 978-2-7071-9229-5

Éditorial

Béatrice Giblin

En 1984, *Hérodote* publiait « Géopolitiques de la mer », numéro qui rencontra un grand succès puisqu'il fut assez vite épuisé. On y traitait principalement du nouvel enjeu que représentait, pour chaque État, le contrôle des zones économiques exclusives, nouvelle forme de souveraineté qui engendrait de nouveaux conflits sur les mers et les océans et non plus seulement sur les terres. On a, alors, découvert l'existence d'îlots inhabités battus par les vents qui devenaient objets de conflits entre États, au nom de droits historiques ou au nom de droits naturels du fait de configurations géomorphologiques particulières. Ces conflits sont loin d'être dépassés, surtout depuis que les possibilités d'extraction *offshore* du pétrole se sont fortement améliorées et qu'est envisagée l'exploitation de nodules métalliques dans les grands fonds marins. Autre enjeu géopolitique à cette époque : la multiplication de micro-États insulaires indépendants créés avec l'appui de l'ONU et souvent celui de l'ancienne puissance coloniale, États de quelques milliers d'habitants mais qui, comme les grands États, défendent leur souveraineté sur leurs zones économiques exclusives. Enfin, c'était encore le temps de la guerre froide et Yves Lacoste, dans son éditorial, évoquait le rôle des sous-marins nucléaires non repérables dans l'arsenal des grandes puissances militaires. Il pensait alors que la marine soviétique serait capable de rivaliser avec la marine américaine ; la chute de l'URSS n'a pas permis de vérifier cette hypothèse qui reposait peut-être sur des données soviétiques quelque peu gonflées (la source retenue était le *Grand Atlas de la mer* de l'*Encyclopedia universalis* de 1983).

Où en est-on trente-deux ans plus tard ?

La mer reste plus que jamais un enjeu géopolitique et géostratégique majeur, tant dans le domaine stratégique qu'écologique et économique : « La mer est aujourd'hui l'avenir de la terre », c'est d'ailleurs ainsi que le contre-amiral Jean Dufourcq

Hérodote, n° 163, La Découverte, 4e trimestre 2016.

commence son article sur l'approche stratégique de la marine nationale française. Comme les enjeux écologiques (réchauffement climatique, pollutions marines) et économiques (la mondialisation des échanges maritimes) sont souvent traités, *Hérodote* a choisi de centrer ce numéro, d'une part, sur les grandes marines nationales et leurs objectifs et, d'autre part, sur un risque majeur qui en est à ses débuts, du moins pour ces formes autres que la piraterie : le terrorisme maritime.

Pour les grands États il est important de posséder une marine nationale de poids, c'est-à-dire de disposer d'un nombre significatif de navires performants, ce que montre la croissance des budgets des marines car les navires de guerre coûtent extrêmement cher. C'est donc un choix stratégique majeur, signe de l'importance que les gouvernants lui accordent, d'autant plus que plusieurs États sont en situation de ralentissement économique et qu'il est alors toujours tentant de réduire la voilure, d'autant plus que les opinions publiques y sont le plus souvent favorables. Mais les multiples conflits et autres tensions au Moyen-Orient, en Afrique, en Asie et en Europe si l'on pense à l'Ukraine, obligent à un nécessaire réalisme.

Les grandes marines nationales : outils de la puissance

L'indépassable US Navy

L'US Navy reste – et de loin – la première marine du monde et ce depuis plus d'un siècle et sans doute encore pour longtemps. En effet, elle possède le matériel aéronaval le plus performant, matériel non seulement indispensable aux interventions armées mais aussi à la surveillance des routes de commerce maritimes ; elle continue d'y consacrer un énorme budget (le budget de l'armée américaine reste de loin le premier du monde, le budget de base du Pentagone pour l'année fiscale 2017 devrait s'élever à 524 milliards de dollars – 479,5 milliards d'euros –, en augmentation de 59 milliards de dollars – 54 milliards d'euros – par rapport à 2015 contre un peu plus de 145 milliards de dollars pour la Chine deuxième budget) ; elle a une maîtrise technologique inégalée dans le domaine des sous-marins et des porte-avions et un réseau d'alliés qui lui fournit un appoint de force et des bases de déploiement tout autour du monde. Des atouts que la marine américaine est la seule à posséder aujourd'hui comme le démontre Pierre Royer. De fait, elle reste très présente en Méditerranée (golfe Arabo-Persique et protection de la libre circulation dans le détroit d'Ormuz, présence en Méditerranée orientale) même si Obama prônait la stratégie du « pivot » ou « rééquilibrage » au profit de la zone Asie-Pacifique : 60 % de la flotte américaine devrait être située dans la région d'ici 2020 contre 50 % en 2012 (*Le Monde*, 8 septembre 2016), cette zone selon le président américain devenant de plus en plus importante pour les intérêts du pays. Mais il

Hérodote, n° 163, La Découverte, 4e trimestre 2016.

s'agit aussi de répondre à la demande de ses alliés dans cette zone qui réclament une présence forte de la marine américaine afin de contrer si besoin les offensives d'une marine chinoise en plein essor, le gouvernement chinois étant d'ailleurs convaincu que le but premier de ce « rééquilibrage » est de limiter son ascension.

Mers et océans : nouvelles géopolitiques chinoise et indienne

En effet, les gouvernants de la deuxième puissance mondiale qu'est désormais la Chine sont en train de doter leurs forces armées d'une flotte digne de ce nom afin qu'elles puissent servir leurs objectifs de domination régionale. Ils y consacrent un énorme budget dont ils ont les moyens grâce à leur forte croissance économique, même si elle ralentit depuis quelques années. La marine chinoise dispose déjà de toutes les armes d'une marine moderne – flotte sous-marine, sous-marins nucléaires lanceurs d'engins (SNLE), destroyers dotés de missiles guidés surface-surface.

Nul n'ignore les ambitions chinoises dans les mers de Chine et le rapport de forces que le gouvernement chinois y a établi. Il organise d'ailleurs de grandes manœuvres militaires depuis plusieurs années à proximité des îles Paracels et Spratleys, histoire de bien faire comprendre aux six États asiatiques qui lui contestent toute souveraineté sur ces îles qu'il compte bien en garder le contrôle. Le gouvernement philippin avait porté l'affaire de la souveraineté chinoise en mer de Chine méridionale devant la Cour permanente d'arbitrage de La Haye qui, en juillet 2016, a rendu une sentence défavorable à la Chine estimant qu'elle n'avait pas de « droits historiques » sur la majorité des eaux stratégiques de la mer de Chine méridionale. Mais le rapport de forces est tel que les responsables chinois n'ont jamais eu l'intention d'en tenir compte. Selon eux, cette Cour n'a aucune légitimité et dès qu'il a eu connaissance de la sentence rendue, le président Xi Jinping a déclaré que la décision n'affecterait en aucun cas la souveraineté territoriale et les intérêts maritimes de son pays, et a réitéré l'argument principal qui venait d'être invalidé par la justice selon lequel « les îles de la mer de Chine méridionale sont des territoires chinois depuis des temps anciens[1] ».

Preuve supplémentaire du rapport de forces favorable à la Chine : lors du sommet annuel de l'Asean en septembre 2016, auquel assistaient les États-Unis et la France, les dix pays qui en font partie ont soigneusement évité le sujet des velléités hégémoniques de la Chine en mer de Chine méridionale et d'évoquer la sentence de la Cour de La Haye.

1. « Le ton monte entre Pékin et Manille après le jugement sur la mer de Chine méridionale », 13.07.2016 <www.lemonde.fr/ >.

Hérodote, n° 163, La Découverte, 4e trimestre 2016.

Le titre de l'article de Sébastien Colin « Mers et océans, nouvelles frontières de la Chine » illustre bien les ambitions maritimes chinoises. On sait le rôle que jouent les grands armateurs chinois dans le trafic maritime mondial, même si celui-ci connaît en cette année 2016 de sérieuses difficultés, en particulier l'armateur chinois Cosco qui occupe le quatrième rang dans le commerce maritime mondial (*Le Monde*, 4-5 septembre 2016). Un premier signe de l'importance que les Chinois accordent à leur présence sur les mers a été la participation de la marine chinoise à l'opération *Atalante* pour contrer la piraterie dans le golfe d'Aden, c'était une grande première.

Dans ce contexte général de tensions maritimes et d'affirmation de puissance étatique, l'Inde ne veut pas rester à la traîne. Inquiète de la montée en puissance de la marine chinoise militaire et commerciale, en particulier dans l'océan Indien (le fameux collier de perles, métaphore pour évoquer les points d'ancrage maritimes commerciaux pouvant devenir en cas de besoin des ports d'escale pour la marine chinoise, entre autres ceux que lui donne le Pakistan, son principal ennemi). Comme l'écrit Jean-Luc Racine, si l'Inde développe sa marine, ce n'est pas seulement pour « répondre aux initiatives chinoises dans l'océan Indien, mais [pour] user de la puissance navale pour développer l'influence du pays dans la région, et au-delà : le concept d'Indo-Pacifique, emprunté avec vivacité aux Australiens, traduit cet élargissement de l'horizon maritime, qui voit aussi le drapeau indien flotter sur l'Antarctique et en Arctique ». Autrement dit, l'Inde compte exercer pleinement son rôle de puissance émergente dans son étranger maritime proche, l'océan Indien, comme sur les mers et océans plus lointains, vers l'est (les pays de l'Asean) comme vers l'ouest pour des raisons stratégiques (accords de coopération de défense avec les émirats, Oman et l'Arabie saoudite) et économiques : l'Inde importe les deux tiers de son énergie du Moyen-Orient.

Poutine et la mer

Quant à la Russie, depuis que Poutine est au pouvoir l'armée russe retrouve lustre et moyens. La Russie, on s'en souvient, avait commandé sous la présidence Sarkozy deux porte-hélicoptères Mistral à la France que le président Hollande, sous la pression des États-Unis mais aussi de l'Allemagne et du Royaume-Uni, a refusé de livrer suite à l'intervention militaire russe dans l'est de l'Ukraine et à l'annexion de la Crimée par la Russie.

Voilà bien longtemps que la Russie ne se limite plus à être une puissance continentale – le fameux « heartland » de Mackinder – mais qu'elle est aussi une puissance maritime. C'est actuellement, par le tonnage, la deuxième marine du monde suivie de près par la marine chinoise. Compte tenu de la politique étrangère menée par Poutine, celui-ci a besoin d'une marine performante répartie en plusieurs flottes : en Baltique, en mer Noire, en Méditerranée, en mer Caspienne et dans le

Hérodote, n° 163, La Découverte, 4e trimestre 2016.

Pacifique. Rappelons que nombre d'interventions sur terre se font aussi à partir de la mer, d'où l'importance des porte-avions : l'armée russe n'en possède pour le moment qu'un contre dix pour l'armée américaine. La Russie compte en avoir d'autres mais c'est d'un tel coût que pour le moment elle est contrainte d'en retarder la construction, mais elle souhaite avoir une force aéronavale dans chaque flotte du Pacifique et du Nord[2]. Les Mistral porte-hélicoptères avaient été commandés à la suite de la guerre de l'armée russe en Ossétie du Sud car ce type de matériel leur avait alors fortement manqué. Quant à l'intervention de l'armée russe en Syrie, elle se fait avec l'appui de sa marine, par exemple en tirant des missiles de croisière à partir de ses bâtiments en mer Caspienne ; on dit aussi que la décision d'intervenir auprès du régime syrien d'Assad serait liée à l'objectif de la Russie de sauvegarder sa seule base navale en Méditerranée, à Tartous, sur le littoral syrien. Ce n'est pas à proprement parler une base navale mais un port où la marine russe pouvait ravitailler et entretenir ses navires, on peut supposer qu'avec la présence russe en Syrie, Tartous est en train de devenir une véritable base navale. Autre zone de tension avec l'Occident, la Baltique et l'océan Glacial Arctique ; elle le fut déjà durant la guerre froide avec la flotte soviétique basée à Mourmansk, mais elle semble l'être de nouveau puisque la flotte du Nord regroupe les trois quarts des SNLE (sous-marins nucléaires lance-engins), la proximité de l'océan Glacial Arctique permettant aux sous-marins russes d'avoir dans leur champ de tir les territoires des principales puissances de l'hémisphère Nord (*cf.* l'article de Jean-Sylvestre Mongrenier). Quant à la Baltique, elle devient une zone de conflit possible avec les forces de l'Otan, depuis l'intégration des États baltes et de la Pologne dans l'Otan à laquelle s'ajoutent les accords de coopération entre la Finlande et la Suède. L'annexion de la Crimée en mars 2014 par la Russie et, de fait, la récupération de la base navale de Sébastopol louée jusqu'alors à l'Ukraine illustrent la politique offensive de Poutine et inquiètent l'Otan et ses États membres qui ont donc décidé de renforcer leur système de défense et de dissuasion de la Baltique à la mer Noire.

Le terrorisme maritime : acteur géopolitique

Le terrorisme terrestre, surtout islamique, occupe quotidiennement les médias, préoccupe les opinions publiques et inquiète fortement les États, au point d'évincer le terrorisme maritime qui existe pourtant depuis longtemps mais qui n'a pas la même notoriété menaçante, du moins pas encore, hormis pendant un temps avec la piraterie dans le golfe d'Aden où des bateaux de plaisance, entre autres français,

2. https ://fr. wikipedia. org/wiki/Flotte_maritime_militaire_de_Russie

Hérodote, n° 163, La Découverte, 4e trimestre 2016.

furent arraisonnés et leurs équipages kidnappés et rançonnés (*cf. Hérodote*, « Le Golfe et ses émirats », 2009). Comme le montre l'article de l'amiral Eudeline, le terrorisme maritime ne peut que s'accroître, toutes les conditions étant réunies pour cela. C'est tout d'abord un gigantesque domaine de liberté qui favorise les actes de violence : pêche illicite, piraterie, trafic de drogue, pollutions, guerres déclarées ou non. Or, après avoir été célèbre à l'époque des corsaires et pirates, le terrorisme maritime a connu un reflux, les États étant capables de mieux contrôler l'espace maritime, même si le commerce maritime s'est toujours accompagné d'actes de piraterie. Compte tenu de son poids actuel dans le commerce mondial, il est logique que la piraterie connaisse un nouvel essor et principalement dans les zones les moins contrôlées par les États côtiers comme ce fut le cas à proximité des côtes somaliennes, jusqu'à l'opération *Atalante*. La surveillance du détroit de Malacca par les bateaux chinois y a aussi fortement réduit les actes de piraterie.

Mais qu'en est-il des autres actes de terrorisme et comment les définir ? L'amiral Eudeline, à partir d'une base de données construite sur un recensement précis de milliers d'actions, propose dans son article deux types d'actes terroristes : le terrorisme stratégique et le terrorisme tactique. Dans le domaine maritime, les cibles des actes terroristes sont les grands flux de commerce (par exemple, attaques de pétroliers), mais à terme ce pourrait être les grands bateaux de croisière et l'impact médiatique de ces actes seraient considérablement plus fort et ils auraient des effets économiques désastreux sur le secteur des croisières en pleine croissance. Pour ce qui est des forces navales, les attaques en haute mer sont peu probables car leur vulnérabilité y est faible, en revanche elle est beaucoup plus grande quand ils sont à quai. En outre, pour agir en mer il faut des moyens nautiques spécifiques et des lieux pour mettre à l'abri les navires, ce qui nécessite des configurations géographiques favorables où se cacher et cacher le matériel : les côtes à mangrove par exemple, ou utiliser pour des petits bateaux des entrepôts installés sur des îles en haute mer comme le firent les Tigres tamouls en guerre contre les forces militaires sri-lankaises. À ces moyens matériels s'ajoutent des compétences humaines pour agir en mer car on ne s'improvise pas marin et ceux-ci ne sont pas si nombreux et donc pas faciles à recruter, ce qui de fait limite les actes terroristes maritimes.

Toutefois les terroristes peuvent aussi agir à terre là où les navires accostent, là où les câbles sous-marins de télécommunication sortent de l'eau. Ces câbles sous-marins, parce qu'ils sont devenus les principaux vecteurs de l'économie mondiale (télécommunication, transport d'énergie), sont aussi devenus des cibles pour les terroristes, même s'ils ne sont pas si faciles que ça à atteindre sauf à leur point d'arrivée à terre, aussi la question de leurs vulnérabilités et donc de leur protection se pose-t-elle désormais (*cf.* article de Camille Morel).

Mers et océans restent en haute mer des espaces de liberté mais de plus en plus sous haute surveillance.

Hérodote, n° 163, La Découverte, 4e trimestre 2016.

Le terrorisme maritime, une menace réelle pour la stabilité mondiale

Hugues Eudeline[1]

Le terrorisme est une démarche structurée et profondément rationnelle[2]. Largement théorisée dans des documents comme le « Traité de la gestion de la barbarie[3] », sous-estimée par ses victimes, c'est une forme de la violence politique qui met en œuvre une stratégie destinée à déstabiliser l'opinion publique pour atteindre des objectifs politiques. Les océans, en raison de leurs étendues, de la liberté de navigation qui y règne et de leur importance primordiale pour l'économie mondiale, constituent un domaine d'action parfaitement adapté aux opérations clandestines du terrorisme. Elles sont appelées à se développer avec l'importance des activités industrielles en mer.

Les espaces maritimes forment un seul et unique océan mondial qui recouvre 71 % de la surface du globe. Ils sont reliés physiquement les uns aux autres par des détroits et des passages internationaux où les navires jouissent d'une liberté de navigation en transit sans entrave consacrée par la convention des Nations unies sur le droit de la mer.

Ce gigantesque domaine de liberté se prête particulièrement bien à toutes les formes de violence, depuis la pêche illicite jusqu'aux guerres déclarées, en passant par la pollution et tous les types de trafics, la piraterie, le terrorisme... Carl Schmitt l'exprimait en écrivant : « La mer ne connaît d'autre frontière que la côte. C'est

1. Ancien officier de marine, docteur en histoire, vice-président du think tank Tethys-CSMA et membre correspondant de l'Académie royale des sciences navales de Suède.

2. Comme toute activité humaine, elle est cependant parfois accompagnée de comportements irrationnels.

3. Il est signé d'un nom qui désigne en fait un groupe de réflexion proche d'Al-Qaïda. [Abou Bakr Naji, 2006].

Hérodote, n° 163, La Découverte, 4e trimestre 2016.

la seule superficie spatiale accessible à tous les États et ouverte au commerce, à la pêche, et à un libre exercice de la guerre maritime et du droit de butin dans la guerre maritime, sans égard au voisinage ou aux frontières géographiques» [Schmitt, 1950]. Quatre-vingt-dix pour cent du tonnage des marchandises échangées dans le monde transitent par voie maritime à bord de plus de 50000 navires de commerce. Essentielle à la mondialisation de l'économie, l'activité maritime se concentre principalement sur la grande route maritime de circumnavigation qui, toujours proche de l'équateur, est entièrement située dans les eaux de l'hémisphère Nord. Depuis le canal de Panama, elle traverse la mer des Caraïbes et l'océan Atlantique, elle franchit ensuite le détroit de Gibraltar, parcourt dans le sens de la longueur la Méditerranée, embouque le canal de Suez et la mer Rouge avant de franchir le détroit de Bab-el-Mandeb qui sépare la péninsule Arabique de l'Afrique. Dans l'océan Indien, principal carrefour mondial des flux maritimes, elle traverse successivement le golfe d'Aden et la mer d'Arabie, passe au large du détroit d'Ormuz, contourne le sous-continent indien et le Sri Lanka, traverse le golfe du Bengale et pénètre dans le très long détroit de Malacca, le plus emprunté au monde. Elle contourne alors Singapour et entre en mer de Chine méridionale en passant entre la Malaisie et l'archipel indonésien. Elle défile ensuite entre les Philippines et Taïwan pour entrer dans le Pacifique, longe les côtes méridionales du Japon avant de traverser l'immense océan jusqu'à Panama. C'est le long de cette grande route maritime que suivent beaucoup des navires qui transportent les richesses du monde que se développent, sans surprise, les plus importantes formes de violence, et ce avec d'autant plus d'intensité que certains des pays qu'elle longe sont peu développés, voire faillis.

En matière de terrorisme maritime, quatre grandes zones principales s'y succèdent, chacune ayant des caractéristiques spécifiques, fonction de l'environnement local. Il s'agit des eaux baignant l'Amérique centrale où sévit le narcoterrorisme; des approches de la péninsule Arabique, berceau du terrorisme islamiste; de celles du Sri Lanka où les Tigres tamouls ont développé jusqu'en 2009 les formes les plus innovantes d'action maritime; des États archipélagiques d'Indonésie et des Philippines, théâtres d'une autre forme de terrorisme islamiste, moins aboutie que dans les eaux arabes, mais dont les actions sont beaucoup plus difficiles à combattre en raison des 24000 îles qu'ils comptent et de la faiblesse des marines locales.

Enfin, seule zone à l'écart des grands axes de navigation, le golfe de Guinée situé sur la côte ouest de l'Afrique constitue un autre espace maritime où s'est développée à partir de 1998 une forme de violence politique originale qui mérite l'appellation de pétroterrorisme tant ses actions sont essentiellement dirigées contre les moyens d'exploitation des hydrocarbures.

Hérodote, n° 163, La Découverte, 4e trimestre 2016.

Le terrorisme maritime

Le terrorisme maritime comprend les actions effectuées sur et à partir de la mer ou contre des objectifs du domaine maritime. Cette expression associe à une forme de violence politique difficile à appréhender un espace mal connu du grand public bien que les océans constituent un élément clé de la mondialisation économique. Cette forme de violence s'amplifie à bas bruit sous l'effet de deux phénomènes qui se conjuguent : le développement des technologies simplifiant la navigation et les moyens de télécommunications en haute mer qui profitent aux prédateurs alors que l'importance et le nombre de leurs cibles s'accroissent.

Les deux grandes catégories de terrorisme

Mener une lutte efficace contre le terrorisme demande d'en avoir compris les mécanismes et la menace. La diversité des espaces dans lesquels se développent les mouvements terroristes, la différence et le nombre de leurs modes d'action mis en œuvre en fonction des régions, des cultures, des objectifs et de la politique locale ou régionale rendent le phénomène terroriste particulièrement difficile à saisir dans son ensemble. La succession d'images et de représentations, souvent très différentes les unes des autres, que les médias déversent en continu auprès du grand public entraîne une confusion qui empêche d'en prendre la véritable mesure. Il n'existe pas de définition unanimement partagée du terrorisme. Seule une analyse systémique s'appuyant sur une méthode empirique de recueil et de compilation de données sur les différents mouvements et leurs actions, prenant en compte l'environnement et les cultures propres, peut permettre d'en saisir la nature et la logique. Dans le cadre de cette étude, nous utilisons une définition de travail résultant d'une approche empirique prenant en compte plusieurs milliers d'actions recensées : « entente, préparation, financement, désinformation, menaces ou actes de violence destinés à déstabiliser durablement l'opinion publique pour contraindre un pouvoir et atteindre des objectifs politiques » [Eudeline, 2014, p. 28]. Elle conduit à reconnaître deux grandes catégories d'actions que nous qualifions de stratégiques et tactiques.

Le terrorisme stratégique

Il choisit ses cibles moins pour ce qu'elles représentent que pour l'effet induit sur le système économique mondial d'un pays ou d'une région, jusqu'à générer une instabilité sociale de grande ampleur. C'est actuellement le cas en Tunisie, en Égypte et au Kenya où le tourisme, source très importante de revenus, est

Hérodote, n° 163, La Découverte, 4e trimestre 2016.

moribond. La France est également concernée, les attentats de Paris en 2015 et 2016 ayant visé des sites touristiques emblématiques (terrasses de cafés, salle de concert, le Stade de France). Ainsi, Nice, deuxième ville touristique du pays, subit une importante diminution du nombre de visiteurs, situation encore aggravée par l'état d'urgence qui conduit des sociétés d'assurances à refuser de protéger les touristes venant dans notre pays. L'impact économique est important.

Cette forme de terrorisme répond à une approche conceptuelle très structurée et demande une capacité organisationnelle élevée. Souvent espacés dans le temps, les attentats qui le caractérisent peuvent sembler dissociés et incohérents, provoquant ainsi une impression de fausse sécurité. Ces opérations permettent également à leurs auteurs d'acquérir un savoir-faire technique et tactique en préparation de frappes massives et coordonnées, seules capables de menacer dans son ensemble une industrie majeure [Eudeline, 2014, p. 63].

Le terrorisme stratégique, international par nature, cible : le flux interrégional des personnes qui s'effectue entièrement par voie aérienne ; le flux des biens dont 90 % utilisent la voie maritime ; le flux de l'information dont 99 % passent par les câbles sous-marins. Il vise également les forces qui ont pour mission de protéger ces flux. Les coûts très importants que génèrent leurs déploiements dans le long terme sont un véritable facteur de vulnérabilité économique. À titre d'exemple, les États-Unis estiment que l'envoi de chaque soldat hors du pays génère un surcoût de 1 million de dollars par an. De plus, la prise en charge des pensions et du suivi médical des vétérans pendant le restant de leur vie entraîne une dépense additionnelle que Joseph Stiglitz, prix Nobel d'économie en 2001, et Linda Bilmes, professeur à la Harvard Kennedy School, ont évaluée, pour le seul Irak, à 3 000 milliards de dollars, du même ordre de grandeur que le PIB de la France en 2014.

L'impact économique du déploiement de forces navales outre-mer n'est pas comparable à celui des forces terrestres parce que le « coût de possession » d'un bâtiment de guerre ne change pas significativement en fonction de sa zone de déploiement. En revanche, les conséquences d'une attaque terroriste réussie sur un grand bâtiment de combat sont potentiellement très dommageables aux plans médiatique et politique.

Le terrorisme tactique

Le terrorisme tactique comprend des actions plus fréquentes et plus visibles. La presse s'en fait l'écho quotidiennement.

Ses différentes composantes élémentaires constituent l'ensemble de l'activité tactique des groupes et vont de la génération des ressources (humaines et financières) aux attentats en passant par la mise sous influence des populations locales

Hérodote, n° 163, La Découverte, 4e trimestre 2016.

FIGURE 1. – CIBLES DU TERRORISME STRATÉGIQUE DANS LE DOMAINE MARITIME

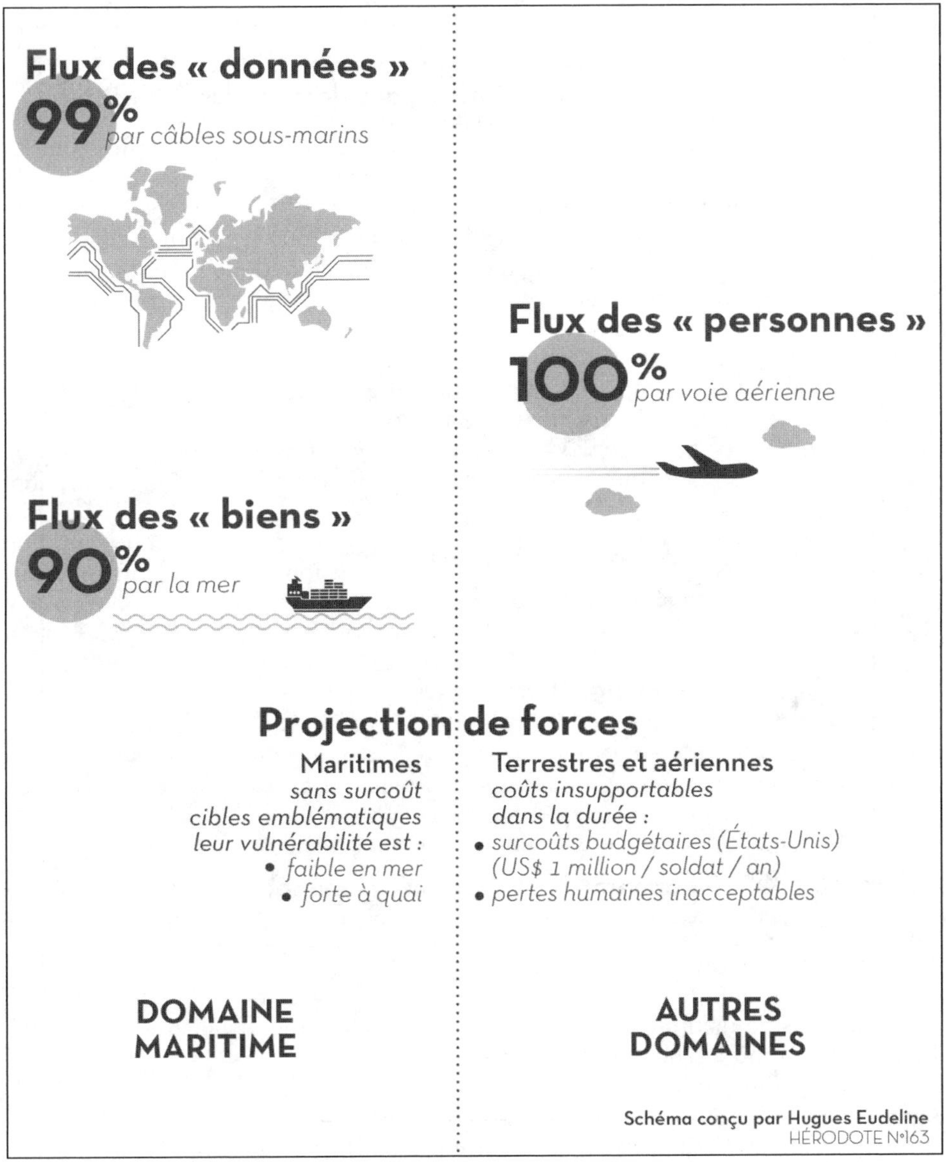

Hérodote, n° 163, La Découverte, 4e trimestre 2016.

FIGURE 2. – DOMAINES D'ACTION ET COMPOSANTES DU TERRORISME TACTIQUE

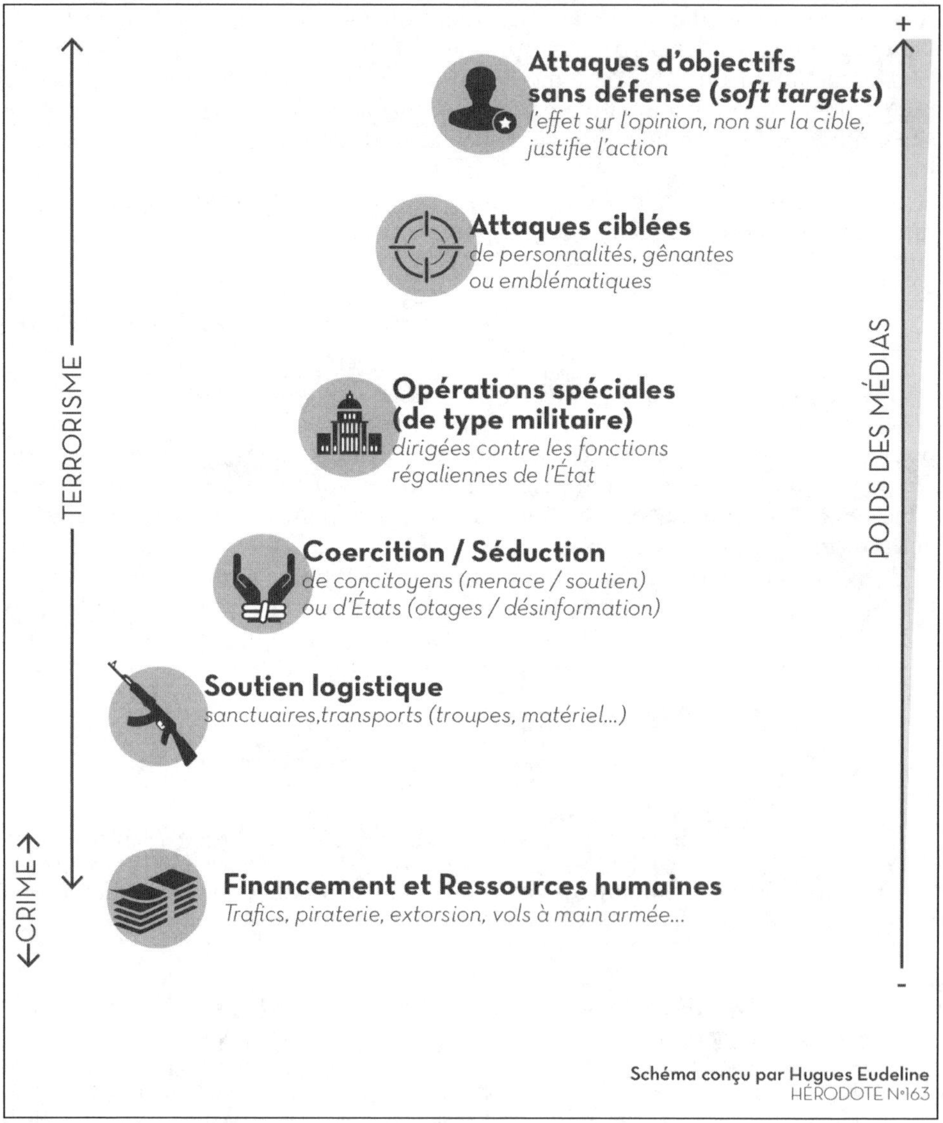

Hérodote, n° 163, La Découverte, 4e trimestre 2016.

et des opinions publiques étrangères. Toutes prioritairement dédiées à des buts spécifiques, elles peuvent parfois se chevaucher quand une même action peut servir deux d'entre elles simultanément ; leur tuilage constitue un continuum de la violence directe sur les personnes.

Dépendant d'un environnement politique et social spécifique à chaque région, leur importance relative varie pour chaque organisation. Les tâches sont accomplies par des cellules, souvent spécialisées, dont l'impact reste en général local ou régional.

Les actions liées à la logistique sont les plus fréquentes dans le domaine maritime. Ce sont celles qui recherchent le plus de discrétion et donc la moindre exposition médiatique [Eudeline, 2014, p. 137].

Les spécificités du terrorisme maritime

Il combine les deux composantes, tactique et stratégique, dans l'ensemble du domaine maritime. Il s'exerce en particulier contre les navires et les infrastructures portuaires, touristiques ou industrielles. Il vise également les bâtiments de guerre auxquels leur puissance de feu et leur statut spécifique confèrent le caractère de cibles emblématiques. C'est en effet le caractère de représentation de la souveraineté attaché à ce statut[4] qui importe.

L'aspect stratégique offre en mer un terrain de chasse particulièrement favorable car, en complément des flux cités précédemment, plusieurs industries nouvelles sont à différents stades de développement. Il s'agit de la croisière (13 % de croissance annuelle en 2015) et, à plus long terme, de celles liées à l'exploitation des énormes ressources minières et génétiques des océans.

Les sanctuaires

Pour agir en mer, et en particulier au large, les terroristes doivent disposer de moyens nautiques conséquents et d'endroits où les maintenir. Hormis dans les États faillis comme la Somalie, il leur est difficile de disposer de bases au vu et au su de tout le monde. Ce sont les sanctuaires[5] qui en tiennent lieu. Ils diffèrent selon

4. Les navires de l'État naviguant sous leur pavillon sont par coutume considérés comme une extension du territoire national.

5. Le terme de sanctuaire, couramment utilisé, est peu approprié puisque son étymologie lui confère un sens sacré en totale opposition à ce que représente un endroit où se préparent des opérations violentes, tout à la fois bases logistiques et de gestion, centres de planification, d'entraînement, d'endoctrinement et de commandement opérationnel. Le terme anglais de *safe*

Hérodote, n° 163, La Découverte, 4e trimestre 2016.

l'environnement local, tant dans leur forme que par le degré de liberté d'action qu'ils procurent. Géographiquement, ils peuvent être de plusieurs types : urbains, et en particulier dans les mégalopoles comme Karachi[6] d'où a été lancée l'attaque de 2008 contre Mumbai. Elles sont particulièrement propices à l'anonymat ; côtiers, comme le delta du Niger bordé de mangroves avec des eaux intérieures difficilement pénétrables ; maritimes hauturiers, comme ce fut le cas des petits navires de commerce utilisés avec succès comme entrepôt par les Liberation Tigers of Tamil Eelam (LTTE) dans les eaux internationales.

Ressources humaines et moyens mis en œuvre

Se déplacer et agir sur mer demande des qualifications spécifiques, ce qui impose – pour beaucoup d'opérations de terrorisme maritimes – de devoir choisir les militants dans le vivier restreint des gens de mer. Leur nombre ne dépasse pas quelques dizaines de millions d'individus, alors que celui de la population mondiale dépasse les sept milliards de personnes.

À défaut de marins en nombre suffisant, l'utilisation de moyens technologiquement évolués comme les drones de surface ou les semi-submersibles est également possible.

Ce problème de personnel a des répercussions fondamentales sur le nombre des attentats maritimes. Ils seront toujours en nombre beaucoup plus réduit que les autres. Cela ne rend pourtant pas pour autant la menace moins redoutable, car le potentiel de destruction peut être énorme en raison des masses d'explosifs que peuvent transporter certains navires. Des armes nucléaires de taille non optimisées pour un usage militaire peuvent également être transportées de façon clandestine tout en étant difficiles à détecter sans renseignement préalable.

Les moyens et les techniques mis en œuvre dans le cadre du terrorisme maritime sont ceux qui sont utilisés normalement en mer. Ils vont des petites embarcations jusqu'aux navires de gros tonnage en passant par les engins subaquatiques (mines, submersibles, plongeurs) et volants. Les navires sont utilisés soit comme moyens logistiques du terrorisme, vecteurs de destruction ou armes.

haven, refuge, est plus adapté. Nous conserverons cependant le terme sanctuaire pour simplifier la compréhension du texte.

6. C'est de Karachi qu'est parti le *Al Husseini*, un bateau de pêche à bord duquel avaient embarqué les membres de la Brigade 313 pour attaquer Mumbai en 2008.

Hérodote, n° 163, La Découverte, 4e trimestre 2016.

Le narcoterrorisme dans les Caraïbes et le Pacifique

Les approches maritimes situées de part et d'autre de l'Amérique centrale sont le théâtre d'un trafic de drogues très intense[7]. Avec des groupes criminels, deux mouvements terroristes néomarxistes colombiens rivaux se partagent les voies de trafic de drogue, principalement à destination des États-Unis. Les Forces armées révolutionnaires de Colombie (FARC) et l'Armée de libération nationale (ELN) se financent en grande partie par ce trafic très lucratif. Il leur permet aussi de corrompre les organismes officiels chargés de lutter contre eux et de déstabiliser les institutions des pays où ils sont implantés.

Les sommes faramineuses dont ils disposent permettent aux trafiquants de préférer acheter partout dans le monde les meilleures compétences et les systèmes existants les plus efficaces plutôt que de développer eux-mêmes des savoir-faire. La principale difficulté à laquelle ils sont confrontés est celle de la livraison discrète et sûre de stupéfiants à leurs clients. Ceux-ci se trouvant dans les grands pays militairement développés qui disposent de moyens de détection et de lutte très efficaces pour les contrer, les passeurs sont contraints de mener une course permanente à l'innovation.

La guerre à la drogue (*war on drug*) a pris une importance accrue pour les États-Unis à partir de la fin de la guerre froide. En 1991, le président George Bush décide d'affecter à cette lutte des moyens militaires de haute technologie conçus pendant la guerre froide et rendus disponibles après la chute du mur de Berlin. Les trafiquants utilisent d'abord des moyens aériens facilement détectables, puis privilégient la voie maritime. Ce sont d'abord des moyens lents, au comportement innocent, tels que bateaux de pêche ou yachts. Ils sont abordés par des équipes de prise qui se débarrassent des équipages. Les gardes-côtes, alertés par le nombre de marins et de plaisanciers qui disparaissent en comprennent rapidement la raison et multiplient les opérations de contrôle en mer. Elles s'avèrent efficaces. Ce sont ensuite des embarcations puissantes qui transportent la drogue à travers la mer des Caraïbes. Ces bateaux pourvus de moteurs très rapides, les *go-fast,* ont une signature acoustique d'autant plus reconnaissable qu'ils naviguent en général de nuit. Pourvus de trois moteurs hors-bord, ils transportent jusqu'à quatre tonnes de cocaïne. Des bâtiments de guerre équipés de sonars passifs et des radars aéroportés peuvent les détecter et guider des hélicoptères pour les intercepter.

Confrontés à des pertes de plus en plus importantes, les groupes criminels organisés et terroristes principalement basés en Colombie ont alors décidé de privilégier la furtivité et d'investir dans des technologies sous-marines. Ainsi, en

7. La Colombie est le premier producteur de cocaïne avec 646 tonnes en 2015, selon l'ONU.

Hérodote, n° 163, La Découverte, 4e trimestre 2016.

CARTE 3. – LES GRANDS ACT

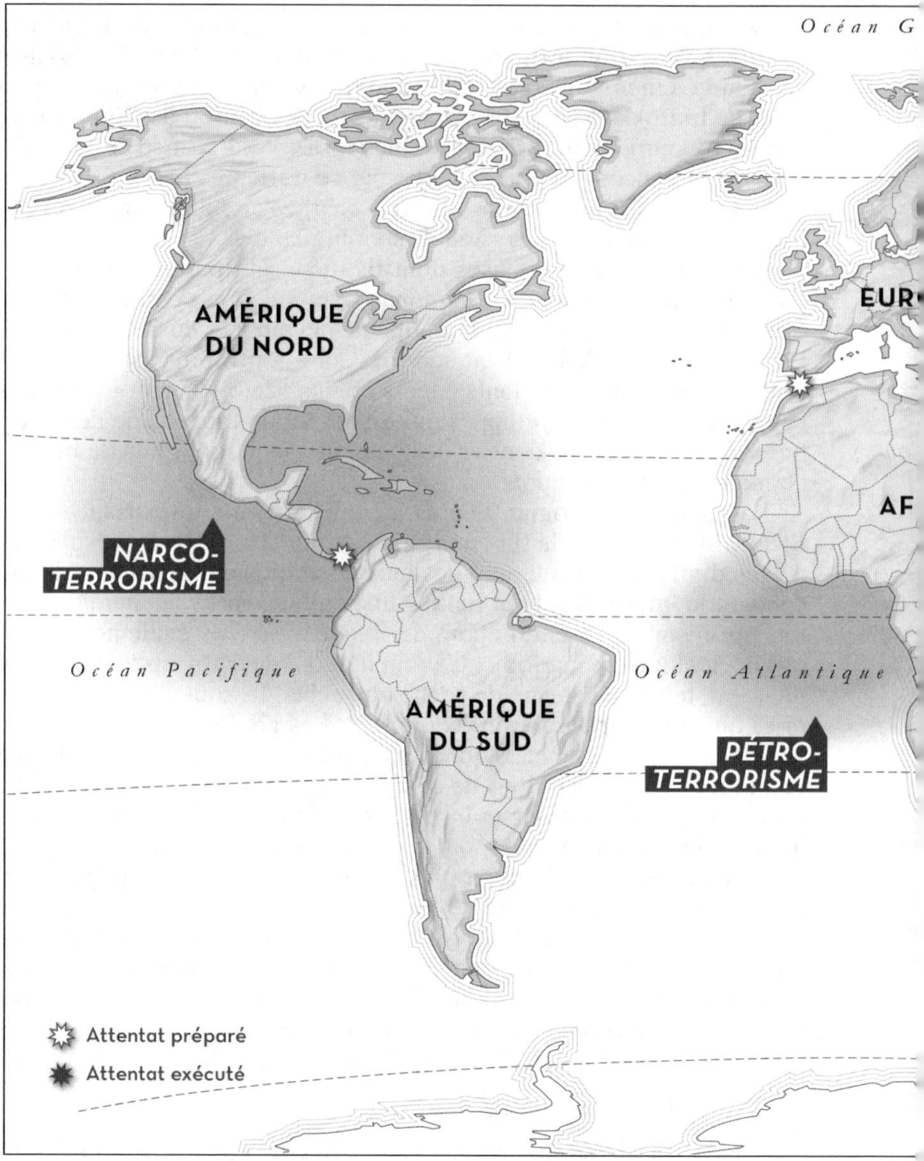

TERRORISME MARITIME

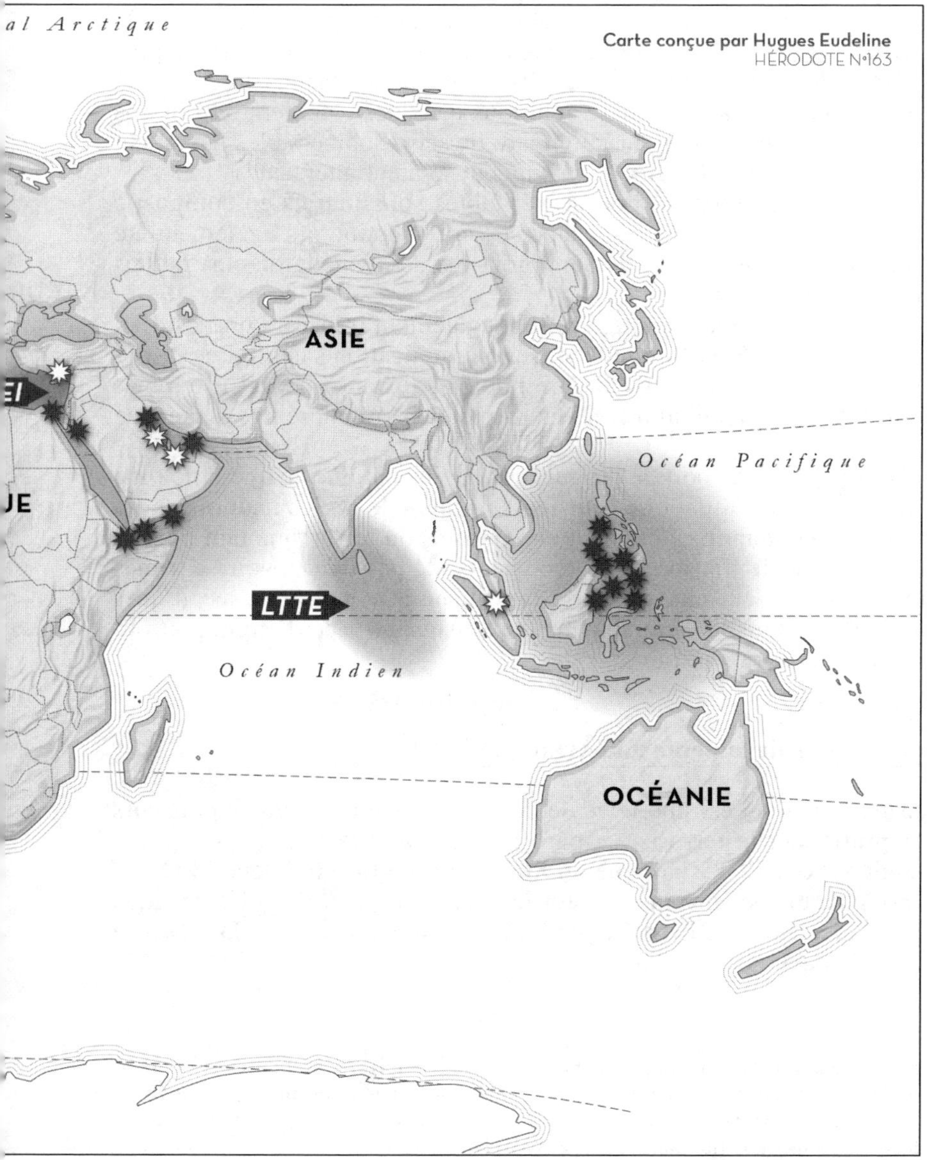

1995, le cartel de Cali cherche à acheter un sous-marin d'attaque à propulsion diesel électrique du type Tango russe. En 2000, la police colombienne découvre avec stupeur un chantier où un véritable submersible de poche en acier est en cours de construction. Il est situé dans une petite ville à une trentaine de kilomètres de Bogota et à plus de 300 km à vol d'oiseau de l'océan Pacifique, la mer la plus proche.

Les engins découverts par la suite le sont tous dans des chantiers improvisés installés dans la jungle. Il s'agit, pour la plupart, de semi-submersibles naviguant à fleur d'eau. Moins de 10 % de ceux qui naviguent seraient interceptés.

Un certain nombre de chantiers où de véritables sous-marins en composite verre-résine (CVR) étaient à différents stades de construction ont également été découverts. Leurs occupants, préalablement prévenus, les avaient toujours quittés avant l'intervention de la police.

Des semi-submersibles télécommandés sont également utilisés. Pourvus d'un système de navigation GPS et d'un moyen de communication satellitaires disponibles dans le grand public, ils peuvent être pilotés à distance depuis n'importe quel endroit du globe. Aucun n'aurait été intercepté en mer malgré une dizaine de voyages connus.

Bien que destinés au transport de drogue, ces engins ont une charge utile (une dizaine de tonnes) et une autonomie (plusieurs milliers de milles nautiques) qui en font des outils répondant parfaitement aux besoins du terrorisme tant pour le trafic d'armes que pour le transport d'équipements, de personnes, voire d'armes de destruction massive. L'échange de savoir-faire technique et tactique spécifiques étant très pratiqué par tous les mouvements terroristes, ce type d'engin pourrait être acquis par d'autres organisations.

Le terrorisme autour de la péninsule Arabique

La péninsule Arabique est une terre de conflits où sont implantés plusieurs mouvements pratiquant le terrorisme maritime ; en Méditerranée, les mouvements palestiniens[8] et l'État islamique au Sinaï ; sur le golfe d'Aden, Al-Qaïda dans la péninsule Arabique ainsi que l'État islamique (EI). Dans le golfe Persique Al-Qaïda en Irak, ancêtre de l'EI, a été particulièrement actif pendant la présence américaine dans le pays.

8. Ils sont responsables de beaucoup des premiers actes de terrorisme maritime contemporain, dont le détournement du paquebot italien *Achille Lauro* par le Front de libération de la Palestine (FLP) d'Abou Abbas le 7 octobre 1985 et l'attaque du *City of Poros* le 11 juillet 1988 par le Fatah-Conseil-révolutionnaire, groupe Abou Nidal.

Hérodote, n° 163, La Découverte, 4e trimestre 2016.

Le terrorisme maritime stratégique islamiste

La majorité des attentats islamistes commis ou préparés contre des navires de commerce ou des bâtiments de guerre ont été effectués à partir de la Péninsule. Ils s'inscrivent dans une stratégie d'attaque des flux d'hydrocarbures clairement énoncée par Oussama ben Laden.

L'analyse de la succession d'attentats menés sur mer par Al-Qaïda noyau central montre une progression constante de la capacité d'action sur mer des terroristes islamistes. Cette évolution commence par la tentative d'attaque début 2000 de la frégate *USS The Sullivans*, qui échoue parce que l'embarcation est trop chargée ; elle est suivie par celle, réussie, de l'*USS Cole,* une frégate lance-missiles de même type, en plein jour alors qu'il est à quai à Aden. C'est ensuite le *Limburg*, un *Very Large Crude Carrier* (VLCC) français de 332 m de long, chargé de 400 000 barils de pétrole brut qui va compléter sa cargaison au terminal de Ash Shihr (Yémen) ; il est attaqué en 2002 à proximité de la côte. C'est un succès, et la charge s'avère suffisante pour percer les cuves de ce superpétrolier de 300 000 tonnes pourvu d'une double coque et en incendier la cargaison. Enfin, c'est au tour du *M Star* le 28 juillet 2010. Plusieurs paramètres nouveaux sont validés au cours de cette attaque qui se déroule pourtant huit ans après la précédente : une distance accrue de la côte – il navigue alors dans le rail sortant du détroit d'Ormuz, à une dizaine de milles nautiques de terre – et une nouvelle cinématique d'approche. Pour la première fois, un bateau est attaqué de nuit, au large, alors qu'il navigue à 14 nœuds, sa vitesse normale de transit à pleine charge[9].

Des actions de moindre importance sont menées dans le golfe Persique, en mer Rouge et dans le canal de Suez.

Le terrorisme tactique

Parallèlement aux opérations stratégiques, une collusion entre pirates et terroristes somaliens se concrétise. Les Shebab qui contrôlaient le port pirate de Kismayo depuis octobre 2009 et en profitaient pour percevoir 10 à 30 % des rançons, fruit de la piraterie, en échange de leur protection sont finalement délogés par une offensive kényane en septembre 2012.

Shebab somalien et Al-Qaïda dans la péninsule Arabique (AQPA), relevant de la même mouvance, ont établi une collaboration qui rend indispensable l'établissement

9. Ce type d'approche de navires rapides, communément pratiqué par les pirates somaliens qui accostent des navires de même déplacement, mais toujours de jour, est largement documenté dans la presse.

Hérodote, n° 163, La Découverte, 4e trimestre 2016.

de routes maritimes logistiques entre les deux côtes, prolongées à terre par des hinterlands placés sous leur contrôle[10]. Chaque extrémité de ces voies doit aboutir à une base côtière sûre. Existant de fait en Somalie, elles devaient être créées au Yémen. C'est, entre autres, dans cette logique qu'AQPA a pris le contrôle des villes côtières, dont Zinjibar en 2011. Cette tête de pont sur le golfe d'Aden a ensuite été prolongée par la prise de villes contrôlant la route qui remonte vers les lieux historiques de la Péninsule. Depuis, ces villes ont changé de main à plusieurs reprises. Sur la même côte, la prise des terminaux gazier (Balhaf) et pétroliers (Bir Ali et Ash Shihr) a mis à genoux le Yémen qui voit sa rente pétrolière se tarir[11]. Le 1er octobre 2016, ce sont finalement les Houthis, des rebelles islamistes chiites qui concrétisent la menace qu'AQPA[12] fait peser sur le détroit de Bab el-Mandeb en y détruisant par un missile antinavire un navire affrété par les Émirats arabes unis.

En Méditerranée, l'État islamique province du Sinaï a accès à la mer et mène des actions contre la marine égyptienne.

Les groupes terroristes islamistes disposent autour de la péninsule Arabique de nombreux sympathisants qui leur permettent d'établir des sanctuaires sans beaucoup de difficultés. L'accès à la mer est acquis et ils ont développé un savoir-faire suffisant pour attaquer les flux énergétiques. Cependant, pour avoir un impact réel sur l'économie des pays occidentaux, il faudrait que les frappes soient coordonnées et massives, ce qui est empêché par les interventions étrangères, à terre au Yémen, et en mer tout autour de la péninsule Arabique.

Les LTTE et la pleine maturité du terrorisme maritime

C'est au Sri Lanka que le terrorisme maritime a atteint la pleine maturité opérationnelle dans un conflit qui causa la mort de 100 000 personnes en une trentaine d'années. Les LTTE[13] (Liberation Tigers of Tamil Eelam) y ont développé une panoplie de modes d'action et de matériels particulièrement innovants et efficaces. Ce sont eux qui ont pratiqué la première attaque réussie d'un bâtiment de guerre par embarcation-suicide, dix ans avant celle de l'*USS Cole*.

10. En avril 2011, l'US Navy a intercepté sur une de ces routes le bateau transportant Ahmed Warsame, un artificier travaillant pour les deux organisations.

11. En août 2016, malgré l'intervention militaire saoudienne, seul Ash Shihr a été rouvert.

12. Le 8 février 2010, Saïd al-Chehri, alors numéro 2 annonçait : « Si nous parvenons à prendre le contrôle de Bab el-Mandeb et le ramener dans le giron de l'islam, ce sera une victoire éclatante. »

13. Ce mouvement sécessionniste est né au début des années 1970 d'une confrontation ethnique sur l'île de Sri Lanka entre la majorité cinghalaise et la minorité tamoule.

Hérodote, n° 163, La Découverte, 4e trimestre 2016.

Les LTTE étant implantés sur une île dont ils ne contrôlent qu'une partie des côtes nord et est, Vellupilai Prabharakan, leur chef historique, comprend en 1991 que le succès dépendra de la capacité du mouvement à utiliser l'espace maritime, indispensable à sa logistique, à ses relations extérieures et à son financement. Pour cela, il crée une force de combat, les Sea Tigers, et une composante de transport maritime, les Sea Pigeons.

Les Sea Pigeons

Très vite, le mouvement décide d'acquérir ses propres navires pour pratiquer une activité commerciale rémunératrice et pourvoir au transport d'armes et d'équipements. En 1984, un premier cargo est acheté, suivi rapidement par d'autres.

Cette flotte « fantôme », dont le véritable propriétaire et la composition sont inconnus, va croître rapidement. En août 2009, après son arrestation, l'ancien chef de la logistique, Kumaran Pathmanathan, révèle qu'elle a comporté quarante-quatre navires, sans qu'il soit possible d'identifier la plupart.

Lorsque les LTTE perdent leur sanctuaire indien du Tamil Nadu en 1991, une partie de cette flotte se consacre à plein temps au stockage en haute mer du matériel et des munitions et à l'approvisionnement des forces. Pour se soustraire aux frappes des armées srilankaises tout en conservant sa pleine liberté de mouvement, il a su mettre à profit l'immensité des océans en utilisant certains de ces navires pour constituer, pour la première fois dans l'histoire, un véritable sanctuaire terroriste maritime. Il a prépositionné en mer, très loin des côtes, quatre bateaux-entrepôts qui se rapprochaient de la terre en tant que de besoin pour y débarquer du matériel.

Entre septembre 2006 et octobre 2007, ces bateaux sont détruits [Couteau-Bégarie, 2010, p. 669] avec le soutien des États-Unis et de l'Inde qui divulguent leur position aux forces navales sri-lankaises, bien incapables de les trouver seules. Totalement privé de logistique, les LTTE sont asphyxiés et finissent par succomber à terre faute d'armes et de munitions.

Les Sea Tigers

La force navale a été constituée à partir de 1991. Son effectif sera de plus de 6000 marins au plus fort de son engagement. Le tsunami de décembre 2004 en aurait tué plus de 2000 et détruit plusieurs centaines d'embarcations.

Les missions des Sea Tigers comprennent le contrôle des mers baignant les enclaves territoriales tenues par les LTTE, la destruction des bâtiments de la marine sri-lankaise, de ses moyens logistiques et de ses infrastructures, le transport des troupes terrestres pour des opérations amphibies, ainsi que le transfert des flux

Hérodote, n° 163, La Découverte, 4e trimestre 2016.

logistiques entre les navires des Sea Pigeons et le rivage. Pour cela les Sea Tigers conçoivent et réalisent plusieurs types d'engins en fibre de verre. À ces vedettes rapides, équipées de canons, s'ajoutent à partir de 2000 des engins suicides furtifs de conception nord-coréenne[14]. C'est également cette année-là qu'un véritable submersible « crache-plongeur » en cours de fabrication est découvert par la police thaïlandaise, près de Phuket. À partir de 2007, ils utilisent des semi-submersibles similaires à ceux utilisés en Amérique du Sud par certains narcotrafiquants.

Les Tigres tamouls adoptent le mode d'action suicide dès 1987. Les volontaires sont regroupés en un corps spécial, les Black Tigers. Ils reçoivent un long entraînement d'au moins six mois avant d'être envoyés en mission. C'est l'unité dévolue au combat en mer, les Black Sea Tigers, créée en 1990, qui est la plus nombreuse et la plus active. En juillet 2008, les LTTE annoncent que 254 des 356 commandos-suicides morts en action depuis le premier attentat faisaient partie de la composante navale. Soixante-seize de ces Black Sea Tigers étaient des femmes.

Pendant des années, cette organisation a été à l'origine de toutes les évolutions en matière de terrorisme maritime. La question de la diffusion de ces savoir-faire à d'autres organisations terroristes se pose. Les LTTE ont entretenu une collusion de circonstance avec les groupes susceptibles de les aider. Bien que luttant contre la minorité musulmane dans le cadre de la politique de purification ethnique des zones qu'ils contrôlent, ils ont passé des accords de circonstance avec les grands réseaux islamistes comme le Front uni de libération de l'Assam (ULFA), les moudjahidines afghans, Abou Sayyaf et le Moro Islamic Front philippins. C'est également grâce à leurs contacts avec les narcoterroristes colombiens qu'ils ont pu acquérir les plans de semi-submersibles en 2007. Selon certaines informations, les rescapés des LTTE et de nouveaux militants s'entraîneraient à présent avec les Naxalites indiens.

Le pétroterrorisme du golfe de Guinée

La région du golfe de Guinée est une zone où il est particulièrement malaisé de distinguer la raison première des attaques en mer. Du fait de la forte corruption qui caractérise le delta du Niger, la motivation lucrative peut y répondre tant à des besoins d'enrichissement personnel, de financement de mouvements politiques que de prévarication.

---

14. Ils perfectionnent la tactique de l'essaim qui consiste à saturer la défense des bâtiments de guerre adverses en les attaquant de toutes parts par de nombreuses vedettes rapides, parmi lesquelles évoluent des Idayan qui attendent le moment propice pour chercher la collision et exploser.

Hérodote, n° 163, La Découverte, 4e trimestre 2016.

L'évolution de la situation

Le pillage des hydrocarbures qui y sont exploités depuis 1956 s'effectue dans des conditions telles que seule une portion de la production réelle est utilisable, le reste étant perdu ou détourné par la pratique très répandue du *bunkering*[15]. L'énorme afflux d'argent sale qui résulte de ces détournements engendre une corruption endémique atteignant tous les niveaux de la société et en particulier de l'État.

Les réseaux criminels se sont structurés en 2003 lorsque des groupes armés, formés par les partis politiques à l'occasion d'élections et n'ayant pu être payés, ont été autorisés à conserver leurs armes à titre de dédommagement.

De 2006 à 2009, les actions violentes étaient principalement pratiquées par le Mouvement pour l'émancipation du delta du Niger (MEND) qui réclame une plus juste répartition de la manne pétrolière. Ayant choisi la lutte armée et reconnaissant la déclaration de Kaiama[16], ce mouvement, qui se présente comme la réunion de groupes militants du delta, a pendant des années mené des attaques contre l'industrie des hydrocarbures.

L'efficacité de ce « pétroterrorisme » a été telle que dans le delta du Niger, région clé pour le Nigeria qui en tire l'essentiel de ses recettes fiscales, il a fait chuter de moitié, en juillet 2009, la production quotidienne du brut nigérian par rapport à ce qu'elle était en 2006 (1,3 million de barils contre 2,6).

En juin 2012, la ministre nigériane des Finances a estimé les pertes liées au *bunkering* – toutes causes confondues – à 1 000 milliards de dollars par mois. En octobre 2013, elle annonçait leur doublement au 1er semestre de l'année.

En réponse à l'appel à la réconciliation lancé par le président du Nigeria Jonathan Goodluck, Jomo Gbomo, le chef du MEND, suspend en mai 2014 la campagne *Hurricane Exodus*, lancée en avril 2013 contre les installations pétrolières dans le delta du Niger après une autre tentative de cessez-le-feu.

En 2016 apparaît une nouvelle organisation, les Niger Delta Avengers. Pratiquant une stratégie similaire à celle de son prédécesseur, la production pétrolière du Nigeria est rapidement réduite à son plus bas niveau depuis trente ans. En août de la même année, ils menacent de décréter l'indépendance du Delta du Niger le 1er octobre suivant.

15. Le « bunkering » désigne le pillage du pétrole par siphonage de barges, pétroliers ou oléoducs.

16. En décembre 1998, plusieurs groupes appartenant à l'ethnie Ijaw adoptent la « déclaration de Kaiama » qui préconise la lutte pour le contrôle des ressources, l'autodétermination et l'unité des Ijaw.

Hérodote, n° 163, La Découverte, 4e trimestre 2016.

Les modes d'action

Depuis 2003, le gouvernement a mis sur pied une force conjointe police-armée, la Joint Task Force (JTF) forte de plus d'un millier d'hommes, pour lutter contre le terrorisme dans le delta du Niger.

Des détachements assurent la surveillance des installations terrestres ou sont embarqués sur les navires et les plates-formes pour les protéger. Ces hommes sont systématiquement pris pour cibles au début des attaques par les terroristes qui ont ensuite les mains libres pour s'occuper des cibles économiques.

Les terroristes, quelle que soit leur organisation, utilisent toujours plusieurs bateaux pour submerger leurs adversaires. Leur *modus operandi*, la tactique de l'essaim, est illustré par les exemples suivants :

Le 7 juin 2006, dix embarcations armées chacune par sept hommes attaquent une installation de Daewoo et de Korea Gas Corp. Ils détruisent la plate-forme, un navire-hôtel et coulent un patrouilleur de la marine nigériane. Dix-sept membres des forces de sécurité sont tués et cinq Coréens sont pris en otage.

Le 2 octobre 2006, soixante-dix hommes attaquent des installations Shell dans l'État de Bayelsa : quatorze soldats tués. L'attaque est revendiquée par le Joint Revolutionary Council (JRC).

Le 7 janvier 2007, un patrouilleur de la marine nigériane en mission de routine sur la rivière Soku, dans l'État de River, est attaqué par sept embarcations qui le criblent de balles. Le bateau est pris et un officier de marine est fait prisonnier. Son corps sera retrouvé plus tard.

Le 8 août 2016, des membres des Niger Delta Avengers attaquent un détachement d'un régiment déployé à Nember Jetty dans l'État de Bayelsa. Ils prennent une canonnière, des armes et des munitions, après avoir tué trois soldats.

Le terrorisme maritime en Asie du Sud-Est

Plus grand archipel au monde, il s'ouvre sur l'océan Indien par le détroit le plus fréquenté et fournit la plus importante population de gens de mer. Trente pour cent des marins de commerce sont des Philippins.

C'est aussi une zone de fracture religieuse qui comprend les Philippines où 85 % des citoyens sont catholiques, ainsi que des pays à majorité musulmane, comme la Malaisie (60 %) et l'Indonésie (88 %). Les mouvements islamistes y sont particulièrement violents.

Hérodote, n° 163, La Découverte, 4e trimestre 2016.

Le terrorisme maritime indonésien

L'Indonésie, dont la population musulmane est la plus importante au monde, a vu se développer plusieurs mouvements islamistes, tous issus du Darul Islam (DI) fondé en 1949 par Sekarmadji Maridjan Kartosuwiryo qui proclame l'État islamique dont il devient le chef. En rébellion contre l'État indonésien qui a acquis son indépendance des Pays-Bas, il est arrêté et exécuté en février 1965. Quatre groupes pratiquant le terrorisme en sont issus, un seul cherchant à agir sur mer: la Jemamaah Islamiyah (JI). Le plus violent et le plus proche d'Al-Qaïda, il est responsable du double attentat de Bali, le 12 octobre 2002, et de la mort de 202 personnes, majoritairement des touristes. Les organisations antiterroristes de plusieurs pays s'unissent pour lui porter des coups sévères qui vont l'empêcher de concrétiser les actions qu'il envisageait sur mer.

L'organisation préparait des attaques contre l'US Navy dont les bâtiments font régulièrement escale à Singapour. Au milieu des années 1990, la branche locale prépare des dossiers d'objectifs. Le projet est abandonné, faute de moyens, puis repris dix ans plus tard. Des copies en sont trouvées par les Américains au cours de l'intervention en Afghanistan de 2001. Les terroristes sont arrêtés avant d'avoir pu agir.

Plusieurs attaques terroristes sont envisagées dans le détroit de Malacca en raison de l'intensité du trafic maritime. Du 20 juin 2005 au 7 août 2006, le Joint War Council (JWC)[17] ajoute le détroit de Malacca à la liste des zones de danger accru (*areas of enhanced risk* – AER). Le 4 mars 2010, les États riverains, Singapour, la Malaisie et l'Indonésie, joignent leurs moyens de sécurité sur mer après avoir reçu des informations selon lesquelles des terroristes appartenant à un groupe indéterminé pourraient y perpétrer des attaques contre des tankers. Aucune attaque importante à caractère politique ne s'est matérialisée.

Le terrorisme maritime philippin

Il diffère de celui d'Indonésie tant par une moindre pureté idéologique que par une tendance au grand banditisme. Il se différencie également par le fait que, malgré leur férocité, aucun des mouvements philippins n'a commis jusqu'à présent d'attentat-suicide. Trois groupes ont pratiqué le terrorisme maritime: le Rajah Solaiman Islamic Movement (RSIM), le Moro Islamic Liberation Front (MILF) et le groupe Abou Sayyaf (Abu Sayyaf Group – ASG). Ce dernier, le plus important et le plus

17. Le Joint War Committee (JWC) est une structure du marché de Londres, commune aux assureurs.

Hérodote, n° 163, La Découverte, 4e trimestre 2016.

actif, a été créé en 1991. À partir de fin 1998 et la mort de son chef historique, le groupe subit une dérive criminelle en pratiquant le massacre de chrétiens, les viols, le chantage et le banditisme.

Certains membres du ASG, ainsi que quelques-uns du JI, ont reçu une formation à la plongée autonome à Sandakan en Malaisie. Arrêtés en mars 2005, ils révèlent que l'opération qu'ils devaient mener ne concernait pas les Philippines et aurait été commanditée par Oussama ben Laden, sans qu'il soit possible de le confirmer.

Le mode d'action préféré du ASG reste la prise d'otages en vue d'obtenir des rançons. À partir de 2000, ce sont les stations balnéaires de plongée ou des marinas qui sont attaquées depuis la mer, les otages occidentaux étant conduits dans un des sanctuaires du groupe situé sur une des nombreuses îles. Ce type d'action se perpétue en 2016, année où il est élargi à l'attaque des équipages indonésiens de remorqueurs en mer de Sulu.

Plusieurs actions ont été menées par Abou Sayyaf et le MILF contre des ferries. La plus importante est celle du *Superferry 14,* le 27 février 2004. Elle est perpétrée par deux terroristes appartenant, l'un, à ASG et l'autre au RSIM, qui quittent le navire avant son départ. L'explosion se produit alors que le navire est sorti du port de Manille. 116 personnes meurent des suites de l'explosion et de l'incendie. C'est la pire attaque terroriste subie par les Philippines et, à ce jour, l'acte de terrorisme maritime le plus meurtrier jamais perpétré.

Aucune des opérations militaires montées contre le mouvement, y compris celle de 2002 avec la participation de *marines* américains, n'a permis de le détruire. Par la coercition, il tient la population locale dans la crainte de représailles et profite du manque de moyens de l'État philippin.

Les menaces à venir

Les terroristes ont toujours fait preuve d'une extraordinaire inventivité, d'un remarquable esprit d'innovation tant tactique que technique ainsi que d'une capacité à planifier très soigneusement leurs opérations majeures. Ces compétences rendent difficilement prévisibles leurs actions clandestines dans le court terme, aussi est-il important de rester vigilant dans tous les domaines qui s'ouvrent à eux et de ne jamais les sous-estimer.

Ce sont les modes d'action dont les effets induits sur l'économie sont les plus importants qui ont le plus d'impact à moyen terme sur les populations. Certains ont déjà été utilisés, mais peuvent encore être accentués. D'autres, aux effets particulièrement redoutables, doivent être envisagés pour préparer des contre-mesures avant qu'ils ne soient mis en œuvre.

Hérodote, n° 163, La Découverte, 4e trimestre 2016.

Le tourisme

Les attaques les plus efficaces effectuées dans le cadre du terrorisme maritime l'ont été contre les flux d'hydrocarbures (Nigeria, Libye, Yémen...) conduisant ces pays dans des situations économiques désastreuses. Celles qui ont concerné les sites touristiques côtiers l'ont été tout autant, là où cette industrie tient une part primordiale dans les ressources budgétaires (Tunisie, Égypte, Philippines, Malaisie, Kenya...).

C'est donc logiquement la grande vulnérabilité de cette industrie du tourisme qui pourrait être exploitée par les mouvements terroristes. C'est l'outrance dans l'action qui caractérise l'État islamique. L'accès à la mer Méditerranée qu'il a obtenu par le Sinaï et la Libye lui confère une capacité de nuisance nouvelle dont il peut chercher à faire un usage opérationnel. L'industrie de la croisière qui se développe rapidement partout dans le monde et en particulier en Méditerranée pourrait en faire les frais, maintenant que le mouvement est en difficulté sur son territoire.

Le cyberterrorisme

Les attaques associées à ce mode d'action peuvent mettre à mal l'activité économique de plus en plus dépendante de la circulation des données. L'insertion d'informations erronées dans les systèmes de gestion – qui se pratique déjà – pourrait désorganiser les flux de personnes et de biens si elle était pratiquée plus largement. D'autres formes d'action concernant directement les navires pourraient avoir des conséquences humaines et matérielles graves.

Trois technologies clés pour la navigation maritime sont particulièrement vulnérables : le GPS, le système d'identification automatique maritime (AIS) et le système de visualisation des cartes marines numériques (ECDIS). La modification intentionnelle et criminelle de leurs données à distance est possible, induisant des erreurs de navigation qui peuvent conduire à de nombreux échouements dans une zone concernée. Dans ce scénario catastrophe, les coûts économiques et écologiques pourraient être énormes, sans qu'aucune intervention physique des terroristes soit nécessaire.

Menace NRBC (nucléaire, radiologique, biologique et chimique)

Al-Qaïda a longtemps cherché à acheter une arme nucléaire, sans succès. Aujourd'hui, l'État islamique ne semble pas pouvoir faire mieux, à moins d'un effondrement du Pakistan. En revanche, les finances encore importantes du groupe et son sanctuaire lui permettent de fabriquer des armes RBC. Il a déjà utilisé des gaz

Hérodote, n° 163, La Découverte, 4e trimestre 2016.

de combat. Des matériaux radioactifs comme le radium ou des isotopes de césium utilisés dans les traitements du cancer sont disponibles dans les villes qu'il occupe. La confection d'une bombe radiologique ne demande pas un grand savoir-faire. Il suffit de disposer d'un vecteur capable de délivrer un engin d'une taille suffisamment importante pour que les retombées couvrent une superficie importante. L'attaque d'un grand port, par exemple, peut être extrêmement coûteuse en raison du temps nécessaire à la décontamination pendant laquelle toute activité humaine serait impossible. Selon un rapport très récent de l'Union européenne, l'EI aurait recruté de nombreux experts en chimie, physique et biologie ainsi qu'en informatique.

Le chaos succédant à une guerre entre puissances majeures

En raison de la solidité de leurs institutions démocratiques, le terrorisme n'est pas aujourd'hui capable d'imposer à l'Europe, à la Russie, ou aux États-Unis ses objectifs politiques.

Tous les mouvements qui ont voulu combattre militairement des États ont été défaits. Ils ne peuvent gagner sur le long terme une compétition technologique dans le domaine des armements, en particulier sur mer où les systèmes d'armes sont particulièrement complexes et onéreux. L'action terroriste doit s'inscrire dans le temps et dans la clandestinité pour influencer durablement des populations qui seront d'autant plus sensibles que leur pays sera économiquement développé.

Si la défaite de l'État islamique sur le terrain paraît inéluctable comme l'a été celle des Tigres tamouls, le mouvement n'en sera pas pour autant moins dangereux. Il dispose d'une couverture quasi mondiale et a pu former de nombreux combattants, ce qui lui permettra de poursuivre son action avec d'autant plus de succès qu'il se conformera aux critères d'efficacité du terrorisme.

Ses chances d'atteindre ses objectifs dépendront en grande partie de l'environnement géopolitique. Une nouvelle guerre fratricide de haute intensité entre les puissances développées (Otan, Russie, Chine, Japon, Corée, Australie...) pourrait conduire à cet état de chaos incontrôlé auquel aspirent les théoriciens islamistes. Dans ces conditions, ils s'estiment capables, par l'application rigoureuse de la charia, de mettre fin à la barbarie qui en résulterait et atteindre ainsi leurs objectifs politiques [Abu Bakr Naji, 2006]. L'exacerbation des sentiments nationalistes à la suite des différends en mer de Chine (îles Senkaku, Spratleys, Paracels...) comme en mer Noire autour de la Crimée pourrait conduire à une dérive guerrière que les Nations unies serait dans l'incapacité de régler, la Chine et la Russie étant toutes deux membres permanents du Conseil de sécurité de l'ONU où ils bénéficient du droit de veto empêchant qu'elles soient condamnées.

Une stratégie terroriste indirecte que n'aurait pas désavouée le grand stratège chinois Sun Tzu : « Ainsi, ceux qui sont experts dans l'art de la guerre soumettent

Hérodote, n° 163, La Découverte, 4e trimestre 2016.

l'armée ennemie sans combat. Ils prennent les villes sans donner l'assaut et renversent un État sans opérations prolongées » [Sun Zi, 1978, p. 110].

Cette analyse ne doit cependant pas laisser croire que la lutte contre les mouvements terroristes de grande ampleur est perdue. Les atouts qui les rendent redoutables constituent autant de vulnérabilités s'ils sont ciblés efficacement. Le financement, l'organisation, les cercles étroits de commandement, les sanctuaires, Internet, la logistique peuvent être contrés efficacement. À titre d'exemple, la liquidation systématique des membres du noyau central d'Al-Qaïda, par des attaques de drones, a totalement obéré ses capacités de planification faute de pouvoir remplacer le personnel à compétence égale. Les gardes du corps promus au poste de chef des opérations ne disposaient pas du même savoir-faire que leurs prédécesseurs. Al-Qaïda noyau central a progressivement perdu toute efficacité opérationnelle.

Ce qui, donc, est de la plus haute importance dans la guerre, c'est de s'attaquer à la stratégie de l'ennemi [Sun Zi, 1978, p. 108].

Bibliographie

ABU BAKR NAJI (2006), *The Management of Savagery. The Most Critical Stage Through Which the Umma Will Pass*, Combating Terrorism Center de Westpoint et Olin Institute for Strategic Studies de Harvard. Traité de la gestion de la barbarie.

AMIR-MOEZZI M. (2007), *Dictionnaire du Coran*, Paris, Robert Laffont.

COUTAU-BÉGARIE H. (dir.) (2010), *Stratégies irrégulières*, Paris, Economica.

EUDELINE H. (2012), « Contenir la piraterie : des réponses complexes face à une menace persistante », *Focus stratégique*, n° 40, en ligne.

– (2014), *Le Dossier noir du terrorisme. La guerre moderne selon Sun Tzu*, Le Bouscat, L'esprit du temps.

KEPEL G. et MILELLI J.-P. (2005), *Al-Qaida dans le texte. Écrits d'Oussama ben Laden, Abdallah Azzam, Ayman al-Zawahiri et Abou Moussab al-Zarqawi*, Paris, Presses universitaires de France.

MUHAMMAD HANIFF H. (2006), *Unlicensed to kill. Countering Imam Samudra's Justification for the Bali Bombing*, Singapour, Peace Matters.

RICHARDSON M. (2004), *A Time Bomb for Global Trade : Maritime-Related Terrorism in an Age of Weapons of Mass Destruction* [« Une bombe à retardement pour le commerce mondial : le terrorisme maritime à l'ère des armes de destruction massive »], Singapour, Institute of Southeast Asian Studies.

SCHMITT C. (1950), 2008, *Le Nomos de la terre*, Paris, Presses universitaires de France.

SUN ZI, GRIFFITH S. et WANG F. (1978), *L'Art de la guerre*, Paris, Flammarion.

Hérodote, n° 163, La Découverte, 4e trimestre 2016.

Menace sous les mers : les vulnérabilités du système câblier mondial

Camille Morel[1]

L'attaque d'un navire câblier par des pirates en mer Rouge à l'été 2016 a confirmé des hypothèses jusque-là non avérées. En pleine opération de pose d'un câble sous-marin, le navire s'est retrouvé cerné par les tirs des assaillants, avant de parvenir, finalement, à repousser l'adversaire... Une action malveillante significative contre le système câblier en mer qui vient donner un sens à des années de prospective. Contrairement aux postulats émis et aux faits déjà rencontrés, ce n'est pas l'infrastructure câblière proprement dite qui a été visée, mais le bâtiment en mer responsable des opérations, alors en position vulnérable. Plusieurs faits laissaient déjà présager un tel phénomène depuis quelques années. Mais que vient remettre en cause cette nouvelle attaque ? Doit-on s'inquiéter davantage qu'auparavant de l'intégrité physique du système câblier et de ses acteurs ?

Au service des télécommunications et du Web, les fils de fibre optique apparaissent désormais comme les vecteurs principaux d'une économie mondiale devenue largement connectée. C'est en effet à travers les profondeurs marines que l'information alimente la Toile, transmise à 99 % par le réseau sous-marin. Liaison par excellence entre les univers numérique et maritime, cette infrastructure joue un rôle primordial dans le transfert des données. Finance, commerces en tout genre, administrations et armées utilisent aujourd'hui ce mode de transmission. Les conséquences d'une rupture de câble sont donc importantes. Le réseau militaire de communication de l'US Navy, le Netwarcom, a ainsi été fortement affecté par

Hérodote, n° 163, La Découverte, 4e trimestre 2016.

1. Doctorante au Centre lyonnais d'études de sécurité internationale et de défense (CLESID), soutenue par la Direction générale des relations internationales et de la stratégie (DGRIS) et l'Institut de recherche stratégique de l'École militaire (IRSEM).

la rupture du câble SEA-ME-WE-3, en 2013[2]. En termes de perte de connectivité et de perte financière, les chiffres parlent d'eux-mêmes. En 2005, L'International Cable Protection Committee[3] (ICPC) évaluait déjà, mais de manière sous-estimée, à 1,5 million de dollars par heure l'impact financier d'une coupure du réseau sous-marin [Matis, 2012, p. 3]. Aujourd'hui, l'ampleur du phénomène s'est accrue, principalement en raison d'une technologie toujours plus consommatrice en données – présence de vidéos sur les réseaux sociaux, utilisation du stockage en ligne, etc.

D'autant plus qu'à cette mission cruciale de transmission des télécommunications s'ajoute celle du transport d'énergie. Les câbles permettent en effet d'alimenter en électricité des îles isolées – comme Belle-Île-en-Mer ou Daydream Island dans l'océan Pacifique – mais aussi de raccorder des éoliennes *offshore* et d'acheminer l'énergie produite vers les centres de traitement. Ces deux fonctions principales rendent les câbles sous-marins vitaux en tout point, et font de ce réseau une cible stratégique potentielle pour des États ou des acteurs non étatiques.

Mais quelles sont aujourd'hui les vulnérabilités du réseau sous-marin et les menaces réelles qui pèsent sur lui ? Si l'activité maritime croissante et les spécificités physiques du milieu marin ont toujours été sources de risques pour cette infrastructure, la mer et les océans comptent désormais parmi les grandes victimes des cyberattaques. Le réseau câblier, étroitement relié au cyberespace, est donc susceptible de subir, lui aussi, ce fléau. Doit-on s'inquiéter de la protection du système de gestion et de contrôle du réseau sous-marin, en grande partie informatisé ? Le statut d'« infrastructure critique », que l'on peut attribuer aux câbles sous-marins en raison de leur fonction, laisse à penser que la menace cyber est en effet latente pour ce système. Une étude comparative portant sur les vulnérabilités des réseaux terrestres de même fonction – transport d'énergie ou de télécommunications – pourrait alors permettre de dessiner quelques hypothèses de menaces, physiques ou cyber, applicables au réseau sous-marin. L'étude des coupures recensées à ce jour sur le système câblier sera finalement instructive. Qu'il s'agisse d'espionnage, de sabotage ou de piraterie, une vue d'ensemble des cas connus permettrait de dresser un bilan des vulnérabilités actuelles et des tendances pour l'avenir.

Deep waters et cyberattaques

L'océan dans lequel sont déroulés les câbles sous-marins, vaste et mal maîtrisé, a toujours représenté une menace pour la préservation des lignes en profondeur.

2. Observatoire du monde cybernétique, Délégation aux affaires stratégiques, *Note du 1er trimestre*, mars 2014, p. 23.

3. L'ICPC est l'autorité internationale chargée des questions relatives à la sécurité et à la protection des câbles sous-marins.

Hérodote, n° 163, La Découverte, 4e trimestre 2016.

Les caractéristiques du milieu marin et son exploitation par l'homme ont en effet créé un cadre hostile au maintien en état de cette infrastructure. Corrosion ou séismes, ancres de navires ou filets de pêche sont autant de causes fréquentes – naturelles ou accidentelles – d'usure ou de rupture de câbles depuis leur origine. Dès 1884, la première convention internationale portant sur la protection du réseau sous-marin cherche ainsi à encadrer le déroulement des activités concurrentes de l'espace maritime. Grâce à cette réglementation, qui intervient moins de trente ans après la mise en service du premier câble télégraphique, les navires ont l'obligation de se tenir à une certaine distance des bâtiments chargés de la pose ou de la maintenance des câbles, afin d'éviter toute détérioration accidentelle. Malgré les prémices d'une régulation, la menace ne faiblit pas : en 2006, près de 90 % du total des perturbations reconnues étaient causées par les cas d'ancrage et les filets de pêche [Salvador *et al.*, p 316]. Et des incidents récents prouvent la persistance de ce risque, notamment au niveau de points névralgiques où la concentration des câbles est maximale et l'activité maritime intense – canal de Suez, détroit de Luçon... L'International Cable Protection Committee, organisme qui tente depuis 1958 de promouvoir la protection de ce réseau, notamment auprès des autres utilisateurs des fonds marins, joue un rôle majeur aujourd'hui encore dans l'effort de sécurisation du système et de diminution des incidents.

Mais une autre dimension remue également les *deep waters* de l'océan. Celle du cyberespace. Le champ lexical d'Internet, intrinsèquement lié au monde maritime, laissait présager cette rencontre : on « surfe » sur le Web, on se connecte grâce à des « logiciels de navigation », des « pirates » s'introduisent sur la Toile... Mais le parallèle entre les deux mondes – le cyber d'un côté, la mer de l'autre – ne s'arrête pas là. Les deux milieux partagent des caractéristiques géographiques essentielles, dont leur immensité et leur ouverture sur le monde [Jacob, 2000, p. 2]. Espaces sans frontières reliant les continents entre eux, ils ont un même atout : unifier le monde en servant de transit entre les terres et les peuples. Chacun contribue également à une mondialisation économique et humaine croissante[4]. Mais l'univers maritime connaît désormais le revers de cette liaison étroite, avec l'apparition d'une autre forme de menace : les cyberattaques.

L'automatisation et l'informatisation des systèmes à grande échelle dans le milieu maritime – phénomène appelé *marétique* – a ouvert de nouvelles fenêtres aux individus malintentionnés[5]. Risques en mer pesant sur les navires comme

4. Si le transport maritime a su révolutionner les échanges et les délais de livraison au cours du XXe siècle, Internet, lui, est devenu au XXIe l'outil indispensable d'une nouvelle ère toujours plus connectée.

5. Observatoire du monde cybernétique, Délégation aux affaires stratégiques, *Note du 1er trimestre*, mars 2014, p. 17.

Hérodote, n° 163, La Découverte, 4e trimestre 2016.

sur terre dans la gestion des infrastructures portuaires, la diversité des attaques connues à ce jour ne cesse de s'élargir. L'interconnexion et le besoin permanent de systèmes de régulation et de navigation accroissent jour après jour la vulnérabilité des infrastructures maritimes face au risque cyber. Des exemples récents de piratage sur des prototypes d'hydrolienne ou de plateforme *offshore* montrent à quel point la pénétration informatique des systèmes met à mal la sécurité des activités en mer. L'hydrolienne quimpéroise *Sabella*, immergée au large d'Ouessant, a ainsi été prise pour cible par des pirates informatiques en octobre 2015, provoquant une interruption de sa production en électricité pendant plus d'une semaine. Ce cas notable ouvre la voie aux futurs piratages d'infrastructures maritimes. Les câbles sous-marins pourraient donc également subir ce fléau, en tant que couche matérielle du cyberespace. Le manque de protection de l'aspect *hardware* du cyber est une lacune évidente qui se joue au détriment de la sécurisation du réseau sous-marin [Sechrist, 2010, p 41]. Mais la vulnérabilité des câbles sous-marins, reliée à leur double liaison avec le cyberespace et le monde maritime, est également imputable à leur fonction.

Une cible concrète pour atteindre la société : la notion d'infrastructure critique

> « Ainsi, les infrastructures critiques sont les constructions décisives pour notre société. On peut définir simplement les infrastructures critiques comme l'ensemble des systèmes essentiels. Ainsi, les réseaux électriques, de télécommunications, d'eau, de gaz et de pétrole [...] sont considérés comme des infrastructures critiques. Aux États-Unis, la définition est même un peu plus large. Selon le rapport de la commission de protection des infrastructures critiques (Mea97), ces dernières sont les infrastructures qui sont tellement vitales que leur indisponibilité ou destruction aura un impact affaiblissant sur la sécurité nationale ou économique. »
>
> [Rozel, 2009]

Aujourd'hui, le rôle primordial des câbles sous-marins dans le déroulement des opérations commerciales, financières, militaires, administratives ou même individuelles fait de ce réseau, si l'on en croit la définition citée précédemment, une véritable « infrastructure critique ». Cette notion, qui naît dans les années 1990 aux États-Unis, fait référence à l'ensemble des infrastructures essentielles d'un pays [Galland, 2010, p. 10]. Si, en France, la terminologie est légèrement différente

Hérodote, n° 163, La Découverte, 4e trimestre 2016.

– on appelle ces établissements, ouvrages ou installations « point d'importance vitale[6] » –, l'objectif est sensiblement le même : répertorier les systèmes fondamentaux pour la société et en analyser les vulnérabilités afin de mieux les protéger. Dès l'origine, on prête à ce type d'infrastructures deux sortes de vulnérabilités potentielles : des menaces physiques et cyber [Galland, 2010, p. 7]. Les faits accréditeront ces analyses et le rythme des cyberattaques sur les infrastructures critiques ne cessera d'ailleurs de s'accélérer. En 2014, les systèmes de contrôle industriel des infrastructures sensibles américaines auraient connu plus de 245 attaques, si l'on en croit les chiffres donnés par l'Industrial Control Systems Cyber Emergency Response Team (ICS-CERT).

Permettant de paralyser la société dans son ensemble, l'attaque de telles infrastructures relève d'un intérêt évident pour des individus malintentionnés. Le réseau de télécommunications apparaît d'ailleurs comme une cible particulièrement rentable parmi les infrastructures critiques. Tout système dépend en effet désormais, directement ou indirectement, des infrastructures de l'information [Johnson, 2013]. Les infrastructures critiques (électricité, pétrole, gaz, eau...) sont les premières à s'appuyer sur des équipements électriques et automatisés, eux-mêmes supervisés par des systèmes informatiques dédiés. D'une absence de réseau découle ainsi l'arrêt quasi automatique des circuits financiers, de la distribution d'eau, d'électricité ou encore du fonctionnement des transports. Des systèmes de contrôle et d'acquisition de données (SCADA), qui permettent la collecte et l'analyse efficaces de données pour réaliser un contrôle automatique des équipements, sont, eux aussi, pleinement vulnérables aux attaques cyber. Ils mettent ainsi en danger les infrastructures critiques qu'ils opèrent. Le cas des cyberattaques réalisées à partir de 2009 grâce au célèbre virus *Stuxnet* illustre ce type de risque : le piratage principal découvert, qui visait le système de pilotage de l'infrastructure nucléaire iranienne, a permis d'attirer l'attention sur le risque plus général qui pèse sur les systèmes vitaux d'un pays.

Le fait qu'une défaillance de l'infrastructure de télécommunications[7] puisse automatiquement avoir un impact sur les autres infrastructures vitales renvoie au

6. Un point d'importance vitale est un « établissement, ouvrage ou installation dont le dommage ou l'indisponibilité ou la destruction par suite d'un acte de malveillance, de sabotage ou de terrorisme risquerait, directement ou indirectement : d'obérer gravement le potentiel de guerre ou économique, la sécurité ou la capacité de survie de la nation ; ou de mettre gravement en cause la santé ou la vie de la population » [Galland, 2010, p. 10].

7. « L'infrastructure de télécommunications a, depuis quelques décennies, évolué en une infrastructure d'information et de communication composée principalement des différents réseaux téléphoniques (filaires et cellulaires) et de l'ensemble des réseaux formant l'Internet » [Rozel, 2009, p. 18].

Hérodote, n° 163, La Découverte, 4e trimestre 2016.

principe d'interdépendance des réseaux [Galland, 2010, p. 14]. Ce phénomène garantit à tout attaquant potentiel l'efficacité de son action, par répercussion. L'intérêt d'agir sur l'infrastructure câblière de télécommunications est alors maximal pour tout individu malveillant.

Réseaux terrestres, réseaux sous-marins : quelles analogies ?

Qu'ils soient terrestres ou sous-marins, les câbles servant à la transmission des télécommunications et au transport d'énergie partagent un certain nombre de caractéristiques communes. Observer les vulnérabilités du réseau terrestre de même fonction pourrait ainsi permettre d'anticiper, dans une approche comparative, les risques qui pèsent sur l'infrastructure sous-marine. Les tubes continentaux connaissent régulièrement des sabotages physiques et des piratages informatiques. Les dysfonctionnements du réseau électrique terrestre ukrainien de décembre 2015 a par exemple marqué un tournant en la matière : il s'agit de la première cyberattaque d'une telle ampleur réalisée sur une infrastructure vitale de nature civile, et pouvant compromettre la vie humaine [Siboni et Magen, 2016]. Cet événement sans précédent, vraisemblablement causé par des acteurs liés au gouvernement russe, pourrait servir de modèle à d'autres acteurs, États ou organisations. En termes d'attaque physique, on ne compte plus le nombre de sabotage de lignes de fibre optique et de réseaux d'électricité terrestres. Le cas des pipelines, canalisations servant le transport de fluide et auxquelles sont souvent associés les câbles sous-marins au niveau juridique – notamment par la convention des Nations unies sur le droit de la mer (CNUDM)[8] –, apporte une vision complémentaire des risques pesant sur le réseau sous-marin. La récente attaque d'un oléoduc dans le delta du Niger en mai 2016, réalisé par des rebelles nigérians, prolonge ainsi la longue série d'offensives ayant touché des infrastructures terrestres d'énergie.

Ces différents exemples permettent d'évaluer la vulnérabilité des réseaux terrestres et sensibilisent, par analogie, aux risques potentiels pesant sur l'infrastructure sous-marine. Évidemment, le milieu marin dans lequel évolue le réseau limite

8. Voir notamment l'article 113 portant sur la rupture ou détérioration d'un câble ou d'un pipeline sous-marin : « Tout État adopte les lois et règlements nécessaires pour que constituent des infractions passibles de sanctions la rupture ou la détérioration délibérée ou due à une négligence coupable par un navire battant son pavillon ou une personne relevant de sa juridiction d'un câble à haute tension ou d'un pipeline sous-marin en haute mer, ainsi que d'un câble télégraphique ou téléphonique sous-marin dans la mesure où il risque de s'ensuivre des perturbations ou l'interruption des communications télégraphiques ou téléphoniques. »

Hérodote, n° 163, La Découverte, 4e trimestre 2016.

considérablement l'accès aux câbles en profondeur et complique donc toute action malveillante. Les contraintes du milieu agissent en effet comme un obstacle et expliquent la faible fréquence des attaques.

Le réseau câblier sous-marin est cependant lui-même composé d'éléments terrestres qui le rendent plus vulnérable. En effet, lorsque les câbles regagnent la surface après leur long séjour sous-marin, ils rejoignent une « station d'atterrissement » sur la côte. Ces bâtiments servent à relier la fibre optique sous-marine au réseau terrestre pour l'acheminement des télécommunications et de l'énergie. Composants « secs » du système, ils sont bien plus accessibles que l'ensemble du réseau immergé, et s'assimilent ainsi à toute autre infrastructure terrestre des réseaux de télécommunications ou d'énergie. Les risques qui pèsent sur l'un pèsent également sur l'autre. Attaque par explosifs ou assauts armés sur le bâtiment, sabotages des équipements ou du générateur d'énergie, offensives indirectes par interruption du courant ou encore piratage des systèmes informatiques sont à craindre [DHS, 2004]. Pour un acteur malveillant, l'intérêt d'une attaque physique sur les stations d'atterrissement est d'ailleurs très grand : ces sites concentrent un nombre important de câbles en leur sein, créant une possibilité de frappe simultanée en une seule attaque. Enfin, les navires servant à la pose et à la maintenance des câbles sont des « bâtiments » assimilables d'une certaine manière à des cibles terrestres. La capacité d'action sur ces éléments semble évidemment plus aisée que sur le reste de l'infrastructure câblière, majoritairement immergée. L'attaque récente du navire câblier par des pirates en mer Rouge, évoquée en introduction, confirme d'ailleurs cette vision de la fragilité du réseau.

Espionnage, sabotage, piraterie, terrorisme ?

Jusqu'alors les actions malveillantes opérées sur les câbles concernaient seulement le niveau étatique. Les États sont historiquement les seuls à déterminer l'intérêt stratégique du réseau sous-marin, le droit international leur accorde d'ailleurs une liberté d'action sur les câbles sous-marins en temps de guerre. La première coupure volontaire d'un câble sous-marin par un État ennemi s'est déroulée lors du conflit hispano-américain de 1898. À partir de cette date, les actes militaires contre les câbles se généralisent. La Seconde Guerre mondiale démontre d'ailleurs particulièrement l'importance stratégique accordée à la mise en défaut du système. Une des premières actions effectuées par les Alliés au début des hostilités sera ainsi de couper le réseau sous-marin desservant l'Allemagne afin d'isoler l'ennemi. Le renseignement d'État emploie également les câbles sous-marins afin de récolter de l'information. Le réseau Sound Surveillance System (SOSUS), installé en partie depuis des câbles sous-marins par les Américains lors de la

Hérodote, n° 163, La Découverte, 4e trimestre 2016.

guerre froide, a ainsi servi à espionner l'activité des sous-marins soviétiques en Atlantique. Le milieu aquatique et la profondeur des installations – aussi bien télégraphiques, coaxiales, que de fibre optique – impliquent une importante difficulté d'accès au réseau sous-marin. Un équipement spécifique et coûteux est donc nécessaire pour l'atteindre, ce qui explique que les acteurs nationaux, seuls à détenir le matériel adéquat, aient conservé si longtemps le monopole des coupures de câbles en mer.

Les faits mènent désormais vers de nouvelles conclusions. En 2007, des pêcheurs vietnamiens ont coupé plus de 500 km de câble sous-marin afin d'y récupérer les matériaux composites et de tenter de les revendre. Le Vietnam perdra ainsi plus de 80 % de sa connectivité avec le reste du monde. Ce cas marque le début d'une série de sabotages effectués par des acteurs non étatiques sur les fils de fibre optique. Le constat est significatif : de simples pêcheurs sont désormais capables d'intervenir sur des câbles avec leur propre matériel, affectant le réseau pendant plusieurs semaines. Au Gabon, en mars et avril 2015, deux autres actes de vandalisme ont eu lieu. Une preuve supplémentaire que des actions privées sur le système sont envisageables. Enfin, la fameuse attaque du navire câblier en mer Rouge cet été est presque inédite dans le domaine de la piraterie maritime. Bien que repoussés par l'équipe de protection du navire, seize pirates armés auraient ainsi tiré sur le bâtiment alors en pleine opération de pose de fibre optique. Si ce type de navire est inscrit sur la liste des bateaux ciblés par la piraterie et vulnérables en raison de leur activité, les rapports annuels du Bureau maritime international (IMB) font remonter les derniers actes de ce type à 2003 et 2005.

Par ailleurs, l'action d'acteurs non étatiques sur la fibre optique pourrait être favorisée par la technologie. Le progrès des drones sous-marins (*unmanned autonomous vehicle*) en matière de pose et de maintenance semblent faciliter les opérations sur les câbles sous-marins, jusqu'alors longues et complexes. Permettant de manipuler les fils de fibre optique à distance dans des eaux profondes, ils se révèlent être l'avenir de la gestion du système sous-marin [Clark, 2016, p. 2]. Leur commercialisation croissante n'est cependant pas une nouvelle rassurante : des individus malintentionnés pourraient s'en procurer de manière plus aisée et agir sur les câbles.

Entre sabotage, piraterie et actions terroristes, la frontière n'est pas si évidente. Les inquiétudes américaines en la matière ne contribuent pas au relativisme. Si aucun acte terroriste sur les câbles n'a pour l'heure vu le jour, une série de coupures de câbles atterrissant en Californie a inquiété le Federal Bureau of Investigation (FBI) en 2015 [Lai Ki, 2016, p. 52]. Soupçonnant une action coordonnée de nature terroriste, l'organisme américain a rapidement ouvert une enquête. La publication de documents officiels portant sur les vulnérabilités du réseau sous-marin par le

Hérodote, n° 163, La Découverte, 4e trimestre 2016.

département de la Sécurité intérieure du pays[9] appelle d'ailleurs à la vigilance. Motivations et conséquences d'une action terroriste sur les sites d'atterrissement américains y apparaissent : manque de diversité des stations d'atterrissement sur le territoire des États-Unis, concentration importante des câbles sous-marins, facilité d'action, rentabilité et rayon d'action d'une attaque sur l'infrastructure de télécommunications... Les arguments ne manquent pas [Lacroix *et al.*, 2002, p. 142].

Cette éventualité reste cependant au stade de prospective, l'actualité nous rappelant la pérennité de l'intérêt national porté à ces infrastructures. L'inquiétude du gouvernement américain au sujet du navire océanographique russe *Yantar*, l'an passé, l'a illustré. Naviguant à proximité des câbles reliant les États-Unis au reste du monde, plusieurs autorités se sont exprimées sur le sujet, traduisant une préoccupation étatique importante. De même, le piratage du site d'administration et de gestion du câble sous-marin SEA-ME-WE 4, reliant la France à Singapour, par la National Security Agency (NSA) montre la capacité d'action encore détenue par les États sur cette infrastructure[10]. En termes d'espionnage, les révélations sur les programmes *Tempora* ou *Upstream* de la NSA par Edward Snowden en 2013 reflètent, elles aussi, l'intérêt durable que porte l'acteur national au système sous-marin de télécommunications.

Sécuriser le réseau sous-marin mondial

La reconnaissance de l'attaque en mer Rouge comme un acte de piraterie, non encore officielle, pourrait marquer un tournant dans le domaine de la protection des câbles sous-marins. Depuis 1869, des propositions sont émises pour mieux protéger l'infrastructure sous-marine des dégradations volontaires [Voelckel, 2012, p. 272]. La théorie consiste à les assimiler à des actes de piraterie, afin de combler le manque de protection juridique et de faire face aux cas complexes. Les Nations unies favorisent, il est vrai, la coopération entre États ainsi que la répression et le contrôle des actes de piraterie, alors que rien n'est spécifiquement prévu à ce jour pour lutter contre les dégradations volontaires du réseau sous-marin. Il n'existe d'ailleurs pas, à ce jour, de statut légal du pillage des câbles en haute mer. Seules des mesures punitives sont prévues : tous les États parties à la convention des Nations unies sur le droit de la mer doivent ériger en infractions les atteintes volontaires ou par négligence aux câbles sous-marins en haute mer, dans la mesure où un risque de perturbation ou

9. DHS, Protective Security Division, *Potential indicators of terrorist activity infrastructure category : cable landing stations*, 30 janvier 2004.

10. « La NSA a piraté un réseau Internet français pour accéder aux données d'un câble sous-marin », <www.lemonde.fr>, 30-12-2013.

d'interruption des communications s'ensuivrait [Voelckel, 2012, p. 272]. Associer le pillage ou la coupure des câbles sous-marins à des actes de piraterie pourrait en garantir une meilleure protection [Burnett et Green, 2008, p. 581]. Cette possibilité permettrait en effet de réagir plus rapidement en étendant le régime existant à ce nouveau défi, au lieu de construire une nouvelle structure juridique spécifique. Cependant, la notion de piraterie ne connaît pas, en droit international, d'interprétation uniforme. Pour une partie de la doctrine, les motifs des pirates doivent être nécessairement privés. Si la plupart des sabotages référencés ici entreraient donc bien dans le cadre décrit, les actes terroristes sur les câbles, aux fins « politiques », en seraient exclus [Burnett et Green, 2008, p. 574]. Par ailleurs, deux bateaux devant être impliqués dans les faits pour pouvoir faire référence, au sens strict, à des actes de « piraterie », nombre des cas cités ne pourraient recevoir une telle qualification.

L'attaque du navire câblier à l'origine de notre réflexion ne semble donc pas remettre fondamentalement en question les vulnérabilités attribuées au réseau sous-marin, mais plutôt confirmer des tendances restées jusque-là discrètes – entrée en lice des acteurs non étatiques, croissance du nombre d'infrastructures câblières, de leur concentration, de leur importance pour l'économie mondiale et de leur visibilité, le tout cumulé à un progrès technologique rapide dans le domaine... – et pour lesquelles la sécurisation des câbles est insuffisante. Des initiatives nationales comme internationales émergent aujourd'hui afin d'assurer la protection du système câblier dans son ensemble. Elles consistent en l'amélioration de la communication et de la fluidité de l'action. Des propositions d'harmonisation internationale et d'intervention en coopération sont notamment formulées. Elles concernent par exemple le développement de point de contact unique par pays servant de relais pour les compagnies de télécommunications, d'accords et d'entraînements communs entre les forces navales ou encore de facilitations des procédures d'autorisation pour les sorties en mer, afin d'agir face à de tels actes [Burnett et Green, 2008, p. 582]. Au niveau national, seuls les États-Unis ont réellement pris la mesure de cette exigence : la Federal Communications Commission[11] (FCC) a notamment mis en place cette année un système de report des dommages sur les câbles sous-marins desservant le pays. L'objectif est ainsi d'améliorer le processus de réponse face à une interruption de service afin de restaurer au plus vite le réseau et d'assurer la permanence des télécommunications. L'idéal serait à présent que les autres pays suivent cet élan et que des mesures soient prises au niveau global, avant qu'un fait plus grave n'intervienne sur le réseau sous-marin mondial...

11. La Federal Communications Commission est une agence indépendante du gouvernement des États-Unis. Créée par le Congrès américain en 1934, elle est notamment responsable de la régulation des télécommunications et d'Internet.

Hérodote, n° 163, La Découverte, 4e trimestre 2016.

Bibliographie

BURNETT D.R. et GREEN M.P. (2008), « Security of international submarine cable infrastructure : time to rethink ? », *Legal Challenges in Maritime Security*, Leyde, p. 557-583.

CLARK B. (2016), « Undersea cables and the future of submarine competition », *Bulletin of Atomic Scientists*, vol. 72, n° 4, p. 234-237.

DHS, DEPARTMENT OF HOMELAND SECURITY (2004), Protective Security Division, *Characteristics and Common Vulnerabilities Infrastructure Category : Cable Landing Stations.*

GALLAND J.-P. (2010), « Critique de la notion d'infrastructure critique », *Flux*, n° 81.

JACOB P. (2000), *Internet, nouvel espace maritime ? Éléments d'une géopolitique d'internet*, Collège interarmées de défense (CICDE).

JOHNSON C.W. (2013), « The Telecoms inclusion principle : the missing link between critical infrastructure protection and critical information infrastructure protection », *in* Paul THERON et Sandro BOLOGNA (dir.), *Critical Information Infrastructure Protection and Resilience in the ICT Sector,* IGI Global, p. 277-303.

LACROIX F., BUTTON R., JOHNSON S. et WISE J. (2002), *A Concept of Operations for a New Deep-Diving Submarines*, Santa Monica, Rand Corporation.

LAI KI C. (2016), « Optical collusion, undersea data cables at risk of interception », *IHS Jane's Intelligence Review*, p. 50-53.

MATIS M. (2012), *The Protection of Undersea Cable, a Global Security Threat*, United States War College, Strategy research project.

ROZEL B. (2009), « La sécurisation des infrastructures critiques : recherche d'une méthodologie d'identification des vulnérabilités et modélisation des interdépendances », thèse, Institut polytechnique de Grenoble.

SALVADOR R., FOUCHARD G., ROLLAND Y. et LECLERC A.P. (2006), *Du morse à l'Internet : 150 ans de télécommunications par câbles sous-marins*, La Seyne-sur-Mer, AACSM.

SECHRIST M. (2010), « Cyberspace in deep waters : protecting the arteries of the Internet », *Harvard Kennedy School Review*, vol. 10.

SIBONI G. et MAGEN Z. (2016), *The Cyber-Attack on The Ukrainian Electrical Infrastructure : Another Warning,* INSS Insight, n° 798.

VOELCKEL M. (2012), « Des mots sous la mer : à propos de la convention de Paris du 14 mars 1884 pour la protection des câbles sous-marins », *Annuaire du droit de la mer*, Paris, Pedone.

Hérodote, n° 163, La Découverte, 4e trimestre 2016.

Les États-Unis, maîtres des mers

Pierre Royer[1]

L'US Navy est devenue la première flotte de guerre à l'issue de la Première Guerre mondiale, à égalité avec le Royaume-Uni, puis seule à partir des années 1940. Aujourd'hui, son tonnage équivaut au total des six autres flottes les plus importantes du monde. Fin 2017, elle sera la plus nombreuse des trois armées américaines avec près de 500 000 hommes, en comptant les effectifs du corps des *marines*, troupes d'assaut amphibies qui relèvent de son commandement – l'ensemble des forces armées françaises n'arrive pas à la moitié de ce total. Pourquoi la dimension navale tient-elle une telle importance dans la géopolitique américaine ? Les États-Unis peuvent-ils rester les maîtres des mers encore plusieurs décennies ?

Comment les États-Unis sont-ils devenus la première puissance navale ?

C'est dans la dernière décennie du XIXe siècle que la nécessité d'une politique navale ambitieuse s'impose dans la stratégie américaine. Cette aspiration correspond au développement territorial des États-Unis, officiellement maîtres de leur continent (la « frontière » est déclarée close au recensement de 1890) et qui regardent désormais vers le Pacifique : le protectorat installé à Hawaii en 1893 aboutit à l'annexion de l'archipel dès 1898. Mais elle provient aussi de la réflexion géopolitique de l'amiral Alfred Mahan, auteur notamment de deux livres majeurs : *The Influence Of Sea Power Upon History* (« L'influence de la puissance maritime sur l'histoire », 1890) et *The Interest Of America In Sea Power, Present And Future* (« L'intérêt américain pour la puissance maritime, présent et futur », 1897).

1. Enseignant agrégé d'histoire, officier de marine de réserve.

Hérodote, n° 163, La Découverte, 4e trimestre 2016.

Les écrits de Mahan venaient à point pour soutenir les nouvelles ambitions du secrétaire à la Marine Benjamin Tracy, qui obtint une augmentation de crédits par le *Naval Act* de 1890. Cette politique fut poursuivie par ses successeurs, dans un contexte marqué par la « première mondialisation » analysée par Suzan Berger et par la rivalité navale anglo-allemande déclenchée par le programme de construction de l'amiral Tirpitz, de sorte qu'en trois décennies le budget de la marine américaine fut quasiment multiplié par dix. À la veille de la Première Guerre mondiale, l'US Navy aligne la troisième flotte mondiale et a démontré son efficacité dans la guerre de 1898 où elle a anéanti les deux escadres espagnoles qui lui furent opposées à Manille (1er mai) et à Cuba (3 juillet) : comment mieux symboliser le passage de l'ancien monde au nouveau ? Les Américains y gagnèrent de nouveaux points d'appui, aux portes de l'Asie : Guam et les Philippines, en plus de Porto Rico et d'un protectorat officieux sur Cuba.

Les guerres mondiales amplifièrent cette ascension. En 1921, c'est bien à Washington que se réunit une conférence internationale dont le principal résultat fut un accord de limitation des flottes de guerre, pour éviter la reprise de la course aux armements navals. Le tonnage global, mais aussi les caractéristiques des différents types de navires, y compris des nouveaux comme les porte-avions, dont le premier est entré en service dans la Royal Navy en 1918, sont théoriquement figés, et les États-Unis se retrouvent au premier rang, à égalité avec le Royaume-Uni. L'incroyable effort de construction navale réalisé durant le second conflit mondial (dès 1940, après le *Two Oceans Navy Act*), tant pour la marine de guerre que pour la marine marchande, fait des États-Unis le « thalassokrator », le maître des mers selon le terme inventé par Strabon juste avant l'ère chrétienne.

Quelques chiffres pour situer cette performance économique – c'est-à-dire industrielle, humaine, financière – autant que stratégique : en quatre ans, les chantiers américains construisent 125 porte-avions d'escorte, dont une quarantaine pour la Royal Navy, neuf porte-avions légers de la classe *Independence* et vingt-quatre porte-avions lourds de la classe *Essex*. Les porte-avions d'escorte, avec vingt à trente appareils, jouèrent un grand rôle dans la sécurisation des convois de l'Atlantique contre la menace sous-marine ; quant aux *Essex*, qui mettaient en œuvre au moins quatre-vingts avions (chasseurs, torpilleurs et bombardiers), ils furent essentiels dans le Pacifique. En 1944, les chantiers navals étaient capables d'assembler un cargo standardisé (surnommé *Liberty ship*) en un mois et demi à deux mois (avec un record de quatorze jours !) au lieu de 250 à 300 jours début 1942 ; ils purent ainsi fabriquer près de 5 000 navires de charge (y compris des pétroliers) et plus que doubler la capacité de transport alliée malgré les pertes, facilitant grandement la distribution aux Alliés de l'aide économique

Hérodote, n° 163, La Découverte, 4e trimestre 2016.

et militaire du prêt-bail[2], puis la logistique des grandes opérations amphibies de 1943-1944.

La fin de la guerre entraîna évidemment l'annulation de nombreuses commandes, mais pas un désarmement total de la flotte, d'autant que le conflit, et la guerre froide qui s'annonçait avec l'URSS confirmaient l'analyse géopolitique de Mahan, modernisée par Nicholas Spykman : la suprématie navale permettait aux États-Unis de rester maîtres du « Rimland », cet anneau d'archipels et de péninsules qui va de l'Europe de l'Ouest à l'Asie orientale en passant par le Moyen-Orient, bloquant ainsi les débouchés de la puissance (Allemagne ou URSS) maîtresse du « Heartland » eurasiatique.

De fait, la guerre froide se joua aussi sur (et largement sous) les mers. Lors de crises ou d'interventions majeures : débarquement à Inchon en Corée (1950), blocus naval autour de Cuba dans la crise des fusées (1962), soutien aux opérations au Vietnam (1964-1973). Mais aussi de façon plus quotidienne, surtout lorsque l'URSS, sous l'impulsion de l'amiral Gorchkov, son inamovible chef d'état-major durant trois décennies (1956-1985), entreprit de bâtir la deuxième flotte mondiale : avec l'avènement des sous-marins nucléaires, capables de lancer des missiles atomiques à plusieurs milliers de kilomètres (SNLE), la dissuasion devint la seule doctrine acceptable car ces plates-formes, mobiles et à peu près indétectables, sont toujours capables de délivrer des frappes de représailles même après l'anéantissement du pays par une attaque surprise. Dès lors, le concept de « guerre nucléaire » se révélait inepte puisque aucun des adversaires ne pouvait y survivre. La tâche des marins était d'assurer la sécurité de ces patrouilleurs solitaires, tapis dans l'Océan (jusqu'à 300 m de profondeur) pendant deux mois, ou, inversement, d'essayer de traquer ceux de l'ennemi à tout hasard...

Cette dernière mission conduisit au développement des sous-marins nucléaires d'attaque (SNA), capables des mêmes performances en plongée (ce sont également de véritables navires sous-marins, pas seulement des « submersibles »), donc excellents « chasseurs » de sous-marins, mais qui peuvent tout aussi bien agir contre des navires ennemis ou contre des objectifs terrestres. Les SNA sont devenus des navires majeurs des flottes de guerre actuelles, au même titre que les porte-avions. Rien d'étonnant à ce que la flotte américaine domine nettement ses rivales pour ces deux catégories : les États-Unis disposent ainsi de dix porte-avions à propulsion nucléaire, quand les marines rivales ou alliées en comptent au mieux deux, et à propulsion classique, et d'une cinquantaine de SNA, soit dix fois plus

2. Décidée par le *Lend-Lease Act* voté en mars 1941 (donc bien avant l'attaque contre Pearl Harbor), l'aide fut fournie principalement au Royaume-Uni et à l'URSS et représenta un montant équivalent à quatre fois le plan Marshall adopté en 1948 pour relever l'Europe.

Hérodote, n° 163, La Découverte, 4e trimestre 2016.

que la Chine, ou trois fois plus que la Russie. Naturellement, les navires de guerre ne sont pas toujours disponibles, mais de tels effectifs permettent aux États-Unis d'avoir pratiquement en permanence trois à cinq groupes aéronavals à la mer, et entre vingt et trente SNA en patrouille, seuls ou dans le cadre d'une *task force*.

À quoi sert cette domination ?

Il est rare qu'on entende parler d'une bataille navale de nos jours, donc l'utilité de cet arsenal suscite bien des interrogations des profanes. La composante aéronavale est pourtant omniprésente dans les actions militaires aujourd'hui. Pour exemple, l'intervention européenne en Libye en 2011 reposait quasi exclusivement sur des capacités aériennes et navales (y compris sous-marines : c'est le sous-marin américain *Florida* qui ouvrit les hostilités en tirant quelque quatre-vingt-dix missiles Tomahawk pour détruire les défenses antiaériennes et les centres de commandement libyens avant l'intervention aéronavale franco-britannique) et une grande partie des frappes actuelles contre l'État islamique en Syrie et en Irak sont menées depuis des porte-avions patrouillant soit dans le golfe Persique, soit en Méditerranée. Des porte-avions... mais aussi des navires, voire des sous-marins. Avec les missiles de croisière, les principales plates-formes navales (frégates, porte-avions, sous-marins) sont capables d'atteindre, avec une grande précision, des objectifs situés à 1 000, voire 2 000 km à l'intérieur des terres. Désormais, 95 % des zones urbanisées de la planète sont vulnérables depuis la mer, y compris depuis un navire qui n'est pas visible sur l'horizon, voire hors de portée des radars. Le temps où l'amiral Nelson déclarait : « Le marin qui s'attaque à la terre est un fou » est bien révolu.

Pourquoi conduire de telles actions depuis la mer plutôt qu'à partir de bases terrestres ? Parce que la mer offre une bien plus grande souplesse. On ne décide pas d'avoir des alliés ou des bases pour une opération aéroterrestre dans une zone de crise, et si la zone d'intervention est très éloignée, cela complique la logistique (temps de vol, ravitaillements en vol à prévoir, temps limité sur zone...). La dimension diplomatique est aussi à prendre en compte : l'allié le plus proche n'est pas toujours enclin à mettre ses bases à disposition et peut jouer son propre jeu géopolitique (on le voit clairement aujourd'hui avec la politique turque en Syrie). Alors qu'en opérant hors des mers territoriales (les zones économiques exclusives ne comportent aucune restriction à l'action des flottes de guerre), soit sur plus de 9/10 des océans, une flotte n'a aucune contrainte juridique ou politique et peut s'approcher aussi près de la zone critique que l'état des défenses l'y autorise.

Un porte-avions (PA) constitue en fait une véritable base aérienne mobile, et c'est particulièrement vrai des modèles américains. Porte-avions à catapultes,

Hérodote, n° 163, La Découverte, 4e trimestre 2016.

donc avec un pont d'envol long (plus de 300 m en tout, dont un tiers utilisé pour les catapultages) et totalement plat, chacun peut embarquer jusqu'à 90 appareils (en pratique plutôt autour de 60-70), soit au moins deux fois plus que ses homologues étrangers, qui sont en outre majoritairement des porte-avions à tremplin[3], mettant en œuvre des appareils à décollage court ou vertical (ADCV). Ce dernier type d'avion présente des performances moindres que celles des appareils catapultés, qui ne sont que des versions « navalisées » des appareils basés à terre, ce qui leur donne une plus grande efficacité et leur permet de contester la maîtrise de l'espace aérien à une aviation terrestre, contrairement aux ADCV. Avec ses navires d'escorte, dont des navires logistiques comme les pétroliers ravitailleurs (pour le carburant des avions et des autres navires, car la propulsion nucléaire des PA américains leur donne une autonomie illimitée), il représente donc une force de frappe impressionnante, capable de soutenir des opérations militaires de longues semaines (deux sur ses seules réserves), voire des mois, même dans un environnement hostile, c'est-à-dire face à un ennemi susceptible de contre-attaquer avec des moyens aériens (avions, missiles) ou navals.

Les navires de surface, et singulièrement les porte-avions, qui se déplacent toujours accompagnés d'au moins une dizaine d'autres bâtiments (en tout cas dans la marine américaine), peuvent aussi remplir des missions diplomatiques : dissuasion, intimidation, ou au contraire réassurance par des croisières ou des visites dans les eaux de pays alliés. Les escales dans des ports amis sont toujours de grands moments pour les équipages, mais aussi pour les autorités du pays, car n'oublions pas qu'un navire de guerre bénéficie d'une sorte d'extraterritorialité – il est une portion du « territoire » de la puissance du pavillon. Cela vaut quelle que soit la taille du navire, mais la visite d'un porte-avions reste exceptionnelle et représente une « marée » de plusieurs centaines de marins avec les navires d'escorte.

Il faut enfin tenir compte des missions plus ordinaires d'une marine de guerre, ce qui fait son quotidien, même pour l'US Navy, qui n'est pas engagée en permanence dans des actes guerriers. La première mission est celle de la protection des approches maritimes et de la défense des lignes de communication. La présence de flottes américaines sur tous les océans du globe y contribue grandement, en particulier celle des Ve, VIe et VIIe flottes stationnées très loin des États-Unis (respectivement dans l'ouest de l'océan Indien, en Méditerranée et à cheval sur le Pacifique occidental et l'océan Indien). La première, en particulier, veille sur le

3. C'est le cas du porte-avions russe le *Kuznetsov*, et des porte-avions indien et chinois, qui sont d'ailleurs d'anciens navires soviétiques terminés plus de vingt ans après avoir été mis en chantier. Les futurs porte-avions britanniques, le *Queen Elizabeth* et le *Prince of Wales*, appartiennent aussi à cette catégorie. De toutes les grandes marines océaniques, seule la marine française dispose d'un porte-avions à catapulte, le *Charles-de-Gaulle*.

Hérodote, n° 163, La Découverte, 4e trimestre 2016.

CARTE 1. – LA DOMINATI

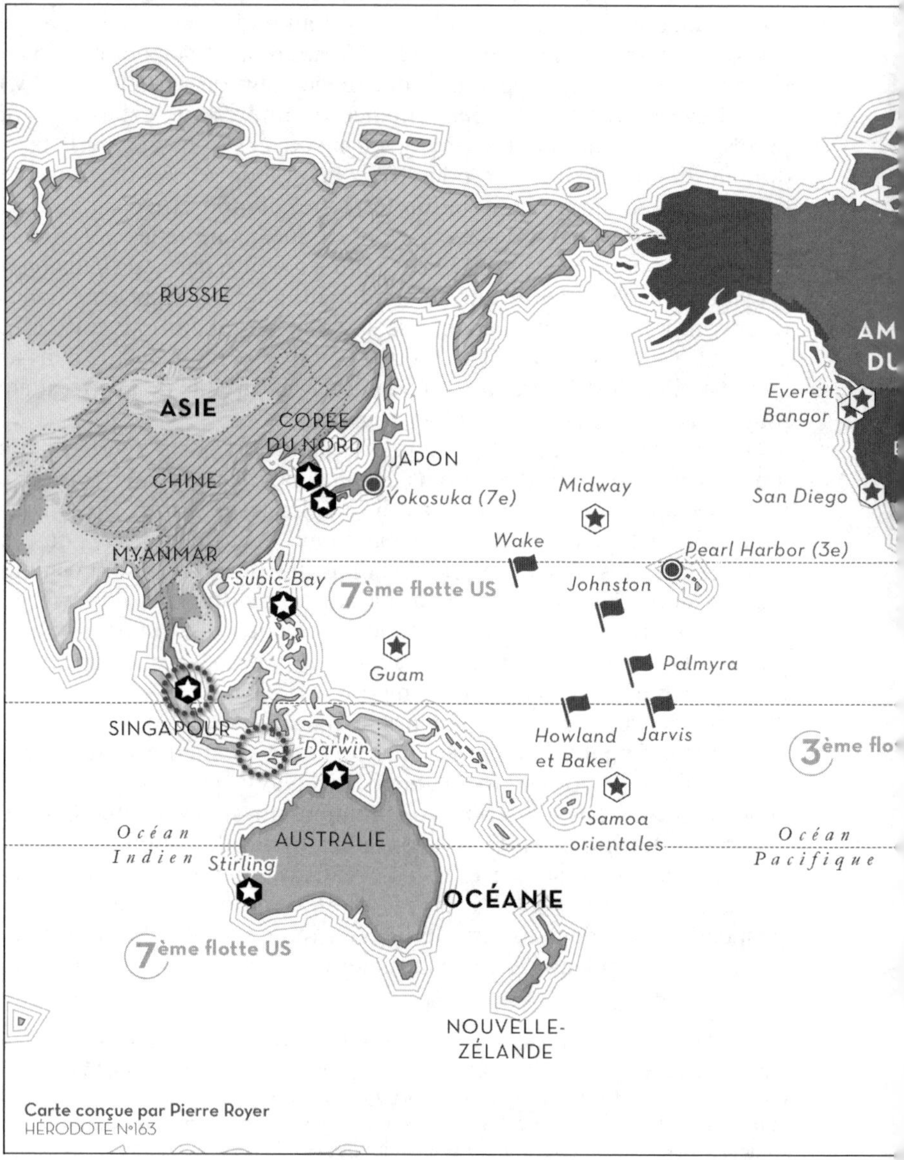

S ÉTATS-UNIS SUR LES OCÉANS

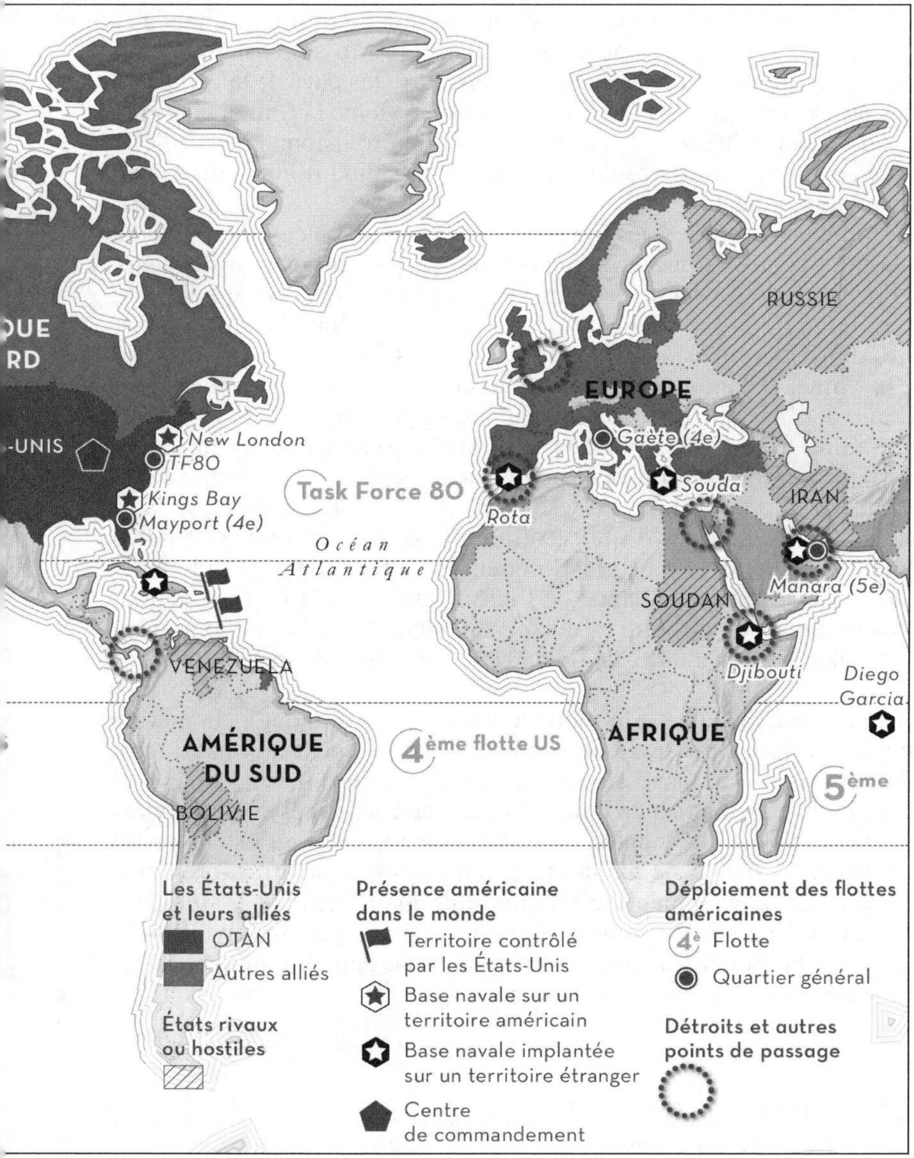

golfe Persique et les passages donnant accès à l'océan Indien (détroits d'Ormuz et de Bab-el-Mandeb, canal de Suez) par où transite plus du tiers des flux d'hydrocarbures mondiaux (pétrole et gaz naturel). Cette mission ne profite pas tant aux États-Unis eux-mêmes, dont la dépendance à l'égard du Moyen-Orient a beaucoup diminué, qu'à leurs alliés, qu'ils soient fournisseurs (les pays de la péninsule Arabe) ou consommateurs (Inde, Japon, Corée, Europe). Même la Chine, plus gros client du Moyen-Orient, bénéficie de cette sécurité d'approvisionnement qu'elle n'est pas encore capable d'assurer seule, bien qu'elle ait aujourd'hui la deuxième marine du monde (en tonnage).

Depuis une vingtaine d'années, les flottes des grandes puissances ont d'ailleurs renoué avec la lutte contre la piraterie, renaissante en particulier près des deux « portes » de l'océan Indien, autour des détroits indonésiens (Malacca, Lombok, la Sonde) et au large de la Somalie. Les États-Unis y ont joué leur rôle, ainsi que leurs alliés de l'Otan, mais aussi toutes les marines intéressées par le trafic commercial : la Chine, le Japon, la Corée, la Russie ont déployé des unités entre l'Inde et la Corne de l'Afrique de façon plus ou moins permanente – et la plupart continuent à le faire, avec succès puisque la piraterie somalienne est pratiquement éteinte. Même si cette mission ne requiert pas un déploiement spectaculaire, les fondamentaux de la présence navale y sont nécessaires (une ou deux frégates équipées d'hélicoptères, équipes d'intervention à terre ou d'abordage, navires de ravitaillement pour tenir la mer plus longtemps, éventuellement avions de patrouille maritime pour la surveillance de l'océan sur un large rayon d'action, sans parler des systèmes électroniques de surveillance, détection et communication), confirmant ainsi le statut de *blue navy*[4] que veulent se donner les marines présentes.

Enfin – et l'actualité en Europe le rappelle presque chaque jour –, la marine de guerre remplit aussi des missions de service public : secours aux naufragés, lutte contre la pollution, assistance aux pêches et lutte contre le braconnage, et peut aussi secourir des populations victimes de catastrophes naturelles : les navires d'assaut amphibie, avec leurs hélicoptères lourds, la grande place qu'ils ont à bord et leurs installations médicales de pointe, trouvent alors une justification moins belliqueuse et qui relève également de l'action diplomatique. Faut-il s'étonner que la marine américaine ait, là aussi, un énorme avantage sur ses rivales – la flotte russe ne comptant même aucun navire de ce type depuis l'annulation de la commande passée aux Chantiers de l'Atlantique ?

4. Depuis la guerre de Sécession, les Américains opposent la *brown navy*, agissant près des côtes, et la *blue navy*, marine de grand large.

Hérodote, n° 163, La Découverte, 4e trimestre 2016.

TABLEAU 1. – LES FLOTTES DE GUERRE DANS LE MONDE (MI-2016)

	États-Unis	Russie	Chine	Japon	France	Royaume-Uni
Tonnage global (x 1 000 t)	Supérieur à 3000	Environ 780	Supérieur à 750	Supérieur à 300	Supérieur à 200	Environ 180
Nombre de navires	Supérieur à 280	Supérieur à 100	Environ 100	Environ 100	Supérieur à 80	Environ 50
Porte-avions	10 (2)	1	1 (1)	-	1	(2)
Porte-hélicoptères	9 (1)	-	-	3 (1)	-	1
Navires d'assaut amphibies	10 (2)	-	4 (2)	3	3	5
SNA	56 (6)	20 (3)	6 (?)	-	6 (3)	7 (3)
SNLE	14	13 (3)	4 (4 ?)	-	4	4
Aéronefs	3 700	Environ 480	500 ?	315	Supérieur à 200	40
Forces spéciales de la marine	6 500	2 000 ?	?	?	500	750
Budget défense en % du PIB (2015)[5]	3,3	5,4	1,9	1	2,1	2
Dépenses militaires / hab. en 2015 (en US $ courants)	1 839	453	156	322	764	853

(-) : Navires actuellement en construction

Sources : Mer & Marine (site : meretmarine.com) ; B. Prézelin, *Flottes de combat*, EMOM / Ouest France ; le site marine-oceans. com.

Jusqu'à quand resteront-ils le « thalassokrator » ?

La suprématie américaine tient à trois facteurs : l'un est technique, l'autre économique et le dernier géopolitique.

5. Source : SIPRI, avril 2016.

Hérodote, n° 163, La Découverte, 4e trimestre 2016.

Les industriels américains travaillant pour la Navy maîtrisent l'ensemble des technologies de pointe concernant la construction navale proprement dite (coque et propulsion), les moyens de détection, transmission et de traitement de l'information et bien sûr les armements. Les équipements navals ont toujours été parmi les plus sophistiqués, car ils doivent être les plus précis malgré l'instabilité constante de la plate-forme. Aujourd'hui, les armes des navires sont commandées par des systèmes informatiques complexes qui gèrent un grand nombre de paramètres fournis par les radars et les systèmes satellites et mettent en œuvre les réponses appropriées (tirs, déclenchement de leurres, contre-mesures électroniques, etc.), pratiquement sans intervention humaine. Le système américain de gestion des champs de bataille navals, baptisé *Aegis* (l'Égide, comme la cuirasse confiée par Zeus à Athéna), a beau avoir été conçu il y a bientôt un demi-siècle, il a été sans cesse amélioré et reste probablement le plus performant au monde.

Les États-Unis détiennent même un monopole pour certains équipements, dont les catapultes pour porte-avions ; ainsi, seules l'US Navy ou les marines alliées peuvent disposer de PA à pont plat. Ces équipements fonctionnaient traditionnellement à la vapeur ; la prochaine génération, qui équipera la nouvelle classe *Gerald Ford*, est électromagnétique, ce qui permet de réduire son encombrement et d'accroître d'un tiers les capacités de lancements par jour. Malgré les problèmes de mise au point que connaissent tous les programmes innovants, et qui ont contribué au retard dans la mise en service du premier exemplaire (qui n'interviendra sans doute pas avant au moins un an), la nouvelle série, programmée pour dix unités, prendra progressivement la relève des *Nimitz* pour le siècle prochain – chaque bâtiment ayant une durée de vie théorique d'un demi-siècle.

Certes, l'innovation est à double tranchant. D'une part, elle peut se révéler décevante ou trop coûteuse : c'est le cas des programmes les plus futuristes lancés ces dernières années par l'US Navy, tels les super-destroyers furtifs de la classe *Zumwalt* ou la nouvelle catégorie des LCS (*Littoral Combat Ships*), navires à grande vitesse (plus de 45 nœuds, soit près de 85 km/h) mais à faible autonomie ; mais il reste en ce cas la solution de repli de faire évoluer et de moderniser des plates-formes éprouvées, en l'occurrence le destroyer (frégate lourde) de type *Arleigh Burke* lancé au début des années 1980 et qui connaîtra au moins cinq déclinaisons techniques et plus d'une centaine d'exemplaires construits. D'autre part, les innovations des flottes concurrentes peuvent menacer la suprématie opérationnelle, au moins en apparence. Ainsi, ces dernières années, les revues de géopolitique et les couloirs du Congrès bruissent régulièrement de controverses sur l'utilité et le coût démesuré d'un outil naval présenté comme dépassé depuis la mise au point de missiles antinavires supersoniques par les Russes ou les Chinois, armes opportunément dénommées « tueurs de porte-avions » pour bien faire passer le message dans l'opinion non éclairée de l'obsolescence programmée des grands navires.

Hérodote, n° 163, La Découverte, 4e trimestre 2016.

Sur la forme, cette querelle n'est pas sans rappeler celle de la « Jeune école », il y a un peu plus d'un siècle, après l'invention de la torpille, qui paraissait condamner les navires puissants. S'il est facile de percevoir le souci de préserver des budgets derrière les arguments des terriens ou des aviateurs, le fait que des marins américains abondent à la condamnation des porte-avions donne une apparence d'objectivité aux analyses... si l'on ignore les inépuisables rivalités de chapelles qui opposent, au sein des marines de guerre, « surfaciers », sous-mariniers et « aéros ». Les seconds en particulier, qui tiennent une place souvent essentielle dans les organigrammes d'état-major en raison de la dissuasion atomique, ambitionnent d'incarner la nouvelle « arme absolue » et siphonneraient volontiers les moyens accordés à la flotte de surface, et singulièrement aux porte-avions, les plus gourmands en matière de crédits.

La controverse ne manque cependant pas de surprendre, dans la mesure où toutes les grandes marines sont actuellement en train de s'équiper (ou de se rééquiper) en porte-avions. Le Royaume-Uni en construit deux qui seront les plus gros navires de guerre jamais construits en Europe, l'Inde achève son deuxième, le Japon a tellement « dopé » ses destroyers porte-hélicoptères *Izumo* et *Kaga* qu'ils pourraient sans doute accueillir des ADCV... Et ne parlons pas de la Russie ou de la Chine, qui sont pourtant censées avoir trouvé l'arme fatale contre le PA, et qui ont pourtant d'ambitieux programmes pour accéder eux aussi à la projection aéronavale !

Comment expliquer ce paradoxe ? C'est sans doute qu'aucune arme, prise isolément, ne peut être considérée comme une arme absolue contre un type d'équipement ennemi. La torpille n'a pas condamné les cuirassés et les croiseurs, c'est le porte-avions qui l'a fait, illustrant déjà la notion de « système d'armes ». Le combat naval ne se résume pas à un duel de western entre un missile et un navire : un porte-avions n'est jamais seul et les systèmes de défense antiaériens actuels peuvent déjà intercepter ou dérouter des missiles supersoniques. De toute façon, si démonstrations de force et manœuvres d'intimidation font partie intégrante des gesticulations navales quand deux flottes rivales se côtoient dans une zone critique, il est difficile d'imaginer le tir d'un missile supersonique à titre de coup de semonce (les navires ont toujours au moins un canon notamment pour cet usage) ; donc l'efficacité de ces engins en restera au stade déclaratoire, sinon incantatoire et ne pourra guère être vérifiée en conditions opérationnelles, d'autant que Chine ou Russie sont peu enclines à les vendre à des pays qui pourraient s'en servir à tort et à travers – ou en livrer les secrets.

L'argument économique n'est cependant pas à négliger, et les présidents américains successifs, à l'image d'Obama, parlent de plus en plus de « partager le fardeau », car la part du PIB que les États-Unis consacrent à leurs armées est bien plus élevée que celle de leurs alliés majeurs (à l'exception de l'Arabie saoudite). Mais cet énorme effort budgétaire a aussi des retombées positives : la Défense est

Hérodote, n° 163, La Découverte, 4e trimestre 2016.

le principal bailleur de fonds de la recherche fondamentale aux États-Unis, dont les applications donneront ensuite un avantage concurrentiel aux entreprises; les contrats pour la Navy assurent une charge de travail de longue durée pour les principaux chantiers navals du pays et leurs nombreux sous-traitants et maintiennent des savoir-faire irremplaçables grâce à un rythme de production industriel pour les équipements communs à beaucoup de navires (systèmes d'armes, de navigation, de transmission, voire propulsion) et parfois même pour les bâtiments eux-mêmes[6] (il sort ainsi un destroyer *Arleigh Burke* tous les six mois en moyenne de l'un des deux chantiers dédiés).

Certes, un navire coûte cher, même avec de gros efforts de réduction des coûts: les nouveaux PA *Gerald Ford* sont affichés à environ 15 milliards de dollars pièce, les destroyers *Zumwalt* ne seront que trois au lieu de 20 ou 30 prévus en raison de leur coût exorbitant, le programme de LCS n'atteindra sans doute pas la cinquantaine d'exemplaires envisagée. Les armes sophistiquées n'obtiennent par ailleurs pas toujours de meilleurs résultats que les moyens plus éprouvés et moins coûteux: pourquoi alors financer le déploiement de groupes aéronavals avec les risques de pertes encourus (avions, pilotes, voire navire lui-même) quand drones, missiles, voire les nouveaux modèles de canon de marine, à portée allongée et haute cadence de tir, ont fait la preuve de leur efficacité? La réponse est peut-être dans le proverbe africain par lequel l'ancien président T. Roosevelt résumait sa conception de la diplomatie à l'orée du XXe siècle: *speak slowly and carry a big stick*[7]. Porter un «gros bâton» ne signifie pas forcément s'en servir, et peut même éviter d'avoir à le faire.

L'envoi d'un groupe aéronaval constitue en effet un message fort de l'intérêt qu'une puissance attache à une région, ou de sa préoccupation face à une crise régionale. D'autant que les PA peuvent équiper leurs appareils de missiles nucléaires, de portée et de puissance moindres que celles des missiles intercontinentaux, mais qui auraient valeur d'ultime avertissement. La présence bien visible d'une *task force* avec cette capacité, connue de tous, joue évidemment un rôle de protection (pour les intérêts de la puissance, ses alliés ou les navires qui s'en réclament) et de dissuasion – du reste aucun porte-avions n'a encore eu à user de ses armes nucléaires à titre de représailles ou d'alerte sur le franchissement d'un seuil critique. Alors que les sous-marins, dont la vocation est de rester discrets, sinon secrets, se révèlent surtout redoutables lorsqu'il faut frapper par surprise – donc quand la dissuasion a échoué.

6. Cette maîtrise technique et industrielle se retrouve aussi dans des applications civiles liées à l'exploitation des océans.

7. «Parler doucement, en portant un gros bâton.»

Hérodote, n° 163, La Découverte, 4e trimestre 2016.

La contribution irremplaçable de la Navy... et des Européens

Le rôle de la Navy ne paraît pas voué à diminuer dans le nouveau contexte géopolitique de ce début du IIIe millénaire. La théorie du pivot, selon laquelle le centre d'intérêt des États-Unis basculerait vers l'Ouest et l'Asie-Pacifique, pourrait n'être qu'une exagération exégétique et théorique d'une réalité beaucoup plus pragmatique : le Pacifique est l'océan le plus vaste, les États-Unis y contrôlent de nombreux territoires et y comptent de précieux alliés, et c'est là que leurs deux principaux rivaux géopolitiques, la Russie et la Chine, associés au sein de l'OCS (Organisation de coopération de Shanghai), déploient l'essentiel de leurs propres moyens navals ; il n'y a donc rien de bouleversant à ce que 60 % de la flotte américaine y soit désormais déployée, ne serait-ce que pour rassurer précisément ces alliés (Japon, Australie, Corée du Sud, Thaïlande, dans une moindre mesure Indonésie, Philippines, voire Vietnam) qui font bien pâle figure devant leurs concurrents régionaux.

D'autant que la Chine est sûrement l'État qui a accompli le plus gros effort de construction navale ces dernières décennies, d'abord dans le domaine des sous-marins, aujourd'hui dans les navires de surface, y compris les porte-avions. La marine chinoise s'estime aujourd'hui suffisamment forte pour s'assurer la maîtrise des mers de Chine (méridionale et orientale) contre tout intrus – comprenez contre la VIIe flotte, basée à Tokyo et Singapour – en cas de conflit. Et la Chine pousse donc son avantage et ses revendications sur les cailloux de la mer de Chine méridionale, qu'elle revendique presque intégralement comme mer territoriale et ZEE, en bétonnant des récifs émergeant à peine de l'eau et en aménageant des pistes ou des appontements sur de minuscules atolls sans ressources revendiqués par les autres riverains, dédaignant totalement les règles explicites du droit de la mer adoptées en 1982 à Montego Bay et l'avis récent de la Cour internationale de justice refusant de lui reconnaître le moindre « droit historique » sur ce qui ne mérite souvent même pas le nom de « territoire ».

Comment les États-Unis vont-ils réagir à ce défi de la toute nouvelle puissance navale chinoise ? Un affrontement direct semble inenvisageable, cependant les mers de Chine sont sûrement l'un des lieux, avec l'océan Indien ou le golfe Persique, où les gesticulations navales pourraient déraper vers des incidents plus graves – ce fut le cas dans les années 1970 entre Chine et Vietnam, déjà à propos des Spratleys et des Paracels. Ils engrangent en tout cas d'ores et déjà les fruits de cette affirmation de la puissance chinoise, puisqu'ils apparaissent comme les protecteurs « naturels », en tout cas incontournables car seuls capables de mettre en échec les avancées de Pékin jusque dans l'océan Indien (où se déploie le fameux « collier de perles »). Ainsi les velléités d'autonomie du Japon, les préventions australiennes contre les armes atomiques ou les vestiges du non-alignement

Hérodote, n° 163, La Découverte, 4e trimestre 2016.

indien ont-ils cédé devant l'absolue nécessité de se mettre à l'abri du parapluie de l'« oncle Sam ».

Il en va de même en Europe, où la renaissance de la « menace russe » (réelle ou perçue comme telle, c'est un autre sujet) contribue à fédérer les pays du continent, non pas entre eux – on voit bien toutes les difficultés à faire de la fameuse « PESC » autre chose qu'une formule incantatoire ou qu'une posture humanitaire – mais autour du protecteur américain, y compris quand ce dernier joue avec le feu en essayant d'attirer dans l'Otan des pays de l'« espace russe » (Géorgie en 2008, Ukraine en 2014), même s'ils ne font plus partie du territoire de la Russie. Tant que ces grandes menaces subsisteront, la présence des armées américaines sera la bienvenue et, inversement, le renfort des alliés sera indispensable.

À ce sujet, la contribution des Européens, qui ont développé depuis des décennies à travers l'Otan (mise en place au début des années 1950) des capacités interopérables avec les armées américaines, est infiniment plus précieuse et nécessaire au Pentagone que la seule addition des budgets militaires pourrait le laisser croire. La démonstration en a encore été apportée en 2015 pour les frappes contre l'État islamique, lorsque le PAN français *Charles-de-Gaulle* a pris le commandement dans le golfe Persique d'une *task force* intégrant également un groupe aéronaval américain, confirmant la parfaite compatibilité des équipements et des procédures. Il faut donc au minimum relativiser l'idée selon laquelle les États-Unis « tourneraient le dos » à l'Europe.

Si tel était le cas, ils ne manqueraient pas de s'en mordre assez vite les doigts et ce serait sans doute la menace la plus sérieuse pour leur hégémonie qu'une distanciation de leurs alliés les plus fiables et les plus proches, sur le plan de la vision géopolitique et du système de valeurs – sans oublier qu'ils sont aussi des partenaires économiques autrement plus intéressants que la Chine, puisque l'Union européenne était en 2015 le second partenaire commercial des États-Unis, presque à égalité avec le Canada, mais devant le Mexique et la Chine, et avec des échanges moins déséquilibrés puisque le déficit commercial avec l'Europe était trois fois moins élevé qu'avec l'Asie. Ce qui ne signifie évidemment pas que les Européens doivent adopter systématiquement le même point de vue que les Américains – l'affaire d'Irak aura au moins montré que des alliés critiques pourraient éviter de se lancer dans des aventures dont il est bien difficile de maîtriser toutes les conséquences.

Avec tous ces alliés autour du monde, la marine américaine est assurée de disposer encore longtemps de bases qui permettent son prépositionnement, en plus des bases proprement américaines (Guam, Diego Garcia, etc.) où sont stationnées des brigades de *marines* prêtes à intervenir en fonction des besoins. C'est une des conditions pratiques essentielles de sa maîtrise des océans et rien ne laisse à penser qu'elle s'effondrera. L'US Navy a donc toutes les chances de

Hérodote, n° 163, La Découverte, 4e trimestre 2016.

rester l'instrument majeur de la politique extérieure américaine, d'autant que la marine permet de contrôler des territoires à distance, sans trop s'exposer, ce qui se révèle souvent moins coûteux, à tout point de vue, et pas forcément moins efficace qu'une lourde intervention terrestre. Après tout, depuis 1945, les déploiements terrestres des forces américaines ont rarement été de francs succès... Et la nature profonde du leadership américain n'est-elle pas plus une « bienveillance distante » qu'un autoritarisme omniprésent ? S'ils veulent restaurer leur *soft power*, les États-Unis doivent être moins visibles sur le terrain – sans pour autant renoncer à des interventions ciblées. La marine paraît à l'évidence l'outil le plus adapté à cette nouvelle équation.

Hérodote, n° 163, La Découverte, 4e trimestre 2016.

Poutine et la mer. Forteresse « Eurasie » et stratégie océanique mondiale

Jean-Sylvestre Mongrenier[1]

« Tout potentat qui n'a que la puissance terrestre n'a qu'un bras,
Mais qu'il y ajoute la puissance maritime, il a les deux. »

Pierre le Grand

« Après la victoire du capitalisme libéral-démocrate dans la guerre froide, il semblait que cette victoire était définitive. Dix-quinze ans plus tard, il est apparu que la compétition n'était pas terminée. »

Sergueï Karaganov

Au pouvoir depuis l'année 2000, Vladimir Poutine conduit une politique étrangère dont l'objectif réside dans la restauration du statut de puissance de la Russie, sur un pied d'égalité avec les États-Unis. L'homme est à la fois le réceptacle et le moteur d'idées, de discours et de représentations géopolitiques qui font partie intégrante de l'ambiance intellectuelle, culturelle et idéologique dans laquelle la Russie est plongée. Quelques mots clés et expressions types en expriment le contenu : « étranger proche », « Eurasie », « voie russe » et « identité slave-orthodoxe ». Le dispositif d'ensemble relève d'une certaine cohérence et donne sens – c'est-à-dire signification et direction – à la politique de puissance de

1. Chercheur à l'Institut français de géopolitique, université Paris-VIII, chercheur associé à l'Institut Thomas More.

Hérodote, n° 163, La Découverte, 4e trimestre 2016.

Poutine. Irréductible à une série de coups tactiques opportunistes, cette politique est portée par une « grande stratégie » déployée au fil des années. De tout cela se dégage le portrait d'une « Russie-Eurasie[2] », archétype de la puissance continentale, engagée dans une confrontation avec les pays occidentaux, décrits comme des puissances marchandes et maritimes. Bref, la « nouvelle guerre froide » en cours réitérerait l'affrontement de la Terre et de la Mer, conformément aux théories géopolitiques de d'Alfred T. Mahan et Halford Mackinder[3]. *A priori*, ce système de pensée accorde peu de place à la mer dans la conception et la conduite de la grande stratégie russe. Du point de vue du Kremlin, l'idée de manœuvre consisterait à empêcher l'Occident d'utiliser la mer contre la Russie, et donc à protéger les approches maritimes de cet État terrien. En d'autres termes, les intérêts stratégiques russes seraient concentrés dans les « eaux vertes[4] ». Toutefois, la mise en œuvre de stratégies anti-accès, plus particulièrement en Baltique et en mer Noire, ne saurait occulter la volonté de Poutine de projeter puissance et influence au-delà des mers qui bordent la Russie-Eurasie, dans les « eaux bleues ». En cela, la composante navale de la grande stratégie russe met en évidence la dimension néosoviétique des conceptions et pratiques géopolitiques de Poutine.

La « Russie-Eurasie », archétype de la puissance continentale

Géohistoire et représentations géopolitiques russes

Les représentations géopolitiques instrumentalisées par Poutine et la classe dirigeante russe ne sont pas la simple expression idéologique des conditions naturelles, selon un schéma déterministe du type « infrastructure/superstructure ». Elles découlent davantage d'une histoire de longue durée, celle de la formation territoriale de l'Etat russe. Initialement, la Moscovie était constituée du fragment septentrional d'un grand ensemble spatial, la *Rus'* de Kiev, qui s'étendait de la Baltique à la mer Noire, ouvert sur l'Occident romano-germanique et l'Orient byzantin. Au XIIIe siècle, le choc mongol et la destruction de Kiev (1240) eurent pour conséquences le déplacement plus au nord du centre de gravité et le

2. L'expression de « Russie-Eurasie » est empruntée à Piotr Savitski, l'un des théoriciens russes de l'eurasisme.

3. Ce schéma théorique est nuancé par l'amiral Raoul Castex et, plus encore, par Nicholas J. Spykman.

4. Dans la classification américaine, les « eaux vertes » renvoient aux marines limitées à la défense des littoraux et les « eaux bleues » à celles capables d'opérer en haute mer. Enfin, les « eaux brunes » renvoient aux marines fluviales.

Hérodote, n° 163, La Découverte, 4e trimestre 2016.

développement politico-territorial de la principauté de Moscou, dans la mouvance de la Horde d'Or et en opposition à l'Europe baltique. Par la suite, les grands princes de Moscou s'émancipèrent de la domination tatare, rassemblèrent les terres russes, puis partirent à la conquête de l'Oural et de la Sibérie, jusqu'en Extrême-Orient. C'est dans un très vaste ensemble territorial, à cheval sur l'Europe et l'Asie, que se développèrent des attitudes et des représentations étroitement liées à la géohistoire de la Moscovie, le grand prince devenant bientôt le tsar de toutes les Russies. L'insistance contemporaine sur la continentalité, le complexe obsidional (paradoxal en regard de l'immensité) et l'idée d'un « monde russe », sorte de totalité close, datent de ces siècles de géohistoire.

Bien entendu, les représentations en question ne sont pas sans rapport avec les caractéristiques de l'enveloppe territoriale et les « fondamentaux » géographiques de la Russie (17 000 000 km^2, 38 000 km de frontières). Les contraintes et les rugosités de l'espace russe sont bien connues. Elles sont liées à l'immensité (jusqu'à 22 millions de km^2, au temps de la « Russie-Soviétie ») ainsi qu'aux distances (10 000 km d'ouest en est). L'existence d'un puissant système montagneux au sud, et l'océan Glacial Arctique au nord, une surface prise par les glaces six à huit mois par an, gênent la pleine insertion de la Russie dans le système mondial de circulation. Éloignée des influences adoucissantes de l'océan Atlantique et située haut en latitude (les trois quarts de la superficie sont à la latitude du nord de la France), la Russie constitue un ensemble géographique à la fois hypercontinental et septentrional. Ces données pèsent aussi sur la circulation des hommes et des biens à l'intérieur même de l'espace russe.

Les représentations géopolitiques accusent ces caractéristiques géographiques, dans le sens où elles les exagèrent. Il importe en effet de rappeler que la conquête de la façade baltique au XVIIe siècle, des rives septentrionales de la mer Noire et de la presqu'île de Crimée au siècle suivant, a ouvert la Russie sur l'Europe et la Méditerranée, et ce malgré la contrainte des détroits danois et turcs. Il est vrai que la dislocation de l'URSS, en 1991, a privé la Russie postsoviétique des ports baltes et du plus grand nombre des ports soviétiques de la mer Noire, sans pour autant interdire l'accès à ces mers. De surcroît, les trois quarts de la population russe résident à l'ouest de l'Oural et la Russie d'Europe n'est pas plus éloignée de l'océan Atlantique que le Middle West et les contreforts des Rocheuses ne le sont des ports de la mégalopolis américaine (« *BosWash* », façade est des États-Unis) ou du golfe du Mexique. Les problèmes d'accessibilité et de mise en valeur renvoient plutôt aux déficiences des systèmes de transport, à l'économie en général ainsi qu'au difficile état des relations de la Russie avec l'Europe.

Hérodote, n° 163, La Découverte, 4e trimestre 2016.

... et néo-eurasisme en Russie postsoviétique

Plus encore, le vide idéologique provoqué par le délitement puis la dislocation de l'URSS ainsi que le besoin de certitudes fortes dans la classe dirigeante et une partie de la population expliquent le développement de théories géopolitiques réductionnistes[5] et du néo-eurasisme. À l'époque où le parti unique et l'idéologie marxiste-léniniste régissaient l'URSS, la géopolitique en tant que discipline était identifiée au national-socialisme et elle avait été bannie du discours autorisé. Peut-être rappelait-elle à Staline les thèses de Karl Haushofer et le souvenir du pacte germano-soviétique. Dans la déroute des années 1990, les idées géopolitiques émises au début du siècle ont joué le rôle de palliatif idéologique. Conformément à la théorie de Mackinder, le pivot continental nommé *Heartland*, identifié à l'espace russo-sibérien, serait destiné à dominer le *Rimland*, c'est-à-dire le croissant périphérique constitué par les péninsules de l'Ancien Monde (Europe, Moyen-Orient, Asie du Sud et de l'Est). La constitution d'un bloc continental, autour de la Russie, permettrait de vaincre les États-Unis, identifiés à la Mer. Cette même opposition entre Terre et Mer se retrouve dans l'eurasisme dont les théoriciens ont probablement été influencés par les travaux des géographes et stratèges anglo-américains et allemands.

Au vrai, l'eurasisme plonge ses racines dans le panslavisme du XIXe siècle, plus précisément dans les écrits des « doctrinaires orientaux » (Nicolas Danilevski, Constantin Léontiev et Vladimir Lemanski), dans la période qui suit la guerre de Crimée (1853-1856), la défaite de la Russie aggravant l'hostilité à l'encontre de l'Occident comme forme de civilisation[6]. Alors que le tsar étend sa domination au Turkestan occidental (l'Asie centrale), les « doctrinaires orientaux » conduisent une réflexion d'ensemble sur les plans historique, philosophique et métaphysique. L'Empire russe est défini comme un « monde du milieu », troisième continent entre Europe et Asie, et forme de synthèse supérieure entre Orient et Occident. Plus concrètement, ces penseurs prennent le parti d'une alliance avec les peuples turco-musulmans contre la modernité occidentale. L'eurasisme proprement dit se développe après la Première Guerre mondiale et le coup de force d'octobre 1917,

5. Par « géopolitisme », nous entendons les théories géopolitiques qui considèrent les espaces géographiques comme des acteurs et prétendent énoncer les lois invariantes de la politique mondiale. Le terme fait écho à l'historicisme, au sens de Karl Popper. Dans le cas de la Russie, une forme de matérialisme géographique a pris le relais du matérialisme historique de la période soviétique (la « science de l'Histoire » des marxistes-léninistes).

6. Chez les fondateurs du mouvement slavophile (Alexis Khomiakov et Ivan Kireïevski) et leurs continuateurs (Constantin Aksakov, Youri Samarine), l'idée d'une voie russe est bien présente, mais elle est intellectuelle et religieuse, non pas politique et moins encore impérialiste.

Hérodote, n° 163, La Découverte, 4e trimestre 2016.

dans les milieux de l'émigration blanche. Outre Nicolas Troubetskoï, auteur du *Manifeste des eurasistes* (Sofia, 1921), il convient de mentionner Petr Savitski et George Vernadski. Plus tard, les eurasistes divergeront sur la question du bolchevisme et de ses développements, certains d'entre eux pensant que Staline a été voulu par Dieu et qu'il faut donc accepter l'URSS, par nationalisme grand-russe et au nom de la puissance.

Sous Léonid Brejnev (1964-1982) et au-delà, l'historien et ethnographe Lev Goumilev perpétue les thèses eurasistes, selon une version plus scientiste que philosophique[7]. Les thèses de ces auteurs ont ensuite été reprises par Alexandre Douguine et les tenants du néo-eurasisme, sur un mode polémologique (le néo-eurasisme constitue une polémique, *i.e.* une doctrine de combat). En regard de notre sujet, les thèses eurasistes valorisent le monde de la steppe et la continentalité, par opposition à la mer et aux puissances occidentales. Si Poutine est habituellement campé en « pragmatique », la thématique eurasiste n'est pas sans influence sur sa vision du monde et sa pratique géopolitique. Initialement, le président russe ne semble pas armé d'une véritable idéologie, moins encore dans le sens de « religion séculière », mais principalement animé par une nostalgie active de l'URSS et de la puissance qu'elle incarnait. Ses discours ne mentionnent pas le schéma de base des théories géopolitiques classiques (la Terre contre la Mer), mais ils se réfèrent très tôt à l'eurasisme. Il semble que Poutine ait fréquenté un cercle Goumilev à Saint-Pétersbourg, dans les années 1990. On peut aussi penser qu'il voit dans ces thèses le moyen de légitimer les revendications russes dans l'aire postsoviétique, qualifiée à Moscou d'« étranger proche », l'expression renvoyant à la revendication d'une sphère d'influence exclusive.

Le « pivot » eurasiatique et oriental de la Russie

De fait, la promotion de l'eurasisme précède et accompagne l'idée d'une Union eurasienne, un projet qui s'inscrit dans le prolongement des efforts d'intégration de la Communauté des États indépendants (CEI)[8]. Pour des raisons stratégiques et géopolitiques, plus ou moins étayées par des arguties historiques, l'Ukraine représente un élément clé de ce projet. Dans les représentations géopolitiques russes, la satellisation de l'Ukraine et le contrôle de l'« étranger proche » ouvrent la voie

7. Goumilev développe l'idée d'une influence de l'énergie cosmique sur les caractéristiques des peuples, la « passionarité » expliquant leurs diverses destinées. Cette biologie déterministe débouche sur une forme de sociobiologie.

8. Poutine présente ce projet comme la grande idée de son action future dans une tribune publiée par les *Izvestia*, le 3 octobre 2011.

Hérodote, n° 163, La Découverte, 4e trimestre 2016.

vers la reconstitution d'une superpuissance. La pression croissante de Moscou sur le président ukrainien, Viktor Ianoukovitch, parallèlement engagé dans la négociation d'un accord d'association et de libre-échange avec l'Union européenne (UE), dans le cadre du « partenariat oriental » proposé par les Vingt-Huit sur ses confins orientaux et dans le Caucase du Sud. À l'automne 2013, la volte-face de Viktor Ianoukovitch à l'égard de l'UE et l'acceptation du plan d'aide de la Russie ont provoqué une insurrection civique à Kiev, la fuite du président ukrainien et, après la mise en place d'un gouvernement pro-européen, le retournement géopolitique de l'Ukraine. Le rattachement *manu militari* de la Crimée à la Russie et le déclenchement d'une guerre hybride[9] dans le Donbass ont conduit les États-Unis et l'UE à adopter des sanctions diplomatiques et économiques, renforcées après qu'un avion de la Malaisyan Airlines a été abattu au-dessus de la zone contrôlée par les milices prorusses (vol MH-17 du 17 juillet 2014).

C'est dans ce contexte de « nouvelle guerre froide » que Poutine a formalisé son discours sur le « monde russe », lors de son allocution du 18 mars 2014, et explicité sa vision géopolitique. Officialisée le 1er janvier 2015, l'Union économique eurasienne (UEE) prend alors tout son sens, malgré les réserves des chefs d'État du Belarus et du Kazakhstan[10]. L'UEE n'est pas la traduction d'un eurasisme pragmatique à vocation commerciale, sur le modèle du marché commun, mais un projet éminemment politique et stratégique. Il s'agit de donner une forme institutionnelle à l'« étranger proche » et de promouvoir le « réunionisme », voire le révisionnisme géopolitique (remise en cause des frontières par la force armée). Cette « URSS *new-look* » constituerait un vaste bloc continental eurasiatique qui, à terme, serait politiquement, militairement et économiquement intégré. D'aucuns ont voulu voir dans les propos de Poutine sur l'URSS une simple nostalgie affective, sans conséquence. Il faut ici se reporter à l'intégralité de la citation : « Celui qui ne regrette pas la destruction de l'Union soviétique n'a pas de cœur. Celui qui veut sa reconstruction

---

9. L'expression de « guerre hybride » désigne ce que l'on appelait autrefois une « guerre couverte », *i.e.* non assumée, qui recourt à des forces de procuration et à des unités dépourvues de signes d'identification (les « petits hommes verts » de Crimée et du Donbass). Ce type de conflit combine missions de combat, opérations de déstabilisation et mesures d'intimidation (regroupement de forces aux frontières et menace d'une intervention massive). Cette « guerre fantôme » s'accompagne d'une campagne de désinformation, ce que les stratèges russes nomment une « guerre de l'information ». L'un des objectifs poursuivis dans ce type de guerre est de rester en dessous du seuil de déclenchement d'une riposte.

10. Alexandre Loukachenko et Noursoultan Nazarbaïev ont insisté pour que l'intitulé de cette association se réfère à l'économie et repoussé le projet d'une monnaie commune aux pays de l'Union économique eurasienne (UEE). La Russie, le Belarus, le Kazakhstan et l'Arménie ont été rejoints par le Kirghizstan. La Russie représente 80 % du PIB, 85 % de la population et autant de la superficie de l'UEE (20 millions de km^2 et 170 millions d'habitants).

Hérodote, n° 163, La Découverte, 4e trimestre 2016.

à l'identique n'a pas de tête » (26 avril 2005). Si l'Union eurasienne n'est pas un nouveau projet communiste ou le simple retour du même, l'idée directrice est de facture néosoviétique[11].

La dissipation des illusions quant au partenariat russo-occidental (le « *reset* » de Barack Obama), le retour au G7 (la réunion des principaux pays à économie de marché, sans la Russie) et le « pivot » asiatique de Poutine vont dans le sens d'un partenariat stratégique renforcé entre Moscou et Pékin. Présenté comme le « contrat du siècle », les accords gaziers, signés le 21 mai 2014, sont censés préfigurer une grande alliance sino-russe, prochainement matérialisée par de « nouvelles routes de la soie ». Certes, il y a de la mise en scène dans cette affaire et chacun des partenaires cherche à instrumentaliser l'autre à ses fins propres, dans sa relation aux États-Unis. Le président chinois, Xi Jinping, a su utiliser la conjoncture pour obtenir de la Russie des concessions unilatérales et le « contrat du siècle » ne modifie pas la géopolitique mondiale du gaz. Il reste que la dynamique géopolitique russe – la « nouvelle guerre froide » avec l'Occident, l'Union eurasienne, l'étroitesse des relations avec la Chine populaire – semble donner forme à la rhétorique néo-eurasiste et à la géopolitique du *Heartland*. Assurément, ces représentations doivent être pleinement prises en compte et non pas considérées comme des superstructures idéologiques, sans réels effets sur les décisions politiques et le cours des événements.

Réagir à la « démaritimisation » de la Russie et « faire frontière » : la sécurisation des approches maritimes

Développement portuaire et insertion dans l'espace mondial

La prévalence de représentations géopolitiques que nous qualifierons de « continentales » et leur rôle dans la grande stratégie russe n'induisent certainement pas un quelconque désintérêt de Poutine pour les enjeux navals et maritimes. Sitôt l'URSS dissoute, ces enjeux se sont imposés, la Russie postsoviétique ne disposant plus que de fenêtres réduites sur la mer Baltique (Saint-Pétersbourg et le golfe de Finlande ; l'enclave de Kaliningrad et le port de Baltiisk) et sur la mer Noire (300 km de côtes, avec les ports de Novorossiysk et Touapsé). La plus grande partie de l'appareil portuaire soviétique étant située à l'extérieur de la Russie, la situation est critique. Ainsi les ports baltes assuraient-ils 80 % du trafic soviétique en Baltique (20 % pour les ports russes du golfe de Finlande), et les

11. Poutine avait précédemment tenu de tels propos à la télévision russe dès l'année 2000.

Hérodote, n° 163, La Découverte, 4e trimestre 2016.

ports ukrainiens représentaient 55 % du trafic soviétique en mer Noire (38 % pour les ports russes, 7 % pour les ports géorgiens). Une large part des échanges de la Russie avec l'étranger doit désormais passer par des pays de transit, ce qui entraîne des coûts supplémentaires (droits de port et frais de transit) ainsi que des contraintes géopolitiques.

Dès 1992, les autorités russes réagissent et lancent un plan de construction ou de modernisation de quatorze ports destinés à assurer la totalité des échanges maritimes du pays avec l'extérieur. Faute de moyens financiers, ce plan reste à l'état de projet, à l'exception de travaux à Saint-Pétersbourg. Il est véritablement engagé après la première élection de Poutine à la présidence russe (26 mars 2000). Dans le golfe de Finlande, un « Rotterdam de la patrie » est édifié, avec les terminaux pétroliers de Primorsk, Vyssotsk, et Oust-Louga, alimentés par le Baltic Pipeline System. Le dispositif permet l'exportation du pétrole russe sans passer par les ports baltes et il contourne les oléoducs terrestres (le « Droujba »). À partir de 2005, il est complété par la construction d'un gazoduc sous-marin, le Nord Stream, entre Vyssotsk et Greifswald (Allemagne). En mer Noire, si Moscou loue à l'Ukraine le port militaire de Sébastopol, des travaux sont menés à Novorossiysk et Touapsé qui voient s'accroître leur trafic pétrolier. Entre Touapsé et Samsun, un gazoduc sous-marin, le Blue Stream, assure une partie de l'approvisionnement en gaz de la Turquie, l'essentiel transitant par l'Ukraine[12]. Adoptée en 2008, la « Stratégie 2030 » prévoit de faire monter en puissance les façades portuaires de la Russie (accroissement de 55 % du trafic portuaire russe en Baltique et de 60 % en mer Noire).

Les tenants et aboutissants de ce programme portuaire dépassent ceux de la géostratégie, ici définie comme l'usage de l'espace à des fins politico-militaires. L'enjeu réside dans une meilleure intégration de la Russie dans la circulation mondiale et dans sa connexion à l'économie globale. Parallèlement, Poutine utilise le concept financier et économique des « BRICS » (le Brésil, la Russie, l'Inde et la Chine, auxquels l'Afrique du Sud sera ensuite adjointe) afin de légitimer un forum diplomatique entre ces puissances, dites « émergentes », et de promouvoir le principe multipolaire. L'entreprise ne débouche pas sur un « front des émergents », mais elle confère une touche de modernité au discours géopolitique de Poutine. Se profile alors l'image d'une Russie engagée dans la globalisation, qui est aussi une « maritimisation », partie prenante d'un archipel d'économies à haute croissance diplomatiquement et commercialement liées entre elles : une autre mondialisation

12. Abandonné fin 2015, sur fond de désaccords puis de grave crise turco-russe après qu'un F-16 turc, le 24 novembre 2015, a abattu un bombardier Su-24 russe au-dessus de la frontière turco-syrienne, la visite d'Erdogan à Saint-Pétersbourg, le 9 août 2016, et la réconciliation entre les deux pays pourraient relancer le projet, encore imprécis et incertain, de Turkish Stream.

Hérodote, n° 163, La Découverte, 4e trimestre 2016.

organisée autour de centres de richesse extérieurs à la sphère occidentale. Depuis, les déconvenues des « émergents » d'une part, le conflit avec l'Occident, de l'autre, ont plutôt conforté les représentations géopolitiques continentales et eurasiatiques qui dominent l'histoire et la vie politique de la Russie.

Le « bastion stratégique nord » et la confrontation avec l'Occident

Dans cette confrontation russo-occidentale, la flotte de la mer du Nord et celle de la Baltique jouent un rôle majeur. Bien que le discours officiel russe présente les années 1990 comme une période de déréliction et de démission générale, nonobstant le fait que Poutine ait été le protégé de Boris Berezovski et le protecteur du « clan Eltsine », la doctrine de l'« étranger proche », énoncée au nom de la défense des intérêts stratégiques russes, date de cette période [13]. C'est dans cette même décennie que le concept de « bastion stratégique nord » est forgé, puis adopté en 1998 par le Conseil de sécurité de la Fédération. Il recouvre le complexe militaire de la péninsule de Kola, avec le port de Mourmansk, les littoraux de l'océan Glacial Arctique et les infrastructures militaires russes en Baltique (bases de Baltiisk et de Kronstadt). Au cours de la guerre froide, les forces navales concentrées à Mourmansk, outre la fonction de dissuasion, faisaient peser une menace sur les voies de communication de l'Atlantique nord, les flottes de l'Otan s'efforçant de tenir le « GIUK Cap » (la barrière stratégique entre le Groenland, l'Islande et le Royaume-Uni). Désormais, la flotte du Nord regroupe les trois quarts des SNLE (sous-marins nucléaires lance-engins), la proximité de l'océan Glacial Arctique permettant aux sous-marins russes d'avoir dans leur champ de tir les territoires des principales puissances de l'hémisphère Nord.

Plus au sud de ce « donjon nucléaire », la mer Baltique redevient un champ de confrontation avec l'Otan et ses États membres ainsi que la Finlande et la Suède. D'une surface de 450 000 km^2, cette mer s'étend entre la péninsule scandinave, la Fenno-Scandie et la plaine germano-polonaise. Elle est reliée à la mer du Nord et à l'océan Atlantique par un détroit dano-suédois, l'Oresund, et deux détroits

13. À l'été 1992, un parlementaire russe de premier plan, Evgeni Ambartsunov, transmet au ministre des Affaires étrangères les recommandations suivantes : « En tant qu'héritière internationalement reconnue de l'URSS, la Russie doit baser sa politique extérieure sur une doctrine qui proclame tout l'espace géopolitique de l'ancienne URSS comme sphère de ses intérêts vitaux (à l'instar de la doctrine Monroe) et obtenir de la communauté internationale la compréhension et la reconnaissance de ses intérêts fondamentaux dans cet espace. » Ces vues sont reprises au plus haut niveau de l'État, Boris Eltsine reprochant à Andreï Kozyrev, ministre des Affaires étrangères, de négliger les intérêts russes de l'« étranger proche » (Collège des Affaires étrangères, automne 1992).

Hérodote, n° 163, La Découverte, 4e trimestre 2016.

CARTE

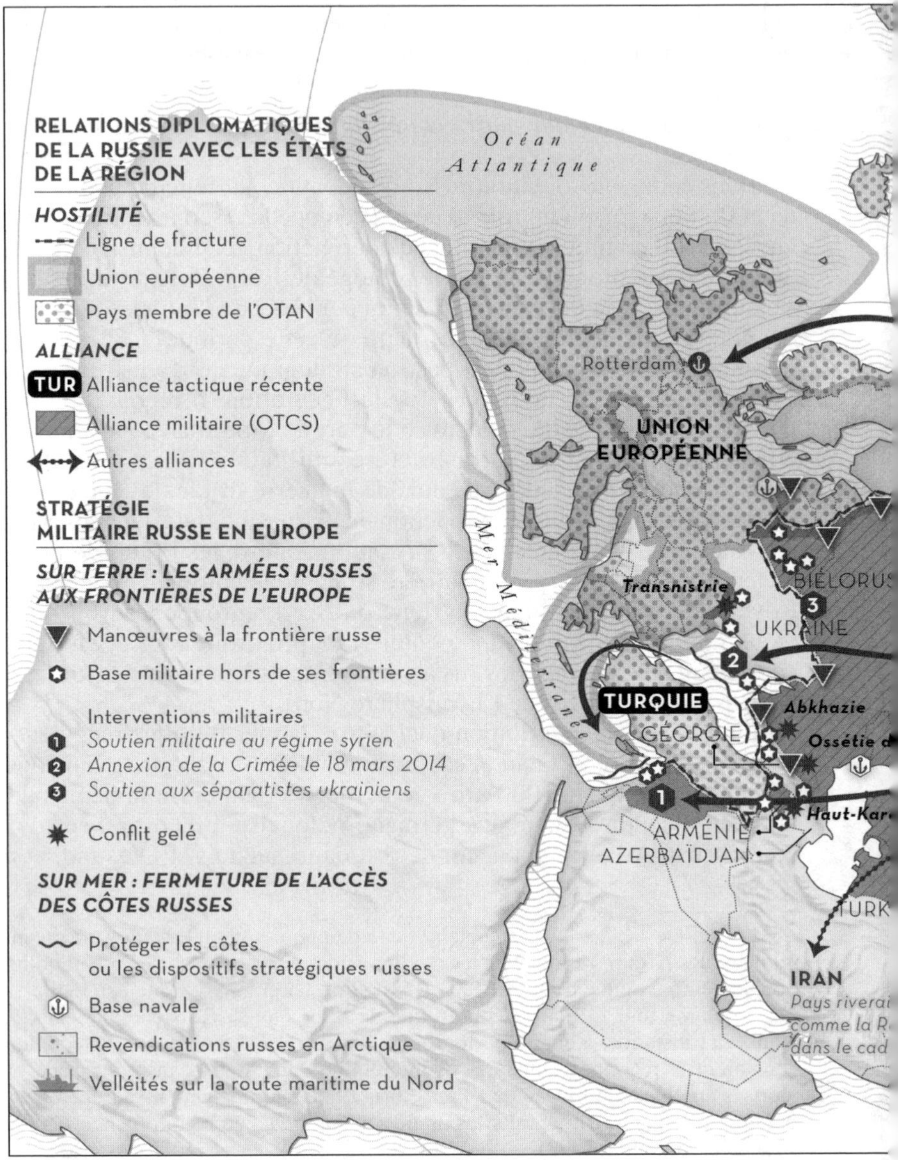
RELATIONS DIPLOMATIQUES
DE LA RUSSIE AVEC LES ÉTATS
DE LA RÉGION
HOSTILITÉ
Ligne de fracture
Union européenne
Pays membre de l'OTAN
ALLIANCE
TUR Alliance tactique récente
Alliance militaire (OTCS)
Autres alliances
STRATÉGIE
MILITAIRE RUSSE EN EUROPE
SUR TERRE : LES ARMÉES RUSSES
AUX FRONTIÈRES DE L'EUROPE
Manœuvres à la frontière russe
Base militaire hors de ses frontières
Interventions militaires
1 Soutien militaire au régime syrien
2 Annexion de la Crimée le 18 mars 2014
3 Soutien aux séparatistes ukrainiens
Conflit gelé
SUR MER : FERMETURE DE L'ACCÈS
DES CÔTES RUSSES
Protéger les côtes
ou les dispositifs stratégiques russes
Base navale
Revendications russes en Arctique
Velléités sur la route maritime du Nord
Océan
Atlantique
Rotterdam
UNION
EUROPÉENNE
Mer Méditerranée
Transnistrie
UKRAINE
TURQUIE
Abkhazie
GÉORGIE
ARMÉNIE
AZERBAÏDJAN
IRAN

ᖷLOTTE RUSSE

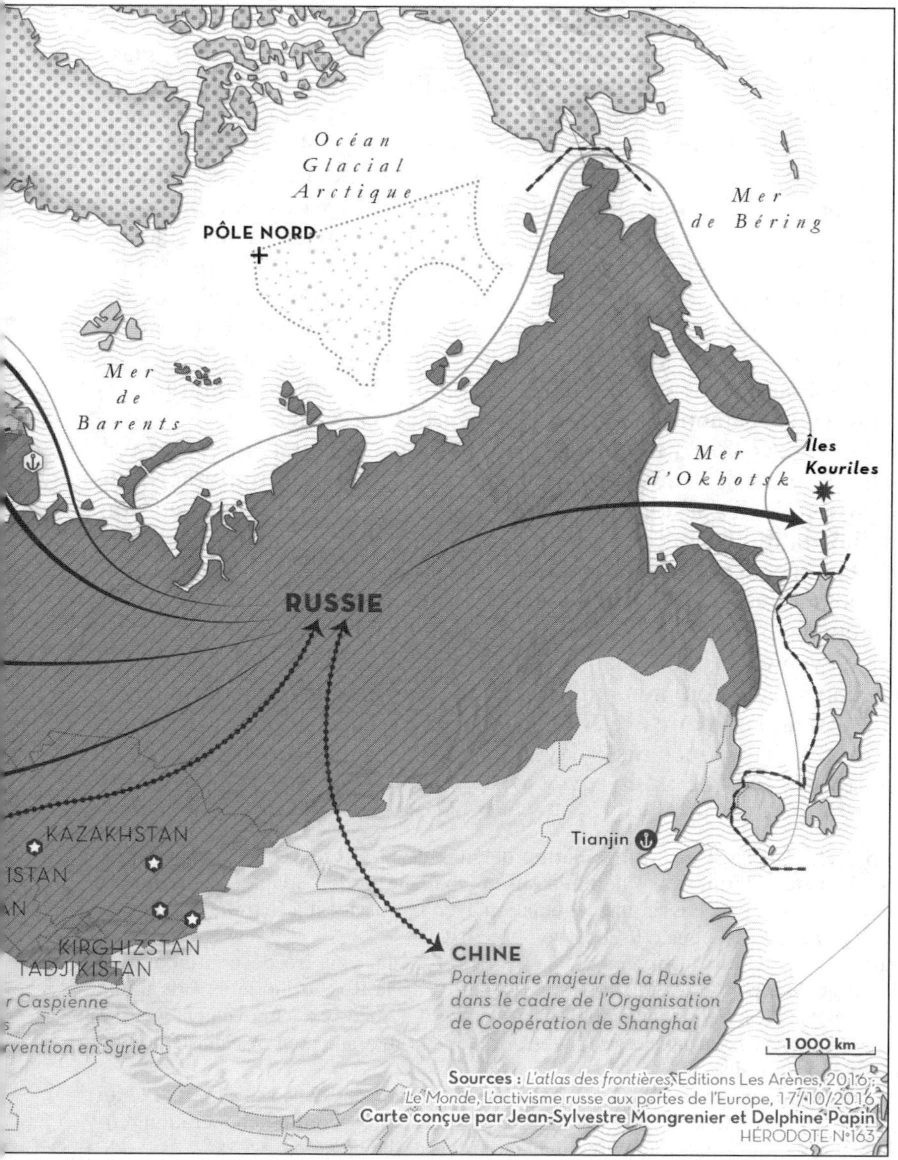

danois, le Petit et le Grand Belt. La réduction de la façade russe sur la Baltique, l'entrée de la Pologne et des États baltes dans les instances euro-atlantiques (Otan et UE), ainsi que la coopération de la Finlande et la Suède avec l'Otan ont profondément altéré les « équilibres nordiques » qui régissaient cette mer quasi fermée lors de la guerre froide. L'élargissement de l'Otan et de l'UE est allé de pair avec des tensions autour de l'enclave de Kaliningrad, Moscou revendiquant un droit de passage à travers la Lituanie, puis menaçant de déployer des missiles Iskander, en riposte au bouclier antimissile[14]. À partir de février-mars 2014, la guerre en Ukraine a des répercussions sur la situation dans l'espace baltique. Outre les provocations aux frontières de l'espace maritime et aérien des États de la région, le litige géopolitique autour des minorités russophones d'Estonie et de Lettonie est complexifié par le thème poutinien de la défense du « monde russe » dont la Russie aurait la responsabilité politique et militaire. Dans les États baltes, en Pologne, mais aussi en Finlande et en Suède[15], on craint un scénario du type « guerre hybride », Poutine cherchant à tester la solidité de l'article 5 du traité de l'Atlantique nord et des garanties de sécurité dispensées par l'Otan.

Afin d'éviter la répétition d'un tel scénario, l'Otan et ses États membres ont décidé, lors du sommet de Newport (4-5 septembre 2014), de renforcer leur posture de défense et de dissuasion sur l'isthme Baltique-mer Noire ; une décision dont les modalités pratiques ont été adoptées par les Alliés à Varsovie, les 8 et 9 juillet 2016. Les mesures prises concernent davantage des moyens terrestres que navals (installation de quartiers généraux, rotation de troupes des pays alliés, prépositionnement de matériels). Parallèlement, la Finlande et la Suède ont ouvert un débat sur une éventuelle entrée dans l'Alliance atlantique, encore improbable du fait des réticences dans l'opinion publique, et les autorités des deux pays développent leur coopération militaire avec l'Otan et les États-Unis[16]. Moscou dénonce un « cordon sanitaire » et l'armée russe développe des capacités de déni d'accès et d'interdiction de zone (A2/AD : *Anti Access/Area Denial*), au moyen de défenses

14. Lancé en 2007, le plan Bush d'installation de sites de la *Missile Defense* en Europe centrale et orientale a été redéfini sous l'administration Obama afin de l'adapter aux menaces balistiques proche-orientales et d'ouvrir une négociation avec la Russie ; il a été réinscrit dans le cadre de l'Otan (sommet de Lisbonne, 19-20 novembre 2010).

15. À la suite de la « guerre d'hiver » (1939-1940) et de la « guerre de continuation » (1941-1944), la Finlande a perdu des territoires, au bénéfice de la Russie-Soviétie. Elle a une frontière commune avec la Russie longue de plus de 1 300 km. La Suède est à nouveau la victime d'incursions de sous-marins russes dans ses eaux territoriales et s'inquiète pour la sécurité de l'île de Gotland, au milieu de la Baltique.

16. La Suède et la Finlande participent aux manœuvres organisées dans le cadre de l'Otan en mer Baltique. Par ailleurs, Helsinki négocie avec Washington un accord de coopération renforcée en matière de renseignement, d'entraînement et de recherche de défense.

Hérodote, n° 163, La Découverte, 4e trimestre 2016.

antiaériennes et antimissiles ainsi que de chasseurs-bombardiers. La manœuvre vise à constituer une « bulle » aéro-maritime afin de contrer des opérations de soutien aux États baltes et d'entraver le déploiement des moyens militaires des Alliés. De cette manière, la Baltique tendrait à devenir une « mer russe ».

La constitution d'un « bastion stratégique sud » en mer Noire

La mer Noire représente un autre espace de confrontation qui couvre environ 450 000 km². Enclavée entre l'Europe balkanique et orientale (Ukraine incluse), la Russie méridionale, le Caucase et l'Asie Mineure, elle communique avec la Méditerranée *via* les détroits turcs (Bosphore et Dardanelles). Du point de vue de l'Europe occidentale, l'ancien Pont-Euxin peut sembler n'être qu'un lointain espace, une arrière-cour de la Méditerranée sans grande importance. Il faut pourtant rappeler qu'il s'agit d'un carrefour géohistorique. La guerre de Crimée (1853-1856) avait ouvert la « question d'Orient » et la défaite russe avait été le point de départ d'une des séries causales qui mena aux « doctrinaires orientaux » et à l'eurasisme (*cf. supra*). En fait, la mer Noire fait partie de ce que Fernand Braudel et Yves Lacoste ont appelé « la plus grande Méditerranée », qui ouvre sur le Sud eurasien (l'espace Russie méridionale-isthme caucasien-bassin de la Caspienne). Malgré l'institution, en 1992, de l'Organisation de coopération économique de la mer Noire (OCEMN), avec le soutien de l'UE, cet espace n'a pu être transformé en une région fondée sur la coopération. Plusieurs « conflits gelés » dans le bassin de la mer Noire ne sont toujours pas résolus (la Transnistrie en Moldavie ; l'Abkhazie et l'Ossétie du Sud en Géorgie ; plus loin, le Haut-Karabakh en Azerbaïdjan) et constituent autant de leviers d'action pour la diplomatie russe. Outre les questions ethnico-territoriales, l'évacuation du pétrole et du gaz de la Caspienne vers l'Europe est à l'origine d'enjeux et de rivalités géostratégiques (*cf.* le tracé des oléoducs et gazoducs à travers la Turquie, considérée comme une « passerelle transeurasienne » entre l'Europe et la Caspienne).

Jusqu'au rattachement de la Crimée, la Russie a compensé la réduction de sa façade littorale en louant à l'Ukraine le port militaire de Sébastopol[17]. Le tournant date de la guerre russo-géorgienne d'août 2008. Alors que l'armée russe s'enfonce en Géorgie, des bâtiments partis de Sébastopol organisent le blocus des ports géorgiens et détruisent la flottille et les infrastructures géorgiennes. Moscou reconnaît

17. Signé en 1997, le traité d'amitié et de coopération entre la Russie et l'Ukraine laissait à Moscou 80 % de la flotte de la mer Noire ainsi que l'usage du port de Sébastopol, moyennant le versement d'un loyer. La Russie a antérieurement reconnu les frontières de l'Ukraine, avec la signature du mémorandum de Budapest (1994).

Hérodote, n° 163, La Découverte, 4e trimestre 2016.

les indépendances abkhaze et sud-ossète (26 août 2008), leur annexion *de facto* donnant à la Russie 200 kilomètres supplémentaires de rivages sur la mer Noire (le littoral de l'Abkhazie). La guerre russo-géorgienne génère des contrecoups au nord de la mer Noire, jusqu'à Kiev. Le Parti des régions revenu au pouvoir, la candidature à l'Otan est retirée et l'Ukraine devient un pays non aligné. Le traité russo-ukrainien de Kharkiv (2010) renouvelle le bail de location jusqu'en 2042 et consolide la position russe. À l'occasion du 230e anniversaire de la flotte de la mer Noire, en 2013, Moscou lance un programme de modernisation. La construction de vingt nouvelles unités, dont six sous-marins, est prévue d'ici 2020. En parallèle, des travaux d'aménagement d'un port militaire à Novorossiysk sont engagés.

Le rattachement de la Crimée, le 18 mars 2014, modifie en profondeur la situation géopolitique et l'équilibre des forces. La Russie dispose de 1 000 kilomètres supplémentaires de littoral sur la mer Noire, sans compter les rives de la mer d'Azov[18], transformée en « lac russe ». Elle a aujourd'hui la pleine jouissance de la base de Sébastopol, plateforme de projection de forces et de puissance dans la totalité du bassin de la mer Noire. Entre autres exemples, une intervention militaire russe en Transnistrie serait beaucoup plus aisée que précédemment. La modernisation des infrastructures et des équipements militaires a pour objectif de transformer la Crimée et la mer Noire en un « bastion stratégique sud ». De puissants armements doivent permettre de verrouiller cet espace et de contenir l'influence occidentale sur les approches méridionales de la Russie et dans son « étranger proche ». Cette « bulle » aéro-maritime, qui rend plus problématiques les garanties de sécurité fournies par l'Otan à ses membres régionaux, pourrait être complétée par le déploiement d'armes nucléaires tactiques en Crimée[19]. Afin de rétablir la balance des forces, le président roumain a proposé de constituer une flotte en mer Noire, sous pavillon de l'Otan. Examinée lors du dernier sommet atlantique, à Varsovie, l'idée ne pourra être traduite sans le ralliement, encore improbable, de la Turquie[20].

18. D'une surface de 30 000 km², la mer d'Azov est une mer quasi fermée. Elle est bordée par l'Ukraine à l'ouest et au nord, par la Russie à l'est. Au sud, la mer d'Azov est délimitée par la Crimée, l'isthme de Kertch plus précisément, et la péninsule de Taman (Russie), le détroit de Kertch lui permettant de communiquer avec la mer Noire.

19. Les informations relatives à ce sujet sont contradictoires. Certains experts affirment que ces armes ont été déployées sur des plateformes russes avant même le rattachement de la Crimée à la Russie.

20. Jusqu'alors, la Turquie a tenu l'Otan en tant que telle à l'écart de la mer Noire et les gouvernements successifs ont préféré un condominium *de facto* avec la Russie. Relèverait-elle d'un mouvement tactique, la réconciliation entre Erdogan et Poutine, officialisée lors de la visite du président turc à Saint-Pétersbourg, le 9 août 2016, ne va pas dans le sens de la proposition roumaine qui sera examinée lors d'un conseil des ministres de la Défense de l'Otan, en octobre 2016.

Hérodote, n° 163, La Découverte, 4e trimestre 2016.

L'HÉGÉMONIE RUSSE EN MER CASPIENNE

La Caspienne est une mer intérieure située entre l'Azerbaïdjan et la Russie à l'ouest, le Kazakhstan au nord, l'Ouzbékistan et le Turkménistan à l'est et l'Iran au sud. Elle s'étend sur près de 1 300 km du nord au sud, et 300 km d'est en ouest. Le niveau de la Caspienne (environ 28 mètres sous le niveau des océans) et sa surface (373 000 km²) fluctuent en fonction du climat et des apports en eau de la Volga. Au cours du XXe siècle, ils ont connu une réduction, puis se sont stabilisés dans les années 1980. Dans la décennie qui a suivi, le niveau de la Caspienne a remonté, au point de menacer les installations humaines dans la partie septentrionale du bassin. Dans l'Antiquité, la Caspienne est connue sous le nom de « mer d'Hyrcanie », l'appellation actuelle renvoyant aux Kassites, un peuple qui résidait au sud-ouest de cette mer. Au Moyen Âge, la mer Caspienne et ses pourtours sont englobés dans les divers empires turco-mongols qui se succèdent et se décomposent en khanats. Sous Ivan le Terrible, les Russes s'emparent d'Astrakhan, à l'embouchure de la Volga (1556), et la conquête des steppes kazakhes est entamée le siècle suivant, conquête ensuite prolongée par celle du Turkestan occidental (XIXe siècle). La mer Caspienne devient alors un « lac russe » et l'Empire perse, sur le littoral méridional, est marginalisé. En vertu des traités de Gulistan (1813) et Tchourkmantchkaï (1828), la Perse n'a pas le droit de déployer une flotte de guerre sur la Caspienne, à l'inverse de la Russie. Le statut juridique de la Caspienne évolue avec les traités soviéto-iraniens de 1921 et 1940 : l'Iran peut désormais posséder sa flotte et la Caspienne est exploitée en commun, à égalité, entre l'URSS et l'Iran (le traité de 1940 définit la Caspienne comme « une mer soviétique et iranienne »). La dislocation de l'URSS et la création de nouveaux États indépendants sur les littoraux (Azerbaïdjan, Kazakhstan, Turkménistan) bouleversent la donne géopolitique, compliquée par la découverte de nouveaux gisements pétrogaziers (6 à 10 % des ressources mondiales), ce qui pose la question de leur exploitation et de leur évacuation vers les zones de consommation. Le statut de la Caspienne (mer ou lac ?) et le régime juridique conditionnant la mise en valeur des ressources sont au centre des problématiques géopolitiques, chaque État riverain adoptant la position la plus adéquate à ses intérêts. Schématiquement, le statut de lac détermine une exploitation commune et unanime, et celui de mer implique une délimitation des eaux territoriales et zones exclusives. Les États disposant de l'ouverture maritime la plus réduite, ou des espaces les moins bien dotés en hydrocarbures *offshore*, privilégient donc le statut de lac. Tel était le cas de la Russie et l'Iran, en opposition à l'Azerbaïdjan et au Kazakhstan, le Turkménistan faisant sienne une position médiane. Toutefois, la position de la Russie a évolué et des accords de délimitation ont été passés avec l'Azerbaïdjan et le Kazakhstan, sans qu'une solution globale ait pu être apportée (voir l'échec du sommet caspien d'Astana, le 13 juillet 2016). Le conflit

Hérodote, n° 163, La Découverte, 4e trimestre 2016.

porte aussi sur la réglementation des oléoducs et gazoducs sous-marins. À la différence de l'Azerbaïdjan, du Kazakhstan et du Turkménistan, la Russie considère que la construction de ces conduites requiert l'accord de tous les riverains. Il s'agit pour Moscou de maintenir l'avantage conféré par le réseau hérité de la période soviétique, centré sur la Russie, celle-ci jouant le rôle de pays de transit pour le bassin de la Caspienne. Ainsi, les oléoducs au départ du Turkménistan et du Kazakhstan contournent la mer Caspienne par le nord, avant de rejoindre Novorossiysk, sur la mer Noire. Le gaz turkmène emprunte le même itinéraire circumcaspien et s'écoule ensuite à travers les gazoducs ukrainiens, vers les marchés européens. Afin de renforcer leurs positions énergétiques en Europe, les dirigeants russes s'opposent au développement d'un « corridor sud » vers la Caspienne, en passant par la Turquie (la « passerelle transeurasienne »), cette « voie ouest » ouverte dans les années 2000 avec la construction de l'oléoduc Bakou-Tbilissi-Ceyhan (BTC) et du gazoduc Bakou-Tbilissi-Erzerum (BTE). Encore incertain, le projet de Turkish Stream s'inscrit partiellement dans cette logique, mais sa construction ne compenserait pas véritablement l'échec du South Stream. Sur le plan militaire, la flotte russe de la Caspienne est en cours de modernisation et surclasse celle des autres riverains, aucun d'entre eux ne contestant cet état de fait. À l'automne 2015, le tir de missiles de croisière russes en Syrie, depuis la Caspienne, a appelé l'attention des experts sur cette flotte. La Caspienne est aussi un couloir de circulation pour les bombardiers russes qui passent par l'Iran pour opérer au-dessus du territoire syrien. L'autorisation accordée par Téhéran à ces mouvements met en évidence l'alliance russo-iranienne, sur le théâtre syro-irakien et au-delà, quand bien même n'est-elle pas exempte de tensions et de contradictions (voir la rapide suspension des bombardements russes en Syrie à partir de la base iranienne de Hamedan, en août 2016, après les protestations d'une partie de la classe politique iranienne d'une part, de l'Arabie saoudite de l'autre). Poutine soutient l'entrée de l'Iran dans l'Organisation de coopération de Shanghaï (OCS), ce qui permettrait aussi de diluer la puissance de la Chine au sein de cette organisation (l'OCS serait prochainement élargie à l'Inde et au Pakistan). En revanche, le vague projet russo-iranien de construction d'un canal entre la Caspienne et le golfe Arabo-Persique – une idée présentée dans les années 2000 comme une voie capable de concurrencer la route de Suez – n'a pas eu de prolongements.

Hérodote, n° 163, La Découverte, 4e trimestre 2016.

Stratégie océanique russe et « étranger lointain » : une géopolitique néosoviétique

L'héritage soviétique et les nouvelles ambitions navales de la Russie

Le dessein de Poutine et le programme de modernisation des forces navales russes sont plus ambitieux que le seul projet d'une flotte-forteresse destinée à verrouiller les approches maritimes de la « Russie-Eurasie ». Sans remonter jusqu'à la prophétie de Tocqueville sur l'affrontement futur entre la Russie et l'Amérique pour l'hégémonie mondiale, les faits doivent être mis en perspective. À l'évidence, dans l'après-1917, la jeune Russie bolchevique n'avait pas d'emblée la volonté et les moyens de combattre l'« empire de la mer ». Dans *Le Zéro et l'Infini*, Arthur Koestler rapporte la haine de Staline à l'encontre de la marine, liée à la révolte des marins de Kronstadt (1922) et à sa théorie du « socialisme dans un seul pays ». Pourtant, le secrétaire général du Parti communiste de l'Union soviétique (PCUS), à la différence de Lénine, était conscient de l'importance de la mer et entendait joindre la domination navale à la puissance terrestre. Après la victoire sur l'Allemagne nationale-socialiste, il lance un vaste plan de construction navale qui a d'abord pour objectif d'empêcher l'action des porte-avions américains et une éventuelle opération de débarquement. À long terme, le programme géopolitique va plus loin que la seule défense des approches maritimes et la consolidation de la domination soviétique en Eurasie : Staline veut faire « sauter » les verrous géographiques qui empêchent l'URSS de déboucher en haute mer[21]. *In fine*, le seul résultat durable de ce programme sera le contrôle de Sakhaline et des Kouriles, ce qui transforme la mer d'Okhotsk en un « lac » soviétique. La pression sur la Turquie pousse celle-ci à entrer dans l'alliance occidentale (1947) et le « schisme yougoslave » (1948) prive la flotte soviétique d'un accès à l'Adriatique et à la Méditerranée.

Après l'échec du grand dessein maritime de Staline, l'arrivée au pouvoir de Khrouchtchev ouvre une ère de repli. La construction de grands bâtiments est abandonnée et en Extrême-Orient, au nom de l'amitié sino-soviétique, l'URSS restitue les ports de Dairen et de Port-Arthur. Le « *sea power* » des États-Unis n'est plus remis en cause, jusqu'à ce que la crise de Cuba, en octobre 1962, démontre *a contrario*

21. Outre le contrôle des détroits turcs, Staline voulait obtenir l'internationalisation des détroits danois et du canal de Kiel. Les revendications soviétiques portaient aussi sur des possessions norvégiennes (l'île aux Ours et l'archipel de Svalbard, à la limite de l'Arctique et de l'Atlantique). Enfin, l'intérêt soviétique pour la Tripolitaine, en Méditerranée centrale, et pour l'Érythrée, en mer Rouge, ainsi que les avances soviétiques à l'Argentine péroniste constituaient l'esquisse d'un dispositif contre-océanique.

Hérodote, n° 163, La Découverte, 4e trimestre 2016.

l'avantage stratégique conféré par la possession d'une flotte de haute mer[22]. Pendant l'ère Brejnev, sous la direction de l'amiral Gorchkov, l'URSS élabore une stratégie océanique. La superpuissance soviétique se dote d'une flotte de haute mer comprenant des bâtiments de tous types, affirme sa présence sur l'« océan mondial » et monte un contre-dispositif océanique, avec des facilités et des points d'appui en Méditerranée, en mer Rouge, dans l'océan Indien et en mer de Chine méridionale. Certes, la marine soviétique est affectée par les retards technologiques, les insuffisances humaines (pénurie de cadres et lacunes de l'entraînement) et les contraintes géographiques (les accès à l'« océan mondial » sont contrôlés par l'adversaire). L'URSS n'est pas devenue une puissance océanique capable de disputer aux États-Unis la maîtrise des mers, mais elle s'est dotée de capacités d'interdiction[23] et elle rayonne jusque dans le Pacifique sud. Contemporain des années Brejnev, Poutine conserve le souvenir de cette période de puissance, apparente à tout le moins.

De la dislocation de l'URSS au début des années 2000, la marine russe subit les conséquences de la dépression économique. Les capacités navales et l'horizon maritime de la Russie sont sévèrement réduits. En août 2000, le naufrage du *Koursk* appelle l'attention du public sur l'état de cette marine qui n'est plus que l'ombre d'elle-même[24]. Si la popularité de Poutine a momentanément souffert de ce dramatique accident, le changement de cap intervient sous la direction du président russe, dans le cadre général du projet de puissance sur le plan mondial, ce qui implique une grande stratégie avec un volet naval ; en toile de fond, le doublement du budget militaire entre 2001 et 2013 (85 milliards de dollars, soit 4 % du PIB). En 2010, le gouvernement russe lance un important programme d'équipement (600 milliards de dollars sur la période 2011-2020), près du quart de cet effort financier (23,5 %) concernant la marine. Plus spécifiquement, une nouvelle doctrine maritime, adoptée en juillet 2015, affirme les ambitions russes : développer une marine de haute mer, plus visible dans l'« océan mondial », capable

22. Au plus fort de la « crise des fusées », l'URSS n'était pas en mesure de déployer des bâtiments de haute mer pour contrer l'embargo mis en œuvre par la flotte des États-Unis et protéger les cargos soviétiques en route vers Cuba.

23. La flotte soviétique a acquis les moyens de mener une guerre offensive sous-marine et aérienne afin de tenter, dans la perspective d'une guerre ouverte entre l'Est et l'Ouest, de couper les lignes de communication dans l'Atlantique nord et de détourner la marine américaine de son soutien aux alliés européens dans les combats sur terre.

24. Le naufrage du *Koursk*, un SNLE, se produit le 12 août 2000, en mer de Barents, lors d'un exercice de la marine russe. Le gouvernement a d'abord tenté de désinformer l'opinion sur les causes de l'accident et, malgré le retard technologique des moyens déployés pour sauver les sous-mariniers, il n'a que trop tardé à accepter les secours proposés par le Royaume-Uni et la Norvège. Cent dix-huit marins russes ont péri dans ce naufrage provoqué par des déficiences techniques qui sont à l'origine de l'explosion initiale.

Hérodote, n° 163, La Découverte, 4e trimestre 2016.

de s'opposer aux États-Unis et à l'Otan et de soutenir la politique d'influence et la diplomatie de la Russie. L'idée directrice de Poutine est claire, même si la Russie devra composer avec un certain nombre de réalités et d'obstacles, qu'il s'agisse du temps requis pour renouveler une flotte très largement héritée de la période soviétique, des effets de la récession et de l'épuisement du modèle de croissance sur les dépenses militaires ou encore de la primauté historique de l'armée de terre et de l'aviation, avec ses conséquences sur l'allocation des ressources.

Les « bastions stratégiques » : des plateformes de projection de puissance

La constitution d'un « bastion stratégique nord » n'a pas seulement une vocation défensive et dissuasive. La doctrine maritime de 2015 affirme la volonté russe d'une plus grande présence en mer de Norvège, dans l'océan Atlantique et ses annexes[25] (mer du Nord, Manche). Dans le prolongement de la doctrine militaire russe adoptée en 2014, qui désigne l'Otan comme une menace, l'océan Atlantique est considéré comme l'un des espaces prioritaires de la marine russe. Par voie de conséquence, l'Otan et ses États membres devraient accorder une plus grande attention au « GIUK Cap » (*cf. supra*). Si l'on en croit les différents textes à caractère doctrinal (doctrine militaire, stratégie de sécurité nationale, doctrine maritime), l'Arctique représente une autre zone d'importance dans la grande stratégie russe ; la région fait l'objet d'une « Stratégie Arctique 2020 » (2013). Les enjeux ne portent pas sur la seule dissuasion nucléaire ou la sécurité du littoral arctique (17 500 kilomètres de côtes sur un total de 38 000 kilomètres) : la grande stratégie russe voit plus loin, dans le temps et dans l'espace.

Cette stratégie prend en compte les enjeux de circulation liés à l'impact des changements climatiques sur la banquise. Le fameux passage du Nord-Est pourrait en être facilité et la « route maritime du Nord », ouverte par les Soviétiques dans l'entre-deux-guerres, serait appelée à devenir l'une des grandes voies navigables entre l'Europe et l'Asie, en concurrence avec la route de Suez et celle de Panama. À cela s'ajoutent des enjeux de possession liés à l'extension de la zone économique exclusive russe dans l'Arctique (revendications sur la dorsale Lomonossov et le pôle Nord, soit un total de 1,2 million de km^2), ce qui permettrait de contrôler et de

25. Les incidents et interceptions d'engins russes aux limites de l'espace aérien et maritime de l'Otan et de l'UE ont fortement augmenté depuis l'affaire ukrainienne. Des patrouilles de sous-marins russes ont été repérées jusqu'à proximité de Norfolk (États-Unis) ainsi que dans le golfe de Gascogne.

Hérodote, n° 163, La Découverte, 4e trimestre 2016.

valoriser des ressources énergétiques considérables[26]. Les enjeux et les possibilités d'exploitation de ces ressources sont peut-être exagérés : d'une part, la baisse des cours des hydrocarbures, en sus des sanctions occidentales, a des effets négatifs sur l'exploration et l'exploitation des gisements déjà identifiés dans le Grand Nord russe ; d'autre part, indépendamment du réchauffement climatique, le passage du Nord-Est restera limité par la longue nuit polaire et les six mois de banquise, et plus au-delà de la Nouvelle-Zemble, qui en résultent[27]. Il n'en reste pas moins que la réaffirmation de puissance en Arctique est un fait. Depuis 2007, les patrouilles stratégiques aériennes et maritimes ont repris, la flotte du Nord est à nouveau déployée, des bases ont été rouvertes (voir l'île de Kotelnyi, en Nouvelle-Sibérie, en 2013). À la fin de l'année 2015, un commandement militaire Arctique a été institué et la flotte du Nord lui a été rattachée. L'objectif proclamé consiste à faire respecter la souveraineté russe sur son territoire et ses eaux, mais on ne saurait faire abstraction des revendications au-delà de sa ZEE et des rivalités avec les autres États de la zone, qui appartiennent à l'Otan (États-Unis, Canada, Norvège et Danemark, par le truchement du Groenland).

Bien plus au sud, le « bastion stratégique » russe édifié en mer Noire ne doit pas être considéré indépendamment de la Méditerranée. Les détroits turcs, le transit de bâtiments russes d'une mer à l'autre et la volonté de renforcer la présence militaire et diplomatique de la Russie au Proche-Orient donnent corps à l'expression, guère en usage, de « bassin pontico-méditerranéen ». Le rattachement et la militarisation de la Crimée permettent à la Russie d'accroître sa présence navale en Méditerranée orientale (ou « bassin levantin »). Cela ouvre un accès plus facile

26. Selon des données qui restent incertaines, la zone Arctique représenterait 13 % des ressources mondiales de pétrole et 30 % de celles de gaz naturel. La convention des Nations unies sur le droit de la mer permet à un État côtier d'étendre sa juridiction sur le plateau continental, au-delà des 200 milles nautiques (370 km) de sa ZEE, à condition d'apporter la preuve que ce secteur se situe dans la continuité de son territoire terrestre. Déboutée une première fois, en 2001, la Russie a planté son drapeau à 4 200 mètres sous le pôle Nord, en 2007, sans que ce geste ait valeur juridique. En août 2015, la Russie a présenté ses revendications territoriales devant la Commission des Nations unies en charge de ces questions, à l'instar du Canada en 2013 et du Danemark en 2014.

27. Il importe d'ajouter que la formation de convois derrière des brise-glace, en nombre limité par ailleurs (une dizaine), limiterait singulièrement la vitesse de circulation des porte-conteneurs censés emprunter cette nouvelle route maritime entre Europe et Asie, d'où une perte de compétitivité. Enfin, les grandes routes maritimes empruntées par les porte-conteneurs comptent plusieurs escales où des « caisses » sont chargées et déchargées, ce qui conditionne leur rentabilité. Ce ne serait pas le cas le long des côtes sibériennes de l'Arctique. Au total, le plus grand rôle de la route maritime du Nord consisterait principalement à évacuer les ressources énergétiques exploitées dans l'Arctique (GNL de la péninsule de Iamal).

Hérodote, n° 163, La Découverte, 4e trimestre 2016.

au Proche-Orient (voir l'alliance avec la Syrie de Bachar al-Assad) et, en traversant le canal de Suez, à la mer Rouge, au golfe d'Aden, puis à l'océan Indien. Une analyse approfondie devrait aussi intégrer les gisements gaziers *offshore* du bassin levantin (gisements chypriotes, israéliens et égyptiens) et les enjeux liés à l'évacuation des ressources (gazoducs sous-marins et terminaux GNL/gaz naturel liquéfié) ; la diplomatie et les compagnies énergétiques russes sont très actives dans les pays concernés. C'est dans ce contexte que la volonté russe de protéger ses « actifs » géostratégiques en Syrie (la base navale de Tartous et la base aérienne de Hmeymin, à 25 kilomètres au sud de Lattaquié), et donc le soutien apporté à Bachar al-Assad doivent être compris[28]. L'engagement militaire décidé au cours de l'été 2015 et les allers-retours entre la Crimée et les côtes syriennes, à travers le Bosphore (les observateurs évoquaient un « *Syria Express* »), ont permis à la Russie de renforcer ses appuis et de déployer une « bulle » aéro-maritime au-dessus de la Syrie et de ses approches. Notons par ailleurs que les frappes militaires russes ont mis en évidence le rôle jusqu'alors négligé de la flottille de la Caspienne, à partir de laquelle des missiles de croisière ont été lancés, et le resserrement des liens militaires avec l'Iran[29]. Au-delà, la base navale de Tartous permettra à la Russie de renforcer sa présence en Méditerranée, quasi permanente depuis 2012, en réduisant la dépendance à l'égard des détroits turcs. Quand bien même cette présence demeurerait modeste (une dizaine de bâtiments dont deux à trois navires de combat), la flotte russe s'est bien réinscrite dans le paysage stratégique et géopolitique.

28. La mise à disposition du port de Tartous date d'un traité soviéto-syrien signé en 1971 et le site a gagné en importance après que le président égyptien de l'époque, Anouar al-Sadate, a remercié les 20 000 conseillers soviétiques (1972). Dans les années 1980, la base de Tartous aurait abrité près de 5 000 soldats soviétiques mais elle a ensuite perdu de son importance. Jusqu'à ces dernières années, ladite « base » se réduisait à un bâtiment-atelier et quelque 200 marins. L'intervention militaire russe et la volonté de Moscou de renforcer sa présence navale en Méditerranée entraînent une montée en puissance de cette base.

29. Le 7 octobre 2015, le croiseur *Daghestan*, positionné en Caspienne, a tiré une salve de 26 missiles de croisière navals (SS-N-30) qui ont survolé les territoires de l'Iran et de l'Irak pour atteindre leurs cibles en Syrie. Au cours de l'été 2016, des bombardiers russes sont aussi passés par le couloir caspien pour être déployés sur la base de Hamedan, dans le nord-ouest de l'Iran, et opérer dans l'espace aérien syrien. Il semble que la conjugaison d'une réaction nationaliste et de suspicions historiques en Iran d'une part, la prise de conscience du côté russe de l'effet produit dans les capitales arabes, d'autre part, aient précocement mis fin à l'usage de cette base.

Hérodote, n° 163, La Découverte, 4e trimestre 2016.

La flotte russe et le grand théâtre asiatique

Enfin, la doctrine maritime russe comprend un volet « océan Pacifique » et met l'accent sur la « Grande Asie ». La Russie, avec ses 6000 kilomètres de littoral, dispose d'une large ouverture sur l'Asie-Pacifique et, depuis 1998, elle participe au Forum de coopération économique de l'Asie-Pacifique (APEC), une structure qui réunit tous les pays riverains du « Grand Océan ». Dans les années 2000, la Russie était parfois présentée comme une « nation euro-pacifique » (Dmitri Trenine), l'expression faisant peut-être écho au projet d'un long corridor logistique continental entre les océans Atlantique et Pacifique[30]. Au nord des rivages russes du Pacifique, la mer d'Okhotsk (1,5 million km^2), avec la base de Pretropavlovsk-Kamtchatskii, est comparable à une « *mare clausum* ». À l'époque de la guerre froide, son rôle dans la dissuasion nucléaire était essentiel, mais les SNLE ont été redéployés sur Mourmansk. Quant au port, il est pris en hiver par les glaces, ce qui limite son utilité. Plus au sud, Sakhaline et le port de Korsakov ont connu un essor économique lié aux hydrocarbures, sans pour autant enrayer le déclin démographique, et l'île n'a pas de fonction militaire. La flotte russe d'Extrême-Orient est basée à Vladivostok, une ville-port fondée en 1860, peu après la conquête des « provinces maritimes », aux dépens de l'Empire chinois. La baie de Vladivostok est abritée, libre de glaces en hiver, et compte d'autres ports (Vostochy, Nakhodka, Oussourrisk). À proximité de Nakhodka, Kozmino est le point d'arrivée de l'oléoduc « Sibérie orientale-Pacifique » (VSTO), ce qui accroît l'importance de la baie de Vladivostok. Toutefois, celle-ci débouche sur la mer du Japon, avec les trois grandes îles de l'archipel japonais à l'est, la péninsule coréenne à l'ouest. Tenu par le Japon et la Corée du Sud, deux alliés des États-Unis, le détroit de Tsushima commande le passage en mer de Chine orientale.

Si la doctrine maritime russe souligne l'importance de l'ouverture sur le grand théâtre asiatique, les ambitions navales sont subordonnées aux liens politiques, stratégiques et militaires avec la Chine populaire (*cf.* le « pivot » eurasiatique et oriental de la Russie). Les deux marines mènent des exercices en Méditerranée ainsi qu'en mer du Japon au cours de l'année 2015. Le choix de ce dernier théâtre est d'autant plus significatif que le Japon est engagé dans un double litige géopolitique : avec la Chine populaire, à propos des îles Senkaku, en mer de Chine orientale ; avec la Russie, au sujet des « Territoires du Nord » (les Kouriles), au sud-est de la mer d'Okhotsk. L'activité navale sino-russe dans l'océan Pacifique

30. Significativement, Pékin a repris l'idée et a lancé le projet « OBOR » (« One Belt, One Road »), un vaste programme d'infrastructures de transport et de communication entre la Chine et l'Europe, à travers l'Eurasie et par la voie maritime.

Hérodote, n° 163, La Découverte, 4e trimestre 2016.

contribue à renforcer leur partenariat stratégique, les deux pays entretenant une relation comparable à un « dos à dos », afin de renforcer leurs positions respectives. À l'ouest, dans sa confrontation avec l'Otan et l'UE, Poutine compte sur la neutralité bienveillante de Pékin, évidente dans l'affaire de Crimée. À l'est, Xi Jinping durcit sa position en mer de Chine méridionale (une « Méditerranée asiatique ») et bénéficie du soutien de son homologue russe qui insiste sur la nécessité d'arrangements bilatéraux dans la question des Paracels et des Spratleys, sans se référer au jugement rendu par la Cour permanente d'arbitrage (CPA) de La Haye[31]. Le caractère dissymétrique de ce partenariat et le partage des rôles qui en résulte limitent la possibilité pour la Russie de projeter sa puissance navale dans l'océan Pacifique.

De fait, l'influence de la Russie dans ce que l'on nomme à New Delhi le « bassin Indo-Pacifique » est limitée. Bien que Moscou et Tokyo aient objectivement intérêt à renforcer leurs relations bilatérales – afin d'équilibrer leur partenariat avec la Chine dans le cas de la Russie, et de la contrebalancer dans celui du Japon –, la question des Kouriles est toujours une pierre d'achoppement, malgré les négociations diplomatiques de 1956 et 1972, puis la tentative d'ouverture d'Eltsine en 2001. Ces dernières années, les autorités russes, en renforçant la militarisation de l'archipel, ont clairement signifié le refus de tout compromis, et les visites répétées de Dmitri Medvedev dans les Kouriles, en tant que président puis comme chef du gouvernement, n'ont pas apaisé les tensions entre les deux pays[32]. En Asie du

31. Le 12 juillet 2016, la CPA de La Haye a estimé que la Chine n'avait pas de « droits historiques » sur la majorité des eaux stratégiques de la mer de Chine méridionale, donnant raison aux Philippines, à l'origine du recours. La CPA a jugé illégales certaines actions de la République populaire dans la région et affirme qu'elle a « aggravé la dispute » par ses activités sur les îles contestées, tout en ayant porté atteinte à l'environnement. Pékin a rejeté l'arbitrage, réaffirmant ses « droits historiques » en mer de Chine méridionale et sa souveraineté sur les îles Paracels et Spratleys.

32. Malgré l'adoption de sanctions économiques après le rattachement de l'Ukraine à la Russie, Shinzo Abe semble vouloir négocier un rapprochement avec la Russie. Lors du Forum économique de l'Est, organisé à Vladivostok les 2 et 3 septembre 2016, le Premier ministre japonais a appelé Poutine à « ouvrir une nouvelle époque » dans les relations russo-japonaises et qualifié d'« anormal » le fait que « deux pays voisins avec un potentiel illimité n'aient toujours pas conclu un traité de paix » (AFP, 3 septembre 2016). En amont, le président russe avait exclu toute négociation territoriale (« Nous ne négocions pas ces territoires ») et rejeté l'idée « d'un échange quelconque ou d'une vente » (Bloomberg, 2 septembre 2016). En décembre 2016, Poutine devrait se rendre au Japon à l'occasion des soixante ans de la déclaration commune soviéto-japonais d'octobre 1956, et des accords de coopération économique pourraient être signés. Dans l'intervalle, les deux hommes se retrouveront lors du sommet de l'APEC, organisé à Lima (Pérou), en novembre 2016.

Hérodote, n° 163, La Découverte, 4e trimestre 2016.

Sud-Est, l'URSS a autrefois conduit une politique navale active au moyen d'une alliance avec le Vietnam communiste, sur les approches méridionales de la Chine populaire, alors considérée comme un État ennemi. Ainsi la flotte soviétique, puis russe, a-t-elle disposé de la base de Cam Rahn, entre 1979 et 2002. Alors que la Russie a depuis développé des liens énergétiques avec le Vietnam (voir les investissements dans les gisements du plateau continental du Vietnam) et mis en place un important partenariat militaro-industriel[33], la flotte du Pacifique est de retour à Cam Rahn, avec un centre d'entretien et de réparation des sous-marins et un centre de ravitaillement pour les bombardiers. Pourtant, les officiels russes insistent sur le fait qu'il s'agit davantage de points d'appui que d'une base à proprement parler[34]. Volonté de faire profil bas ? En Asie du Sud et dans l'océan Indien, la Russie a pour partenaire stratégique l'Union indienne. Là encore, les liens ont été tissés à l'époque soviétique, sous Indira Gandhi, et ils ont été renouvelés à la fin des années 1990, lorsque Evgueny Primakov, ministre des Affaires étrangères, puis Premier ministre d'Eltsine, cherchait à rééquilibrer les relations avec les États-Unis et l'Occident. Ce partenariat se traduit par des accords de coopération énergétique, un partenariat militaro-industriel (70 % de l'équipement militaire indien est d'origine russo-soviétique) et des exercices navals réguliers (exercices « Indra »). Pourtant, la présence navale russe dans l'océan Indien devrait rester limitée alors que celle des États-Unis est forte. Aussi, et surtout, les rivalités sino-indiennes dans le bassin Indo-Pacifique – stratégie du « collier de perles » et « nouvelle route maritime de la soie » du côté chinois, « Indian Lake » et volonté d'affirmation dans le bassin Indo-Pacifique, du golfe d'Aden aux détroits indonésiens, du côté indien – pourraient-elles compliquer les relations russo-chinoises.

Pour conclure

Au total, si l'analyse des discours et des idées géopolitiques instrumentalisées par Poutine met en évidence l'importance du thème de l'Eurasie et du « monde russe », dans le prolongement de la géohistoire de ce pays, et non sans rapport avec la réalité de cet immense ensemble continental, l'étude de la politique navale et des questions maritimes révèle des distorsions entre les représentations de soi et du monde et la réalité de la « grande stratégie » russe. Les diverses représentations et

33. Le Vietnam est le troisième acheteur mondial d'armes russes, après la Chine populaire et l'Union indienne. Les contrats en cours portent sur six sous-marins et deux frégates « Guépard ». Les États-Unis ont récemment levé l'embargo sur les ventes d'armes au Vietnam.

34. Des négociations de ce type sont également menées avec Singapour et, à l'extérieur de l'Asie-Pacifique, avec Cuba, le Venezuela, voire Chypre et la Grèce en Méditerranée orientale.

Hérodote, n° 163, La Découverte, 4e trimestre 2016.

leur étude sont autant de fils conducteurs indispensables à l'analyse géopolitique, mais elles ne disent pas tout et doivent être confrontées à l'examen des décisions politico-militaires et des dispositifs diplomatico-stratégiques (alliances et partenariats stratégiques, bases, infrastructures et ordre de bataille). En l'occurrence, la Russie de Poutine n'est pas réductible à un État terrien cherchant à reconstituer le glacis continental hérité de son histoire, perdu lors de la dislocation de l'URSS.

Nostalgique de la puissance soviétique et de son déploiement tous azimuts au cours des années Brejnev, Poutine n'est pas égaré dans un songe slavophile ou eurasiste et il semble pleinement conscient de l'importance des enjeux navals et maritimes dans un univers globalisé et océano-spatial. Certes, il y a loin de la coupe aux lèvres et les moyens ne sont pas à la hauteur des ambitions. L'ordre de bataille demeure modeste et, malgré la volonté de projeter forces et puissance sur l'« océan mondial », la marine russe est toujours centrée sur les « eaux vertes ». Pourtant, la continuité des efforts, en ce domaine comme en d'autres, prouve à notre sens l'existence d'une vision d'ensemble, portée par une grande stratégie qui s'inscrit dans la durée. On peut penser que Poutine s'emploiera à jouer des asymétries et prendra des initiatives afin de compenser le déséquilibre des forces avec les marines occidentales et de retrouver une partie des positions perdues. À ses yeux, la reconquête d'un statut de grande puissance passe par la mer et la flotte.

Bibliographie

COUTAU-BÉGARIE H. (dir.) (1995), *La Lutte pour l'empire de la mer*, Paris, ISC-Economica.

DELANOË I., « Marine russe. Un outil en voie de redressement », *Diplomatie magazine, Les grands dossiers,* n° 33, juin-juillet 2016.

ELTCHANINOFF M. (2015), *Dans la tête de Vladimir Poutine*, Arles, Actes Sud.

LACOSTE Y. (2006), *Géopolitique de la Méditerranée*, Armand Colin, Paris.

LARUELLE M. (2007), *La Quête d'une identité impériale. Le néo-eurasisme dans la Russie contemporaine*, Paris, Éditions Pétra.

MARCHAND P. (2015), *Atlas géopolitique de la Russie*, Paris, Éditions Autrement.

MONGRENIER J.-S. (2015), « Une approche géopolitique du bassin de la mer Noire », *Diplomatie magazine,* n° 77, novembre-décembre.

MONGRENIER J.-S. et THOM F. (2016), *Géopolitique de la Russie*, Paris, PUF.

SUR S. (dir.), « La mer Noire, espace stratégique », *Questions internationales*, La Documentation française, mars-avril 2015.

Hérodote, n° 163, La Découverte, 4e trimestre 2016.

Les mers lointaines, nouvelles frontières de la puissance halieutique chinoise ?

Sébastien Colin[1]

En gestation au cours des décennies 1980 et 1990, l'objectif des autorités chinoises de faire de leur pays une puissance maritime de rang mondial a véritablement pris forme au cours des années 2000, avant de devenir une importante priorité politique au début des années 2010. Le 12e plan quinquennal (2011-2015) puis le 18e congrès du Parti communiste chinois (PCC), tenu en novembre 2012, ont ainsi défini les contours d'une stratégie nationale de développement maritime visant à faire du pays une puissance dans les domaines militaire, économique, scientifique et technologique. Cette ambition est parallèle à l'arrivée au pouvoir de Xi Jinping qui, sous couvert de son « rêve chinois » (*Zhongguo meng*), a d'emblée manifesté son désir d'œuvrer à la « grande renaissance de la nation chinoise » (*Zhonghua minzu weida fuxing*) et à la fondation d'un « pays puissant » (*qiangguo*), deux objectifs dont la concrétisation dépend en très grande partie du développement de la puissance maritime.

Motivée par des préoccupations politiques, sécuritaires, stratégiques et économiques, la politique maritime de la Chine a d'importants impacts sur les espaces maritimes, que ce soit – pour reprendre la spatialisation chinoise – dans le *jinhai* (la mer proche), c'est-à-dire la mer Jaune et les mers de Chine orientale et méridionale, ou dans le *dayang* (le grand océan), qui correspond aux espaces océaniques situés au-delà de la « première chaîne d'îles », formée par l'île de Taïwan et les archipels japonais, philippin, indonésien et malais. Dans ses grandes lignes, cette

1. Maître de conférences à l'Institut national des langues et civilisations orientales (INALCO), en détachement comme chercheur au Centre d'études français sur la Chine contemporaine (CEFC) à Hong Kong depuis le 1er septembre 2014.

Hérodote, n° 163, La Découverte, 4e trimestre 2016.

politique vise pour la Chine à renforcer son contrôle et sa présence militaire dans les mers de Chine, afin de défendre plus efficacement ses côtes et ses revendications territoriales et maritimes, à projeter ses forces navales dans le *dayang* pour protéger ses voies d'approvisionnement maritimes et rivaliser stratégiquement avec le Japon et les États-Unis et, enfin, à développer l'exploitation des ressources naturelles pour subvenir aux besoins de sa population et de son économie[2].

Au-delà des aspects sécuritaires et stratégiques qui ont suscité, et susciteront encore, une grande attention, le volet économique de la politique maritime chinoise est moins souvent abordé, ou alors réduit à la seule question des hydrocarbures *offshore* dans les mers de Chine, alors même qu'il est, aux yeux des autorités chinoises, un vecteur essentiel à la construction de la puissance maritime. Cet article se donne ainsi pour objectif d'analyser le développement de l'économie maritime en Chine à travers l'exemple de la pêche, un secteur d'activité éminemment important dont les implications sont à la fois environnementales (raréfaction et gestion des ressources), économiques (emploi, commerce extérieur ou encore développement local dans les provinces côtières) et géopolitiques (revendications maritimes, pêche illégale et gouvernance internationale). Confrontée à de multiples défis dans les mers de Chine, sur lesquels nous reviendrons, la politique halieutique de la Chine cible désormais un plus grand développement de la pêche lointaine. En d'autres termes, les vastes espaces océaniques sont-ils susceptibles de devenir les nouvelles frontières de la pêche chinoise ?

Nous tenterons de répondre à cette question dans le cadre de cet article, qui se veut volontairement une première synthèse d'une thématique qui devrait être approfondie à l'avenir par d'autres recherches. Après avoir rappelé la volonté politique des autorités chinoises de développer l'économie maritime, nous présenterons brièvement les principales évolutions et principaux défis de la pêche marine chinoise avant de nous focaliser sur la pêche lointaine.

Le développement de l'économie maritime : un volet important de la puissance maritime

Par économie maritime (ou marine), aussi appelée « économie bleue » (*lanse jingji*) en Chine, on entend généralement les activités économiques marchandes et non marchandes liées aux océans, mers et côtes. Cela inclut entre autres la pêche, le transport maritime, la construction navale, l'exploitation *offshore* des

2. Pour un éclairage sur la politique chinoise dans les mers de Chine, voir Sébastien Colin (dir.), [2016].

Hérodote, n° 163, La Découverte, 4e trimestre 2016.

hydrocarbures et des ressources minérales sous-marines, le tourisme, la plaisance, la recherche marine ainsi que la protection de l'écosystème littoral et marin. La Chine domine déjà certains de ces secteurs, en particulier ceux du transport maritime, en lien avec son insertion dans les échanges mondiaux. Elle possédait en 2014 la première flotte commerciale mondiale et neuf ports chinois étaient classés parmi les dix-huit principaux ports à conteneurs mondiaux. En outre, la Chine contrôlait près de 37 % de la construction navale mondiale en 2013, bien que ce secteur connaisse quelques difficultés ces dernières années en raison d'une baisse de la demande mondiale. L'exploitation *offshore* des hydrocarbures et des ressources minérales en eaux profondes, de même que la pêche lointaine, dispose encore en revanche, au-delà des mers de Chine, d'importantes marges de croissance, déterminées toutefois par la disponibilité des ressources [Colin, 2015, p. 24].

La promotion du développement de l'économie maritime émerge en Chine au cours des années 1980 et 1990 à la suite de la signature par Pékin de la convention des Nations unies sur le droit de la mer (CNUDM) en 1982 et plus encore après la ratification du texte en 1996 qui autorise l'exploitation exclusive des ressources dans la zone économique exclusive (ZEE) et sur le plateau continental. Cette promotion s'accélère ensuite au cours des années 2000. En 2006, les autorités officialisent la création d'un système statistique, comprenant entre autres un produit maritime brut (*Gross Ocean Product*, GOP), en vue de mesurer les performances de l'économie maritime tandis que le China Institute for Marine Affairs (CIMA) – dont le nom chinois, *haiyang fazhan zhanlüe yanjiusuo*, signifie plutôt Institut de recherche pour la stratégie du développement océanique – amorce la publication annuelle d'un « rapport national sur le développement maritime » (*Zhongguo haiyang fazhan baogao*). En octobre 2007, lors du 17e congrès national du PCC, l'élite dirigeante appelle au développement de l'industrie marine (*haiyang chanye*)[3].

Le tournant majeur a néanmoins lieu au début des années 2010 avec le lancement du 12e plan quinquennal (2011-2015) qui inscrit le développement de l'économie maritime dans une stratégie plus large dont l'objectif suprême est de faire du pays une puissance maritime, une stratégie qualifiée par Wen Jiabao, alors Premier ministre, de « grand changement dans la pensée stratégique nationale » lors d'un discours effectué dans le Fujian en avril 2012.

Cette stratégie est ensuite confirmée et présentée comme une des principales priorités du pays par le 18e congrès national du PCC de novembre 2012, au cours duquel Hu Jintao, alors remplacé par Xi Jinping à la tête du Parti, présenta le

3. Pour plus de détails sur les principales décisions officielles des années 2000, voir Tabitha Grace Mallory [2015].

Hérodote, n° 163, La Découverte, 4e trimestre 2016.

rapport de travail synthétisant les grandes lignes directrices des politiques à venir du pays et qui, sur les questions maritimes, appela à : « ... renforcer [les] capacités [nationales] pour exploiter les ressources marines, développer l'économie maritime, protéger l'environnement écologique marin, résolument défendre les droits et intérêts maritimes du pays et édifier la Chine en puissance maritime (*haiyang qiangguo*)[4] ». Dans la foulée du 18e congrès, et en accord avec cet appel, le Conseil des affaires d'État publia un « plan quinquennal national maritime » dès le début de l'année 2013. Enfin, lors de la 8e session d'études du Bureau politique tenue en août 2014, Xi Jinping appela à nouveau à redoubler d'efforts dans le développement de l'économie maritime.

Parallèlement à ces différents appels, le PCC a lancé une série de réformes institutionnelles et administratives afin d'améliorer la coordination de la politique maritime du pays et de s'attaquer ainsi à un paysage institutionnel composé de multiples acteurs dont les intérêts particuliers compliquaient parfois la concrétisation des objectifs nationaux. La première décision a été de créer dès 2012 un « nouveau groupe dirigeant » sur la protection des droits maritimes dont la principale mission est de coordonner la politique maritime et de formuler des stratégies visant à protéger les droits et intérêts maritimes du pays [Glaser, 2015]. Quelques mois plus tard, le 10 mars 2013, lors de la réunion annuelle de l'Assemblée populaire nationale, les autorités officialisent l'établissement de la Commission océanique d'État (*Guojia haiyang weiyuanhui*), placée directement sous les tutelles du Comité central du PCC, du Conseil des affaires d'État et de la Commission militaire centrale, et dont le rôle est aussi de planifier, coordonner et harmoniser la politique maritime nationale. Enfin, dans l'objectif de « sauvegarder les droits et intérêts maritimes » du pays, elles fondent un nouveau corps de gardes-côtes (*Zhongguo haijing*) issu de la fusion de quatre agences d'application de la loi maritime (police maritime, surveillance maritime, flotte d'application de la loi de la pêche et bureau anti-contrebande des douanes). Sous la double responsabilité de l'Administration océanique d'État (*guojia haiyang ju*) et du ministère de la Sécurité publique, cette nouvelle garde-côtière a opéré pour la première fois en mer en juillet 2013. Son théâtre d'opération est limité au *jinhai*, espace dont elle partage le contrôle et la surveillance avec la marine.

En sus d'être une composante essentielle de la puissance maritime, le développement de l'économie maritime est aussi un facteur de croissance économique, perçu par les autorités comme étant de plus en plus important dans le contexte

4. « Full text of Hu Jintao's report at 18th Party Congress », *Xinhuanet*, 17 novembre 2012, http://news.xinhuanet.com/english/special/18cpcnc/2012-11/17/c_131981259.htm (consulté le 16 septembre 2016).

Hérodote, n° 163, La Découverte, 4e trimestre 2016.

actuel du ralentissement. Le 31 juillet 2013, lors d'une réunion du Bureau politique du Parti communiste chinois, Xi Jinping a ainsi de nouveau insisté sur la nécessité de « faire de l'économie maritime un des piliers de l'économie nationale ». Malgré tout, l'analyse croisée des évolutions des courbes du produit maritime brut et du produit intérieur brut entre 2004 et 2014 tend à montrer que, si la croissance de l'économie maritime a été globalement plus forte que celle de l'économie nationale jusqu'au début des années 2010, elle tend elle aussi à montrer depuis 2013 un signe de ralentissement (voir tableau 1).

TABLEAU 1. – ÉVOLUTION DU PRODUIT INTÉRIEUR BRUT ET DU PRODUIT MARITIME BRUT CHINOIS ENTRE 2002 ET 2014

	Produit intérieur brut	**Produit maritime brut**
2002	9,1	19,8
2003	10	4,2
2004	10,1	16,9
2005	11,4	16,3
2006	12,7	18
2007	14,2	14,8
2008	9,7	9,9
2009	9,4	9,2
2010	10,6	12,8
2011	9,5	10,4
2012	7,9	9,7
2013	7,8	7,6
2014	7,3	7,7

Source : Administration océanique d'État, *Zhongguo haiyang fazhan baogao 2015*, Pékin, Haiyang chubanshe, 2015, p. 111.

Dans ce contexte, il n'est pas certain que les objectifs annonçant une économie maritime comptant pour 30 % du PIB en 2050 soient atteints, mais le plus important réside sans aucun doute pour l'heure dans les ambitions. À une autre échelle, on doit noter que le développement de l'économie maritime est surtout important pour les provinces côtières qui ont toutes lancées ces dernières années leur

Hérodote, n° 163, La Découverte, 4e trimestre 2016.

programme visant à dynamiser ce secteur de l'économie. Parmi les nombreuses activités qu'il recouvre, la pêche constitue sans aucun doute une des activités les plus stratégiques, tant pour les autorités centrales que pour les gouvernements provinciaux et locaux.

Évolution et défi du secteur de la pêche chinois

Représentant en 2014 plus de 60 % de la production aquacole mondiale et plus de 18 % de celle de la pêche marine, la Chine est de très loin la première puissance halieutique de la planète. Elle possédait également la même année le plus grand nombre de bateaux motorisés ainsi que le second effectif mondial de pêcheurs derrière l'Inde (voir tableau 2). Enfin, sur le plan du commerce international, elle est maintenant depuis près de quinze ans le principal exportateur mondial de produits halieutiques.

TABLEAU 2. – LA CHINE, PREMIÈRE PUISSANCE HALIEUTIQUE MONDIALE

	2005	**2010**	**2014**	**Part mondiale en 2014 (%)**	**Rang mondial en 2014**
Production aquacole *(tonnes)*	28 120 690	36 734 215	45 468 960	61,6	1
Capture de la pêche marine *(tonnes)*	14 588 940	15 414 830	17 106 547	18,3	1
Nombre de bateaux de pêche motorisés	513 913	675 170	686 766	23,5	1
Nombre de pêcheurs (aquaculteurs exclus)	8 389 161	9 013 173	9 165 990	24,2	2

Source : FAO, *Statistiques des pêches et de l'aquaculture 2014*, Rome, FAO, 2016.

Les principaux objectifs du secteur de la pêche en Chine sont d'assurer au marché national un approvisionnement suffisant en produits halieutiques, que ce soit pour l'apport en protéine essentiel à la consommation humaine ou comme matières premières à destination du secteur industriel, de générer des revenus pour les pêcheurs et de contribuer à la croissance économique par le biais des exportations. Certains observateurs estiment que les pêcheurs sont aussi au service de la cause irrédentiste nationale dans les mers de Chine, de par leurs actions dans

Hérodote, n° 163, La Découverte, 4e trimestre 2016.

les zones maritimes disputées, mais il s'agit là surtout de pêcheurs incorporés aux milices maritimes (*haishang minbing*) qui sont dépendantes des gouvernements locaux et dont une des principales missions est de protéger la souveraineté nationale du pays. Pour la grande majorité des pêcheurs, en revanche, la motivation est avant tout d'ordre économique [Zhang, 2016].

Parmi les principaux objectifs énoncés, la sécurité alimentaire demeure primordiale. L'accroissement de la production a en effet été la préoccupation majeure des autorités pendant des décennies afin de répondre à une demande nationale toujours plus importante pour les produits halieutiques. La production totale de la pêche marine et de l'aquaculture est ainsi passée de 5 millions de tonnes en 1978 à 62,5 millions en 2014. Elle est très majoritairement destinée à la consommation alimentaire (plus de 80 % de la production en 2014), le reste étant exporté (plus de 10 %) ou exploité à des fins non alimentaires (environ 6 %) [FAO, 2016].

Que la Chine soit le premier producteur et exportateur de produits halieutiques de la planète ne doit pas cacher les nombreux défis auxquels les secteurs de la pêche marine et de l'aquaculture ont été et sont toujours confrontés. Le principal défi consiste à faire face au déclin des stocks de poisson des eaux côtières et plus largement des mers de Chine. Mise au jour dès les années 1980, la raréfaction des ressources, en partie causée par la surpêche et la pollution, a poussé les autorités chinoises à prendre des mesures pour réguler les stocks. Les premières de ces mesures ont consisté au cours des années 1990 à introduire des moratoires sur la pêche en mer Jaune, en mer de Chine orientale et en mer de Chine du Sud. Elles ont été suivies en 1999 par l'instauration d'une politique dite de la « croissance nulle » qui a permis une stabilisation des captures autour de 12-13 millions de tonnes au cours des années 2000. Dans le même temps, dans la foulée de sa ratification de la CNUDM en 1996, Pékin délimite trois zones de pêche conjointes en mer de Chine orientale avec le Japon en 1997, en mer Jaune avec la Corée du Sud en 2000 et dans le golfe du Tonkin avec le Vietnam toujours en 2000. Engageant les États à partager ces espaces maritimes et à y réguler les captures par le biais de quotas, les signatures des accords de pêche donnant naissance à ces zones ont accentué la concurrence entre les pêcheurs et causé la fermeture de nombreuses pêcheries dans la plupart des provinces côtières du pays. Elles ont en partie facilité la mise en place d'une politique plus radicale en 2003 consistant à réduire la flotte *via* l'élimination des pêcheries les moins compétitives [Zhang, 2016].

L'impact réel sur l'emploi de ces diverses initiatives prises pour lutter contre la surpêche a été en grande partie limité par le développement parallèle de l'aquaculture dont la production a fortement augmenté entre 2005 et 2014 (voir tableau 2) et qui avait auparavant absorbé une grande partie de la main-d'œuvre libérée des activités de pêche marine, soit par le biais de reconversion de certaines pêcheries en fermes aquacoles, soit par le biais de recrutements.

Hérodote, n° 163, La Découverte, 4e trimestre 2016.

Bien qu'elle ait été une alternative importante aux difficultés rencontrées par la pêche côtière, l'aquaculture n'a pas pour autant résolu définitivement le problème de la sécurité alimentaire. La très forte pollution des eaux côtières et des lacs, couplée à une utilisation massive d'antibiotiques et d'hormones par les aquaculteurs, inquiète de plus en plus les consommateurs chinois, notamment ceux de la classe moyenne, qui sont désormais prêts à payer plus cher pour des poissons sains.

La politique de réduction de la flotte côtière a aussi trouvé ses limites dans le développement d'une illégalité caractérisée par une présence importante de « bateaux noirs » officiant sans permis de pêche. D'après certaines sources, on en compterait 12000 dans la seule province du Zhejiang alors que le nombre de bateaux autorisés à pêcher serait quant à lui de 22000 [Zhang, 2016, p. 71] ! La pression sur les ressources halieutiques perdure donc et la très forte concurrence existant entre les pêcheurs alimentent une importante pêche illégale outrepassant les limites des zones autorisées ou celles des quotas imposés. Cette pêche illégale chinoise est très importante en mer de Chine orientale et surtout en mer Jaune, parfois qualifiée en Corée du Sud de « mer de non-droit » [Kim, 2012, p. 456].

Dans ce contexte, le double souci de poursuivre la régulation des captures marines dans les eaux côtières, comme dans une grande partie des mers de Chine, et de veiller à l'approvisionnement du pays reste toujours d'actualité. Il a d'ailleurs été rappelé au sein du 12e plan quinquennal (2011-2015). Une des alternatives identifiées consiste désormais à accélérer le développement de la pêche lointaine, c'est-à-dire au-delà de la première chaîne d'îles, dans les vastes espaces océaniques du Pacifique, de l'Atlantique, de l'océan Indien et jusque dans l'Antarctique. Pour certains observateurs en Chine, l'aquaculture et les captures marines des eaux territoriales et des ZEE ne pourront plus à moyen terme satisfaire la demande intérieure et répondre aux ambitions exportatrices du pays.

Au-delà de la « première chaîne d'îles » ou le développement de la pêche lointaine

Le franchissement de la « première chaîne d'îles » par les bateaux de pêche chinois n'est pas un fait récent. Certains d'entre eux opéraient déjà au cours des années 1980 dans le golfe de Guinée à la suite d'accords de pêche signés avec la Guinée-Bissau (1984), la Guinée (1985), le Sénégal (1985), la Sierra Leone (1985) puis, quelques années plus tard, la Mauritanie (1991). Il s'agissait néanmoins d'une présence marginale bien inférieure à celle des flottes japonaise, sud-coréenne et taïwanaise. Depuis, les choses ont changé. Bien que les captures de la pêche lointaine ne représentent encore qu'une faible part des captures totales de

Hérodote, n° 163, La Découverte, 4e trimestre 2016.

la pêche chinoise, sa flotte a connu une importante évolution sur le plan quantitatif (il s'agit désormais de la plus importante du monde en nombre de navires) comme sur le plan de sa structure. Initialement constitué de larges compagnies d'État, le secteur de la pêche lointaine est désormais majoritairement privé (environ 2/3 de la flotte), structuré par un réseau de petites et moyennes entreprises à base provinciale ou locale. Le gouvernement central n'a donc plus un contrôle total et direct sur le secteur mais continue d'influer par le biais des autorités des provinces côtières, lesquelles, pour des raisons de développement économique, conservent des connexions fortes avec les entreprises, ainsi que par le biais de subventions et autres incitations vouées à accélérer sa modernisation.

On compte parmi les principales aides la réduction des droits de douane à l'importation d'équipements nécessaires à la montée en gamme technologique de la flotte ainsi que des subventions à la rénovation des navires, pour l'achat du fioul, et pour le développement de nouvelles pêches. D'importance, ces aides font douter certains observateurs de la réelle rentabilité du secteur mais elles apparaissent nécessaires aux yeux des autorités, centrales comme provinciales, pour soutenir le développement d'un secteur stratégique sur les plans de la sécurité alimentaire et du commerce international (la moitié des captures du secteur – principalement les espèces dites de « haute valeur » – sont pour l'heure exportées), mais aussi, aux échelles provinciales et locales, sur les plans de l'emploi et de la croissance économique.

Géographiquement, comme le montre la carte 1, les captures de la pêche marine chinoise sont presque exclusivement concentrées, en 2003 comme en 2014, dans la zone du Pacifique nord-ouest, qui comprend les trois mers bordières du pays : la mer Jaune, la mer de Chine orientale et la mer de Chine du Sud. Ailleurs, l'évolution des captures apparaît variable d'une zone de pêche à l'autre. Ces variations, qui peuvent être parfois très soudaines comme le montre le tableau 3, s'expliquent par les accords de pêche signés avec les pays riverains[5], la mise en place de législations nationales et internationales, mais, surtout, dans un contexte mondial de surpêche, par le niveau des réserves halieutiques. La baisse observable en Atlantique centre-est, pourtant une des zones les plus anciennement fréquentées par les navires chinois, s'explique ainsi par une importante diminution des ressources dans le golfe de Guinée ainsi que par la mise en place de restrictions saisonnières et une augmentation des prix des licences par des États désormais soucieux de préserver leurs ressources et de protéger ce qu'il reste de leur pêche nationale [Mallory, 2013]. La carte 1 et le tableau 3 montrent aussi

5. Il s'agit essentiellement d'accords dits « d'accessibilité » autorisés par l'article 62 de la CNUDM.

Hérodote, n° 163, La Découverte, 4e trimestre 2016.

CARTE 1. – RÉPARTITION DES CAPTURES DE LA PÊCHE MARINE CHINC

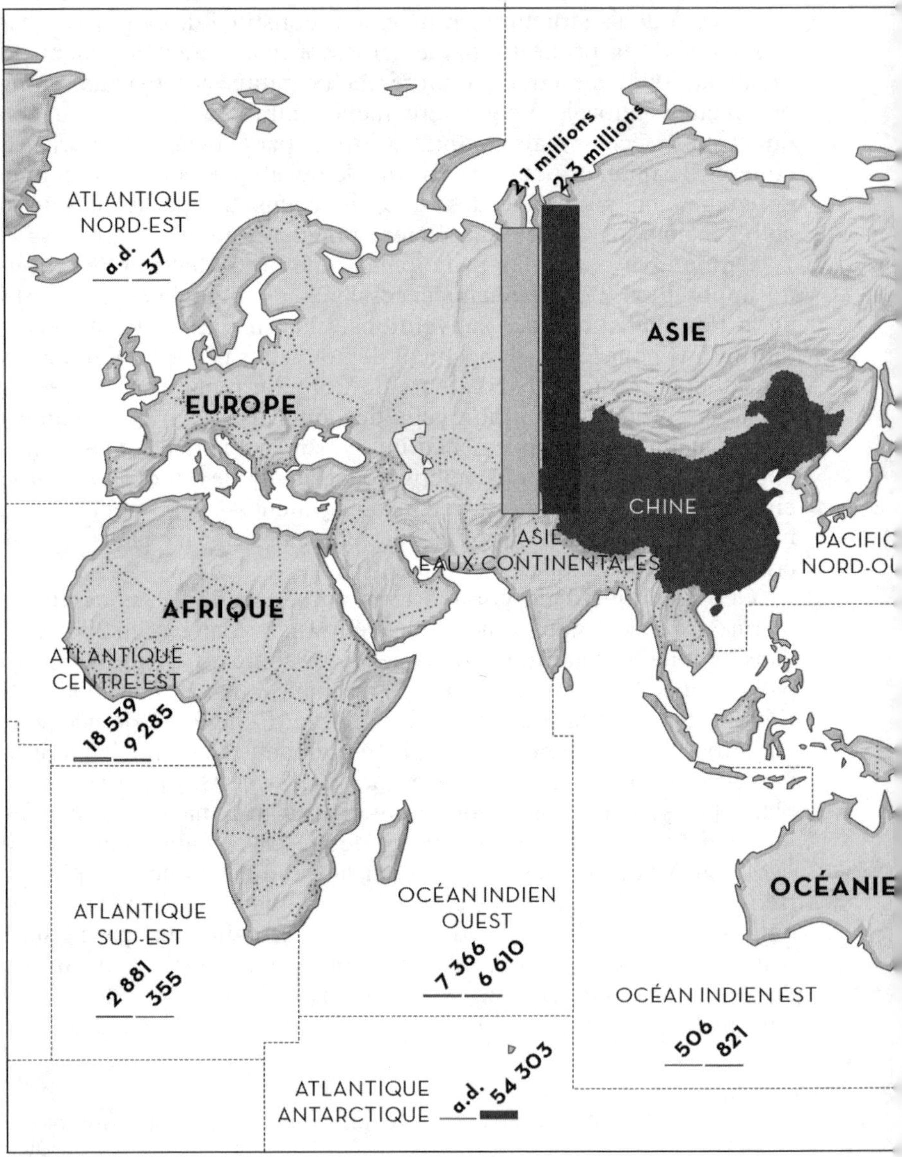

ɴS LE MONDE, PAR GRANDES ZONES DE PÊCHE, EN 2003 ET 2014

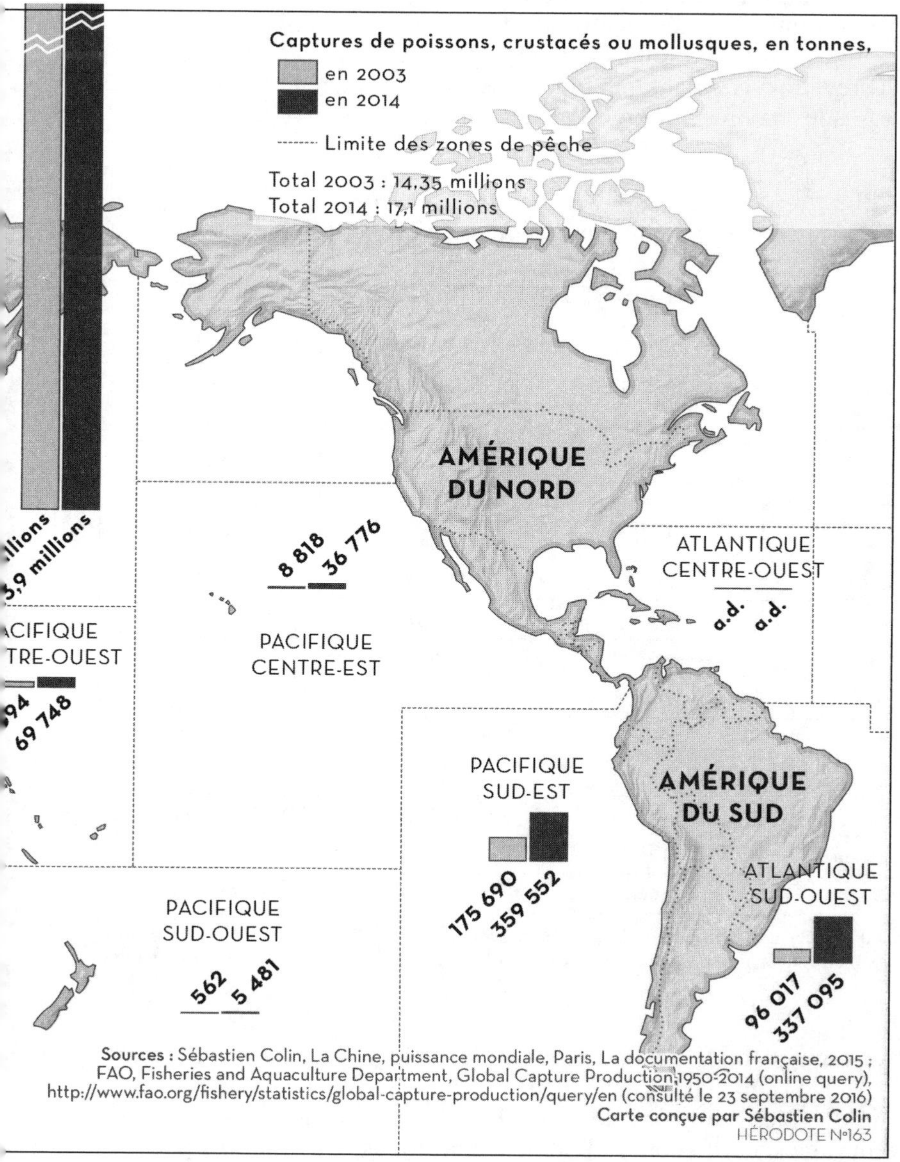

Sources : Sébastien Colin, La Chine, puissance mondiale, Paris, La documentation française, 2015 ; FAO, Fisheries and Aquaculture Department, Global Capture Production 1950-2014 (online query), http://www.fao.org/fishery/statistics/global-capture-production/query/en (consulté le 23 septembre 2016)
Carte conçue par Sébastien Colin
HÉRODOTE N°163

une augmentation générale des captures dans l'ensemble des zones de pêche du Pacifique ainsi qu'une croissance soutenue en Atlantique sud-ouest et en Atlantique-Antarctique. La présence de pêcheurs chinois dans ces zones très éloignées s'explique par une volonté de diversifier les espèces capturées, en l'occurrence ici la crevette de l'Atlantique sud et le krill de l'Antarctique, une volonté qui pousse parfois les navires à opérer illégalement dans la ZEE argentine.

TABLEAU 3. – ÉVOLUTION DES CAPTURES DE LA PÊCHE MARINE CHINOISE PAR ZONES DE PÊCHE ENTRE 2012 ET 2014

Zones de pêche	2012	2013	2014
Eaux continentales	2297839	2307162	2295157
Pacifique nord-ouest	13328713	13382021	13931340
Pacifique centre-ouest	76180	99595	69748
Pacifique centre-est	29880	34569	36776
Pacifique sud-est	274921	274353	359552
Pacifique sud-ouest	3518	5044	5481
Océan Indien est	2074	1453	821
Océan Indien ouest	3257	6087	6610
Atlantique sud-est	355	296	355
Atlantique centre-est	67402	23478	9285
Atlantique nord-est	36	38	37
Atlantique centre-ouest	25	a.d.	a.d.
Atlantique sud-ouest	78999	108897	337095
Atlantique-Antarctique	4265	31944	54303
Total	**16167464**	**16274937**	**17106560**

Source : FAO, Fisheries and Aquaculture Department, *Global Capture Production 1950-2014* (online query), http://www.fao.org/fishery/statistics/global-capture-production/query/en (consulté le 23 septembre 2016).

Cette brève analyse de la pêche lointaine chinoise ne saurait être complète sans évoquer cette question de la pêche illégale qui constitue à l'échelle planétaire – et qui n'implique bien évidemment pas que les navires chinois – un des principaux problèmes de sécurité non traditionnels maritimes. Les données publiées

Hérodote, n° 163, La Découverte, 4e trimestre 2016.

par l'Organisation des Nations unies pour l'alimentation et l'agriculture (FAO), que nous avons représentées sur cette carte et dans le tableau 3, ne représentent pas – on s'en doutera – la réalité avec exactitude. Certains observateurs considèrent que ces données sous-estiment les captures chinoises. Des scientifiques de l'université de Colombie-Britannique (Canada) évaluaient au début des années 2010 les captures annuelles de la flotte hauturière chinoise à plus de 4 millions de tonnes (dont 75 % viendraient des eaux africaines), soit beaucoup plus que les 520 000 tonnes officiellement pêchées en dehors de la zone Pacifique nord-est en 2012 ou la moyenne des 368 000 tonnes annuelles déclarées par les autorités chinoises à la FAO entre 2000 et 2011...

Conclusion : les mers lointaines, nouvelles frontières de la puissance halieutique chinoise ?

Pour conclure, les mers lointaines sont-elles de nouvelles frontières de la puissance halieutique chinoise ? Bien que ces espaces maritimes soient fréquentés par les navires de pêche chinois depuis au moins trois décennies, on serait tenté de répondre affirmativement dans la mesure où ces espaces restent aux yeux des autorités chinoises à explorer et à exploiter. Ce sont donc des espaces de projection de la puissance halieutique de la Chine dont la construction s'inscrit pleinement dans cette ambition affichée du PCC de faire du pays une puissance maritime. Au regard de la part encore faible occupée par la pêche lointaine au sein de la production nationale, les marges de développement et de croissance, bien qu'elles dépendent de facteurs politique, diplomatique et environnemental, semblent immenses.

Nouvelles frontières, ces espaces le sont aussi pour la Chine sur un plan juridique tant sa participation à la gouvernance internationale est encore limitée, notamment en matière de lutte contre la pêche illégale où les navires chinois, qu'ils soient sous pavillon de la République populaire ou sous pavillon de complaisance, sont assez souvent au cœur des critiques. Si la Chine a bien signé l'accord des Nations unies sur les stocks de poisson de 1995 (*United Nations Fish Stocks Agreement*), elle ne l'a cependant toujours pas ratifié en raison d'un désaccord concernant l'inspection des bateaux, Pékin refusant que cette inspection soit faite par un autre pays que celui représenté sur le pavillon. Sur le plan de la lutte contre la pêche illégale, la Chine n'a pas signé le plan d'action de 2001 (*2001 Plan of Action on IUU Fishing*), pourtant non contraignant, ainsi que l'accord de 2009 sur les mesures portuaires (*2009 Port State Measures Agreement*), quant à lui contraignant, qui formalise l'inspection des bateaux dans les ports et requiert de refuser l'entrée de ceux impliqués dans des activités de pêche illégale.

Hérodote, n° 163, La Découverte, 4e trimestre 2016.

À bien des égards, la Chine semble avoir fait pour l'heure plus d'efforts pour essayer de réguler la pêche près de ses côtes que la pêche longue distance. Est-ce là un simple délai d'apprentissage, comme nous l'ont souligné certains observateurs chinois, ou au contraire un clair refus d'adopter certaines normes internationales en raison d'un souverainisme encore inflexible ? La volonté de la Chine de devenir une puissance maritime de rang mondial et les récentes mesures de traçabilité prises par l'Union européenne et les États-Unis pour empêcher l'entrée sur leur marché de produits halieutiques issus de la pêche illégale, de par les impacts qu'elles sont susceptibles d'avoir sur le commerce international et donc, potentiellement, sur certaines exportations chinoises, seront-elles des facteurs susceptibles d'inciter une plus grande participation de la Chine à la gouvernance internationale de la pêche lointaine ?

Bibliographie

ADMINISTRATION OCÉANIQUE D'ÉTAT, *Zhongguo haiyang fazhan baogao 2015* (Rapport sur le développement maritime de la Chine), Pékin, Haiyang chubanshe, 2015.

COLIN S. (dir.) (2016), « Politique chinoise dans les mers de Chine : souveraineté, sécurité et coopération », dossier spécial, *Perspectives chinoises*, 2016/3.

– (2015), *La Chine, puissance mondiale*, Paris, La Documentation française (documentation photographique n° 8108, novembre-décembre).

FAO, *Statistiques des pêches et de l'aquaculture 2014*, Rome, FAO, 2016.

GLASER B. (2015), « China's maritime rights protection leading small group : shrouded in secrecy », *AMTI Brief*, Asia Maritime Transparency Initiative, 11 septembre.

KIM S. K. (2012), « Illegal Chinese fishing in the Yellow Sea : A Korean officer's perspective », *Journal of East Asian International Law*, n° 2.

MALLORY T. G. (2015), « Preparing for the ocean century : China's changing political institutions for ocean governance and maritime development », *Issues & Studies*, vol. 51, n° 2, juin.

– (2013), « China's distant water fishing industry : evolving policies and implications », *Marine Policy*, n° 38.

MASUDA M. (2014), « China's maritime strategy and maritime law enforcement agencies : Quest for a maritime power », *in* TOW W. et YOSHIZAKI T. (dir.), *Beyond the Hub and Spokes. Australia-Japan Security Cooperation (ANU-NIDS Joint Research Project)*, Tokyo, The National Institute for Defense Studies, NIDS Joint Research Series n° 10.

ZHANG H. (2016), « Chinese fishermen in disputed waters : not quite a "people's war" », *Marine Policy*, n° 68, p. 65-73.

Hérodote, n° 163, La Découverte, 4e trimestre 2016.

La nouvelle géopolitique indienne de la mer : de l'océan Indien à l'Indo-Pacifique

Jean-Luc Racine[1]

Y a-t-il un paradoxe dans la relation de l'Inde à la mer ? L'océan qui baigne l'Inde, et bien au-delà d'elle, porte son nom et le pays, même après la partition de 1947, compte plus de 7 000 km de côtes. Pourtant l'Inde ne généra au fil de son histoire que de très rares puissances maritimes. Celle des Cholas, qui reliait au XIe siècle l'Inde du Sud à l'Asie du Sud-Est jusqu'à l'Indonésie, est aujourd'hui célébrée par la droite nationaliste qui voit dans l'Inde de toujours « une nation de marins » [Vijay, 2016]. C'est réécrire l'histoire, qui fut bien davantage marquée par les réseaux maritimes arabes commerçant avec les côtes indiennes dès avant l'Hégire, puis par l'hégémonie des Compagnies des Indes orientales, établies en Europe au XVIIe siècle et qui finirent par prendre le dessus sur l'Empire moghol, puissance continentale dépourvue de marine de haute mer. Du reste, l'orthodoxie brahmanique la plus stricte interdit longtemps la traversée des « eaux noires », *kalapani*, source de pollution rituelle appelant à des rites de purification de retour sur la terre indienne.

Le récit nationaliste sur les Cholas n'en traduit pas moins, à sa façon, un retournement qui s'opère dans la géopolitique indienne de la mer. La marine marchande indienne reste modeste : même si les trois quarts des importations de pétrole du pays et l'essentiel de son commerce extérieur se font par mer (90 % en volume, plus de 70 % en valeur), les quelque 1 200 navires marchands indiens ne contribuaient, en 2014, que pour 8,5 % de cette manne, avec une jauge brute totale à peine supérieure à 10 millions de tonnes [Indian Navy, 2015, p. 25-26].

1. Directeur de recherche émérite au CNRS (CEIAS-EHESS), chercheur senior à Asia Centre.

Hérodote, n° 163, La Découverte, 4e trimestre 2016.

Nombre de marins indiens embarquent sous d'autres pavillons et le port de conteneurs de Mumbai (Nhava Sheva, dit aussi Jawaharlal Nehru Port), le plus grand en Inde, n'était classé en 2014 qu'au trentième rang mondial, la Chine en comptant dix parmi les quinze premiers...

À l'inverse, un effort particulier est engagé depuis des années pour développer la marine de guerre indienne. Il ne s'agit pas seulement de répondre aux initiatives chinoises dans l'océan Indien, mais d'user de la puissance navale pour développer l'influence du pays dans la région, et au-delà : le concept d'Indo-Pacifique, emprunté avec vivacité aux Australiens, traduit cet élargissement de l'horizon maritime, qui voit aussi le drapeau indien flotter sur l'Antarctique et en Arctique.

Dans un précédent numéro d'*Hérodote* consacré à l'océan Indien, je soulignais que si l'on ne pouvait parler à son égard de *Mare indicum*, la réflexion stratégique évoluait assez pour que des experts et des praticiens mesurés appellent certes le pays à « tenir la ligne » le long de l'Himalaya face à la Chine, mais aussi, et de façon plus novatrice, à renforcer « l'actuelle avance dans le Sud maritime » [Racine, 2012]. Quatre ans plus tard, cette avance s'est réduite, et le projet des nouvelles routes de la soie lancé avec vigueur par le président chinois Xi Jinping en 2013 comporte de multiples volets maritimes, dont l'Inde a choisi d'être absente. Dans ce contexte, l'appel à développer la puissance navale indienne est plus pertinent que jamais, et le nouveau gouvernement nationaliste de Narendra Modi, au pouvoir depuis mai 2014, l'a bien compris comme en témoignent aussi bien la publication en octobre 2015 d'une manière de Livre blanc sur la sécurité maritime que *l'International Fleet Review* organisée cinq mois plus tard dans le golfe du Bengale avec une ampleur tout à fait inédite.

La redécouverte de la mer

Le vieux tropisme continental

Les grands principes qui gouvernent la pensée stratégique indienne privilégient depuis des décennies le défi posé par des frontières terrestres contestées, tant avec la Chine, à l'est comme à l'ouest de l'Himalaya, qu'avec le Pakistan, qui conteste la présence indienne au Cachemire. Une guerre humiliante avec la Chine en 1962, quatre guerres avec le Pakistan (1947-1948, 1965, 1971, 1999) dessinent l'horizon primordial de la pensée stratégique indienne, dont le scénario extrême est de faire face à une guerre sur deux fronts, pakistanais et chinois. Cette histoire récente, mais aussi l'importance décisive de la plaine indo-gangétique qui a vu au fil de l'histoire s'établir quelques-uns des plus grands empires indiens – les

Hérodote, n° 163, La Découverte, 4e trimestre 2016.

Mauryas au IIIe siècle avant J.-C., les Guptas au IVe-VIe après J.-C., les Moghols aux XVIe-XVIIIe siècles, jusqu'au transfert de la capitale de l'Empire britannique des Indes de Calcutta à Delhi en 1909 – et, aujourd'hui encore, le poids démographique de l'Inde du Nord (les États non côtiers comptaient au recensement de 2011 près de 650 millions d'habitants : 53 % de la population du pays) expliquent la prévalence de la menace continentale dans la perception des risques, *a fortiori* avec le renforcement de la présence militaire chinoise au Tibet. En termes de budget de la défense (40 milliards de dollars inscrits pour l'année 2015-16), cette logique assure la part belle à l'armée de terre indienne (53 %) suivie par l'armée de l'air (23 %) et la marine (16 %), mais le budget d'acquisition de l'Indian Navy vient en second, derrière l'armée de l'air [Behera, 2015, p. 5-6].

Cette assise continentale fut mise à mal, on l'a dit, par la première vague de mondialisation mise en œuvre par les Compagnies des Indes (britannique, française, hollandaise, danoise) qui, organismes commerciaux au départ, devinrent des instruments de conquête avant de céder la place en 1858 à l'Empire des Indes, dont les grandes villes furent des ports : Calcutta, Bombay, Madras, qui ont retrouvé aujourd'hui leurs noms d'antan : Kolkata, Mumbai, Chennai. Les temps coloniaux achevés, l'Inde indépendante, empêtrée dans ses guerres avec le Pakistan et la Chine, et suivant avec Nehru une ligne économique privilégiant la « substitution aux importations », n'a pas donnée à la mer la place qu'elle avait jouée dans la transformation historique majeure ouverte par les grandes découvertes et portée par le colonialisme européen.

L'horizon océanique : nouveaux défis, nouveaux enjeux

Cette négligence relative de l'espace maritime est forclose désormais, pour quatre raisons : la montée en puissance de l'économie indienne, le poids croissant de l'océan Indien dans l'économie mondiale, l'intensification de la présence chinoise dans la zone et, plus technique, la nucléarisation du triangle stratégique Inde-Chine-Pakistan, officialisée avec les essais nucléaires conduits par New Delhi et Islamabad en 1998.

L'impératif maritime de la stratégie nucléaire est d'une évidente simplicité : quelle que soit la doctrine retenue (pas de frappe en premier pour la Chine et pour l'Inde, frappe en premier possible pour le Pakistan), l'ultime arme de dissuasion mais aussi, si besoin était, de contre-attaque est le sous-marin balistique lanceur d'engins, le plus indétectable de tous les porteurs de vecteurs nucléaires. Au-delà de la logique nucléaire qui fait de la mer le champ de sécurité décisif d'un hypothétique conflit aux sources continentales, la marine indienne voit son rôle croître en raison des nouvelles dynamiques propres à l'océan Indien, dynamiques économiques mais aussi stratégiques.

Hérodote, n° 163, La Découverte, 4e trimestre 2016.

L'océan Indien, un temps négligé après la Seconde Guerre mondiale et le retrait de l'Empire britannique, est devenu un océan clé pour l'économie mondiale, moins pour l'heure par ce que produisent les pays riverains (hormis les monarchies pétrolières) que par l'espace de transit qu'il offre, entre les pôles industriels et commerciaux de la Chine et du Japon, les ressources énergétiques du Golfe et les marchés européens. La quête croissante des matières premières africaines ajoute à ces enjeux. Aujourd'hui, les deux tiers du trafic pétrolier mondial, la moitié du trafic mondial des conteneurs et un tiers du trafic maritime mondial transitent par l'océan Indien, dont les pays riverains comptent pour un tiers de la population mondiale. Si les échanges transatlantiques et transpacifiques sont plus intenses, c'est dans l'océan Indien que la croissance du trafic est la plus forte, y compris sur l'axe Malacca-cap de Bonne-Espérance.

Aux deux extrémités des routes du nord de l'océan, des passages sont particulièrement sensibles : le détroit d'Ormuz, entrée étroite du golfe Arabo-Persique, les approches du canal de Suez – le Bab-el-Mandeb entre Djibouti et Aden – et celles du détroit de Malacca. La piraterie sévit dans les deux régions, quoiqu'elle soit en forte baisse dans le golfe d'Aden, où l'opération *Atalante*, lancée en 2008 par l'Union européenne, a vu les marines européennes, américaine, mais aussi indienne et chinoise croiser contre les pirates somaliens. Ces points de passage resserrés sur les routes du pétrole et sur celles des conteneurs posent un défi stratégique à toutes les puissances présentes dans l'océan Indien, soucieuses de la liberté de navigation de leur flotte marchande, mais aussi, bien sûr, de leur marine de guerre.

D'autant que les pôles de tensions et de conflits abondent dans les pays riverains : crises répétées du Moyen-Orient ; guerre civile au Yémen, où une coalition menée par l'Arabie saoudite intervient depuis 2015 ; Corne de l'Afrique en crise elle aussi. Le péril terroriste – *shebab* somaliens depuis 2006, Al-Qaïda dans la péninsule Arabique depuis 2009 – s'est ajouté aux paramètres géopolitiques plus classiques. Les tensions entre l'Iran et les monarchies sunnites du Golfe ne se sont pas dissipées après l'accord sur le nucléaire civil iranien signé en 2015 entre Téhéran et les Occidentaux, même si cet accord commence à changer la donne grâce à la lente levée des sanctions. Les relations indo-pakistanaises restent suffisamment tendues pour perpétuer une course aux armements, et le projet chinois de corridor économique et commercial à travers le Pakistan agace l'Inde car il traverse des territoires qu'elle revendique au nord du Cachemire, et ajoute aux positions que Pékin s'octroie dans l'environnement maritime de l'Inde. La façade occidentale de l'Asean est plus calme, mais connaît aussi des problèmes, avec les réfugiés musulmans Rohingya fuyant par la mer une Birmanie qui leur refuse le statut de citoyens, les coups d'État militaires en Thaïlande, les tensions politiques aiguisées en Malaisie.

Hérodote, n° 163, La Découverte, 4e trimestre 2016.

L'océan Indien et ses marges sont aussi, pour l'Inde, l'espace de leur plus grande diaspora, parfois très ancienne en Asie du Sud-Est – Birmanie, jusqu'à l'exode forcé après le coup d'État de 1962, Malaisie, Singapour en particulier, mais aussi Bali ou le Cambodge, où le temple d'Angkor Vat témoigne d'une claire filiation indienne –, parfois plus récente, comme au Moyen-Orient qui accueille près de 7 millions de travailleurs indiens, pour l'essentiel en Arabie saoudite et dans le Golfe. S'y ajoutèrent deux mouvements migratoires en direction de l'Afrique orientale et méridionale et des îles de l'océan Indien : celui des castes commerçantes qui prirent vite une emprise considérable sur l'économie locale, au risque d'être chassées comme ce fut le cas en Ouganda en 1972, et celui des travailleurs de basses castes appelés en masse au XIXe siècle après la fin de l'esclavage, surtout dans les îles : plutôt une main-d'œuvre asservie que « sous contrat » comme est parfois traduit *indentured labour*. Cette diaspora considérable, divisée dans les statistiques gouvernementales entre « population d'origine indienne » estimée à 15,4 millions, qui peuvent être des descendants de migrants de longue date, et « citoyens indiens non résidents », soit 11,4 millions [MEA, 2016], offre un potentiel d'influence que l'Inde cherche à cultiver, mais appelle aussi des interventions de secours en cas de crise grave. L'Inde a ainsi opéré des évacuations d'urgence au Koweït en 1990, au Liban en 2006, en Libye en 2011, au Yémen en 2015, parfois par voie maritime, parfois par pont aérien. Dans un cadre humanitaire international, l'Inde était aussi intervenue lors du tsunami de 2004 (230 000 morts dans quatorze pays, dont 16 000 en Inde) pour secourir les populations d'Aceh, à la pointe de l'Indonésie, à proximité de l'épicentre de la catastrophe.

Au-delà des seules perspectives indiennes, le poids stratégique et économique de l'océan Indien s'est notablement accru avec la fin de la guerre froide, la montée en puissance de la Chine, l'instabilité du « croissant des crises » courant du Pakistan au Moyen-Orient et aux rives est-africaines. Après l'effacement relatif de la flotte britannique, Washington s'était vite positionné au cœur de l'océan Indien, en installant une base navale considérable, à Diego Garcia, louée à Londres. Robert Kaplan n'en a pas moins souligné l'importance sous-estimée de l'océan Indien dans un livre remarqué, en considérant que c'était là que se jouaient désormais, y compris pour les États-Unis, quelques grands enjeux du XXIe siècle : enjeux politiques entre démocraties et régimes autoritaires, enjeux idéologiques liés à l'expansionnisme de l'islamisme militant, enjeux énergétiques, impact du changement climatique sur les populations côtières [Kaplan, 2010].

L'avertissement vaut d'autant plus que les États-Unis sont aujourd'hui, et de loin, la principale puissance maritime de la région : pas moins de trois flottes y sont présentes : la Ve flotte, cantonnée à un espace restreint mais crucial : du Pakistan au Golfe et à la Corne de l'Afrique ; la VIe flotte, essentiellement atlantique, mais opérant aussi dans le quart sud-ouest de l'océan Indien ; la VIIe flotte

Hérodote, n° 163, La Découverte, 4e trimestre 2016.

enfin, essentiellement pacifique, mais couvrant tout l'est de l'océan Indien, au droit de la frontière indo-pakistanaise. Pour autant, l'océan Indien n'est pas un « lac américain ». La marine américaine y joue un rôle majeur, que ses alliés jugent indispensable, mais l'architecture de sécurité demeure problématique, en raison des rivalités entre puissances, et des risques posés par les États faillis ou secoués par des insurrections à connotations islamistes radicales aux réseaux transnationaux[2].

Ce cadre complexe définit l'horizon dans lequel l'Inde doit définir sa politique de la mer, à la lumière des perceptions et des intérêts qui lui sont propres, mais aussi des dynamiques nouvelles qui se manifestent : luttes d'influences et partenariats stratégiques.

L'Inde et l'océan Indien : les cercles de voisinage

La valorisation des enjeux maritimes dans le champ économique comme en matière de défense s'est intensifiée ces dernières années, mais reste largement inscrite dans la vision diplomatique indienne qui prit corps après le lancement des réformes économiques en 1991 et la fin de la guerre froide. Ces deux événements ouvrirent de nouveaux horizons, entre autres la « politique de regard vers l'est » cherchant à conforter les liens alors atrophiés avec l'Asean.

Le voisinage proche : l'Asie du Sud

Défini par sa proximité immédiate avec l'Inde, le « voisinage proche » soulève deux types de problèmes pour New Delhi. Le premier, le plus structurel, est celui du Pakistan. Le rapport des forces conventionnelles, en particulier pour les marines, est clairement en faveur de l'Inde, mais le Pakistan y fait face sur deux fronts : en brandissant la menace de frappes nucléaires dites tactiques (de basse intensité) en cas d'invasion indienne, et en protégeant les organisations djihadistes visant l'Inde, traditionnellement au Cachemire mais aussi dans de grandes villes du pays. Fait nouveau, l'attaque meurtrière de Mumbai (166 morts en 2008) a été menée par un commando très entraîné venu de Karachi par mer : une alerte grave pour les services de renseignement et pour les gardes-côtes indiens. Une préoccupation supplémentaire se nourrit du risque terroriste au Pakistan même. Des installations

2. Voir dans *Hérodote, Géopolitique de l'océan Indien*, La Découverte, 2012 : F. Grare, « Océan Indien, la quête d'unité » ; C. Robinet, « Existe-t-il un risque de vide stratégique dans l'océan Indien ? » ; I. Saint-Mézard, « Quelles architectures de sécurité pour l'océan Indien ? »

Hérodote, n° 163, La Découverte, 4e trimestre 2016.

militaires, y compris la base navale de Mehran en 2011 et en 2014, ont déjà été la cible de groupes liés aux talibans pakistanais. En 2014 aussi, de jeunes officiers sympathisants d'Al-Qaïda ont tenté de prendre le contrôle d'une frégate, pour attaquer des forces américaines dans l'océan Indien[3]. L'Inde ne peut être insensible à ce risque.

Le second défi posé par le Pakistan est lié à la solide relation entre Pékin et Islamabad. La Chine a d'abord financé un nouveau port pakistanais en eau profonde, Gwadar, proche du golfe Persique. Port de commerce peu actif, mais qui pourrait prendre un poids nouveau si le « corridor économique Chine-Pakistan » (CPEC), projet relancé avec emphase par le président Xi Jinping en 2013, voyait vraiment le jour. Avec un budget prévisionnel de 46 milliards de dollars le CPEC, outre ses effets sur l'économie pakistanaise, ouvrirait pour la Chine une voie directe tant vers le Golfe que vers l'Afrique, à travers l'Himalaya, *via* les ports pakistanais.

L'Inde se heurte ici à la politique chinoise de pénétration en océan Indien par ce qui fut baptisé par des analystes américains la stratégie du « collier de perles » : des investissements portuaires à vocation d'abord économique, mais pouvant aussi, à terme, offrir des escales à la flotte de guerre chinoise. On compte ainsi, outre Gwadar au Pakistan, Hambantota au Sri Lanka, Chittagong au Bangladesh, Sittwe et Kyaukyu au Myanmar, où un autre corridor reliant le Yunnan chinois au golfe du Bengale assure un transit pétrolier et gazier. La Chine dispose aussi d'une station d'écoute aux îles Coco, archipel birman, parfaitement placé face aux sites spatiaux indiens établis sur l'autre rive du golfe du Bengale, mais aussi à proximité des îles indiennes d'Andaman et Nicobar, siège de la seule force interarmes du pays, surveillant les abords du détroit de Sumatra. Le prochain jalon chinois établi chez les voisins maritimes de l'Inde pourrait être à Marao, aux Maldives[4].

Le voisinage étendu : d'Aden à Malacca, de l'Asie centrale à l'océan Indien tout entier

Au centre de l'océan qui porte son nom, l'Inde retrouve d'une certaine façon ce qui fut l'horizon stratégique du *British Raj*, du temps de sa splendeur, d'Aden à Malacca. Les paramètres sont toutefois bien différents à l'est et à l'ouest.

Lancée dès 1992, la « politique de regard vers l'est » fut d'abord un ajustement au monde de l'après-guerre froide, l'Asean, pas encore élargie à ses dix membres

3. S.S. Hasan, S. Shah et S. Gorman, « Al Qaeda militants tried to seize Pakistani navy frigate », *The Wall Street Journal*, 16 septembre 2014.

4. S. Parachari, « China may build port in Southern Maldives », *The Times of India*, 11 avril 2016.

Hérodote, n° 163, La Découverte, 4e trimestre 2016.

CARTE 1. – COMPÉTITION INDE-CH

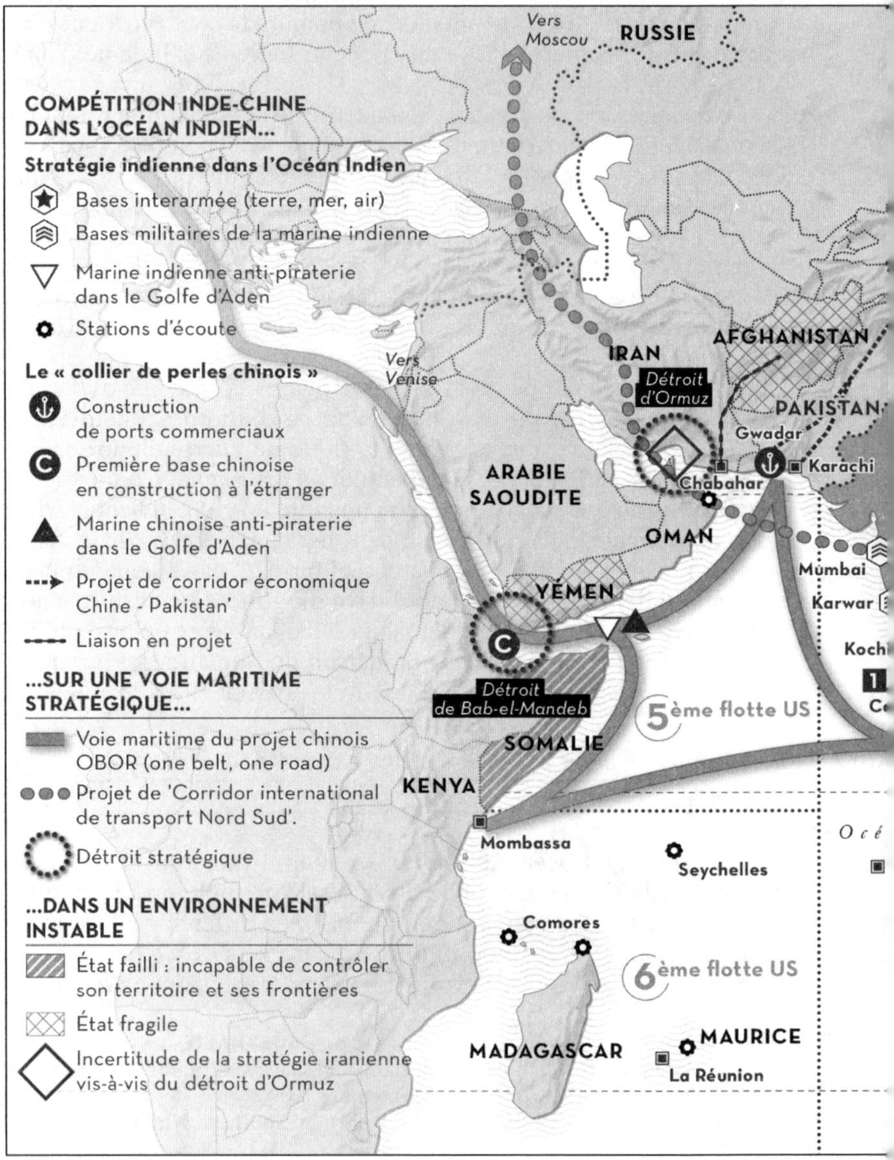

NS L'OCÉAN INDIEN

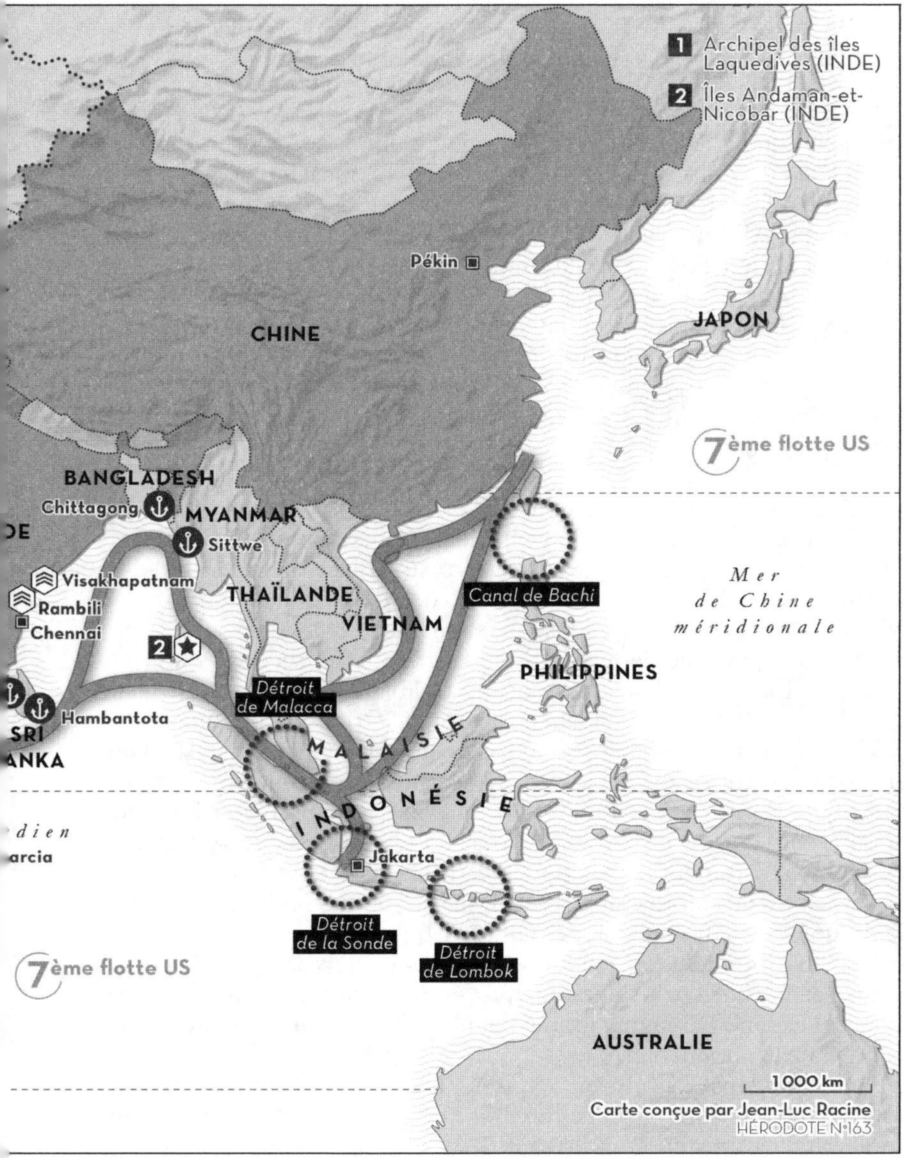

actuels, n'étant plus le bastion anticommuniste aux orientations distinctes de celle d'une Inde non alignée depuis les années 1950, mais s'étant rapprochée de Moscou en 1971. Le rapprochement avec les pays de l'Asean (tous maritimes sauf le Laos) fut progressif, et prit tout son sens quand la croissance économique indienne dépassa les 9 %, de 2005 à 2007. D'abord « partenaire de dialogue » (1995), l'Inde rejoignit en 1996 le Forum régional de l'Asean, structure de dialogue de sécurité ; noua un accord spécifique, l'Asean + 1 en 2002 (pour contourner le refus chinois d'un élargissement de l'Asean + 3 : Chine, Japon, Corée du Sud), intégra les structures de consultations de défense (Asean Defence Ministers Meeting : ADMM) lors du premier sommet ADMM Plus en 2010. En 2006, elle fut invitée à être l'une des nations fondatrices de l'East Asia Summit. À cette insertion dans les structures emboîtées ou croisées liées aux géométries complexes de l'Asean et de ses partenaires globaux, l'Inde ajouta des initiatives propres avec des succès mitigés : la BIMSTEC à vocation de coopération économique, établie en 1996 entre Bangladesh, Inde, Myanmar, Sri Lanka, Thaïlande entre pays riverains du golfe du Bengale, et l'Initiative Gange-Mékong, pâle réplique de l'Association du Grand Mékong pilotée par la Chine.

Côté ouest, les choses étaient et restent très différentes pour deux raisons. D'une part, la situation géopolitique y est infiniment plus tendue, d'autre part le Pakistan continue d'interdire toute liaison terrestre directe entre l'Inde et l'Afghanistan, où New Delhi mène depuis la chute des talibans une active politique de coopération, lancée sous Hamid Karzai, et poursuivie sous son successeur Ashraf Ghani. Bloquée par voie de terre, l'Inde s'est donc tournée vers la mer, en partenariat avec l'Iran, en finançant le port de Chabahar, réplique à Gwadar construit par la Chine au Pakistan. Chabahar, relancé en avril 2016 par un accord trilatéral entre Delhi, Kaboul et Téhéran, est ainsi appelé à offrir à l'Afghanistan un débouché maritime autre que pakistanais, tout en ouvrant à l'Inde une voie d'accès au pays enclavé et, de là, à l'Asie centrale riche en gaz. C'est aussi *via* l'Iran que l'Inde se positionne sur le projet de corridor de transport Nord-Sud (NSTC) devant relier par mer Mumbai à Bandar Abbas puis, *via* Téhéran et l'Azerbaïdjan, à la Russie, raccourcissant considérablement la voie maritime habituelle passant par Suez et l'Atlantique. Avec l'Iran encore, et Oman, l'Inde prépare la construction d'un gazoduc sous-marin reliant les deux pays producteurs aux côtes du Gujarat, au large des eaux territoriales pakistanaises, qui furent du reste étendues de 200 à 350 milles nautiques en 2015, après un jugement de la Commission onusienne sur les limites du plateau continental.

Au-delà d'Oman, principal fournisseur de gaz à l'Inde, New Delhi a récemment réactivé sa politique moyen-orientale, le Premier ministre Narendra Modi ayant visité les Émirats arabes unis en août 2015 et l'Arabie saoudite en avril 2016.

Hérodote, n° 163, La Découverte, 4e trimestre 2016.

Sur l'agenda, trois grands dossiers : l'énergie (l'Inde importe les deux tiers de son pétrole, et deux tiers de ces importations viennent du Moyen-Orient) ; la lutte contre le terrorisme ; les investissements, New Delhi étant soucieux d'attirer les financements des monarchies pétrolières dans le cadre de sa politique d'industrialisation « Make in India ». L'accord conclu avec les Émirats témoigne de la prégnance de la *realpolitik* : nonobstant le nationalisme hindou et ses dérives, ou la part considérable d'Israël dans l'approvisionnement militaire indien, c'est bien un « partenariat stratégique élargi » qui a été signé portant sur divers volets : économie (fonds d'investissement, réserve pétrolière stratégique, essor annoncé des échanges), technologie (coopération dans la construction du premier centre spatial arabe), sécurité (renseignement, contre-terrorisme, contre-radicalisation, sécurité maritime, cyber, exercices militaires conjoints de toutes les armes, y compris marine et garde-côtes). En outre, les Émirats soutiennent désormais la candidature indienne à un siège permanent au Conseil de sécurité ainsi que la proposition indienne d'une convention internationale sur le terrorisme, visant particulièrement les États y recourant : deux tabous pour Islamabad, mais les Émirats voulaient envoyer un message au Pakistan qui avait refusé de rejoindre la coalition prosaoudienne au Yémen... [MEA, 2015].

Il y a donc bien désormais une « politique de regard vers l'ouest », qui répond aux impératifs majeurs de la politique étrangère indienne : pas d'intervention directe dans la guerre contre Daech en Irak et en Syrie, mais priorité aux facteurs économiques et stratégiques, par le biais *a minima* d'accords de coopération de défense, avec les Émirats en 2003, Oman en 2008, l'Arabie saoudite en 2014, voire de partenariats stratégiques aux ambitions beaucoup plus larges.

Le renforcement de l'Inde dans l'océan Indien

En sus de ses intérêts économiques, l'Inde définit sa grande politique océanique en fonction de paramètres géopolitiques majeurs, que dictent les tensions avec le Pakistan, et la compétition à armes inégales avec la Chine. Il s'agit pour New Delhi, qui ne dispose pas de moyens financiers comparables à ceux de Pékin, d'accroître son influence dans l'océan Indien, proche et lointain, sans être suspectée d'ambitions hégémoniques là où elle compte. L'activisme de Narendra Modi s'appuie sur ces acquis, comme il le fit au Moyen-Orient, avec un sens de la mise en scène qui manquait à son prédécesseur. Au-delà de la rhétorique, l'avenir dira si les résultats sont au rendez-vous.

Cette politique aux vastes horizons n'est pas nouvelle : en 1983 l'Inde a signé le Traité antarctique, et a ouvert aussitôt Dakshina Gangotri, sa première station de recherche en Antarctique, transférée sur un nouveau site, Maitri, en 1989. La dernière

Hérodote, n° 163, La Découverte, 4e trimestre 2016.

CARTE 2. – LES INTERÊTS MARITIMES INDIE

'S PAR L'INDIAN NAVY

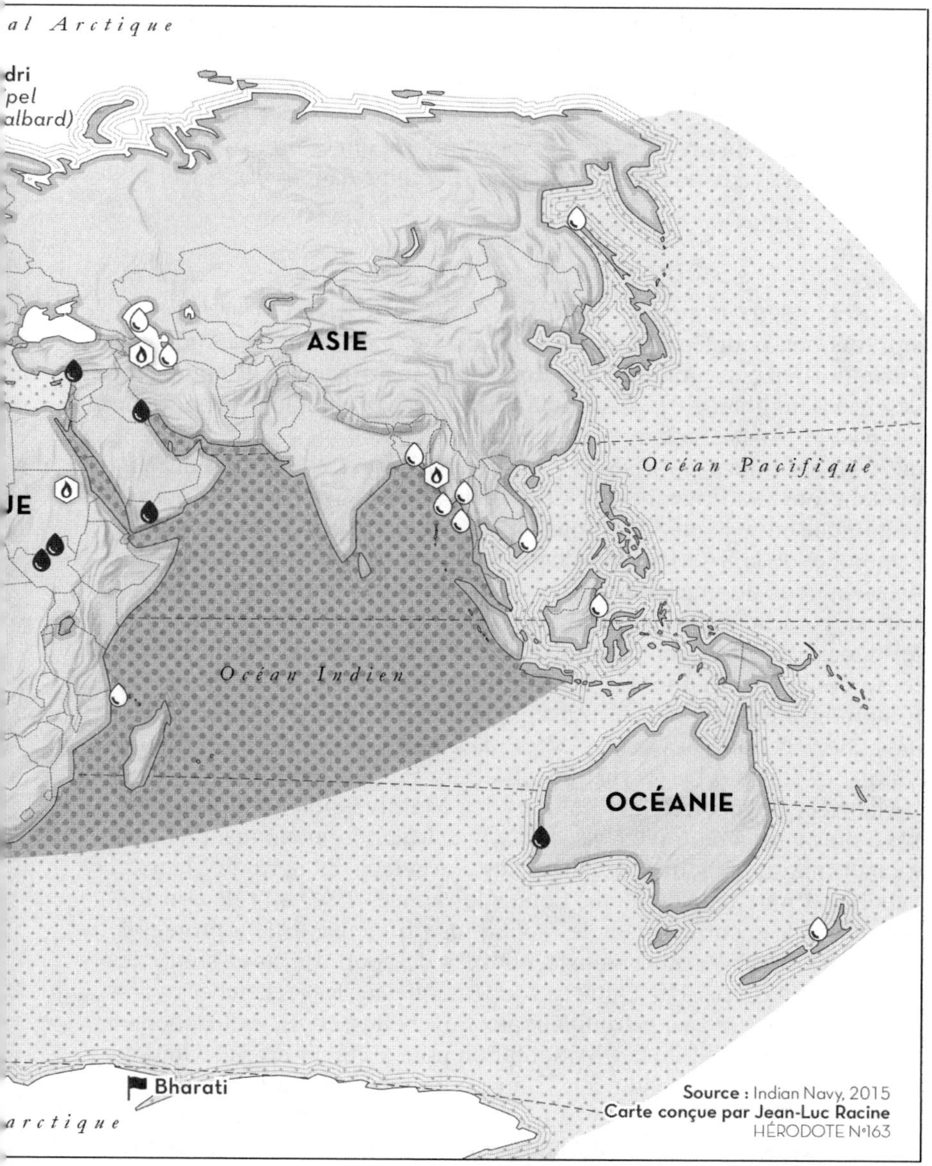

station, Bharati, a été établie en 2015. Depuis 2008, l'Inde est aussi présente dans l'Arctique, au Svalbard norvégien. Elle est devenue observatrice permanente au Conseil arctique en 2013. Elle dispose aujourd'hui de solides équipes océanographiques : à l'Institut national de technologie océanique, établi en 1993, s'est ajouté en 1998 le Centre national de recherche antarctique et océanique, dont les recherches fondamentales se déroulent aussi bien dans les stations arctiques et antarctiques que dans le cadre des expéditions des navires scientifiques, qui croisent, outre dans l'océan Indien et dans les eaux polaires, en Atlantique comme dans le Pacifique.

La politique des îles

L'Inde dispose de deux territoires insulaires : en mer d'Arabie, l'archipel du Lakshadweep, très peu peuplé, et dans le golfe du Bengale celui des Andaman et Nicobar, d'importance stratégique majeure, mais insuffisamment équipé en matière de défense [Unnithan, 2016]. Au-delà, l'Inde active nettement sa politique de partenariat avec les États insulaires de la région.

Narendra Modi a donné à sa prise de fonction, le 26 mai 2014, un tour inattendu en y invitant tous les dirigeants des États de la SAARC (Association pour la coopération régionale en Asie du Sud). Tous plus un : le président de l'île Maurice, qui n'est pas membre de la SAARC, mais dont 70 % de la population est d'origine indienne. Maurice, nous dit un expert indien, est le pays ayant, après le Bhoutan, le plus délégué sa sécurité à l'Inde. De longue date, les gardes-côtes et les forces aériennes de Maurice sont dirigés par des officiers indiens en délégation, tandis que le poste de conseiller national à la sécurité est traditionnellement dévolu à un ancien membre des services de renseignements indiens [Kukreja, 2016]. La marine indienne, aux côtés des gardes-côtes mauriciens, patrouille dans la vaste zone économique exclusive. La tournée insulaire du Premier ministre indien en mars 2015 (Maurice, Seychelles, Sri Lanka – les Maldives, en crise politique, furent remises à plus tard) a renforcé les accords avec Maurice, en donnant à l'Inde un accès aérien et maritime facilité aux deux îles d'Agalega, au nord de Maurice.

Aux Seychelles, l'Inde joue de même depuis les années 1980 un rôle considérable de pourvoyeur de sécurité, mais de façon plus officieuse. Elle a protégé le président René (1977-2004) contre deux tentatives de coup d'État et signé des accords de défense en 2004 et 2010. Outre sa coopération dans les recherches hydrographiques, New Delhi a offert un patrouilleur aux Seychelles, et pris en location en 2015, après la visite de Modi, l'île de l'Assomption pour y établir des installations de surveillance : une façon de répondre à la Chine, présente aussi sur l'archipel.

L'Inde a coopéré de longue date avec les Maldives, membre de la SAARC, stratégiquement placé sur les routes du pétrole et des conteneurs, entre détroit

Hérodote, n° 163, La Découverte, 4e trimestre 2016.

de Malacca et détroit d'Ormuz. Elle est intervenue militairement en 1988 pour sauver le président Gayoom d'un coup d'État. Mais les luttes de pouvoir qui ont suivi la promulgation de la Constitution plus démocratique de 2008 facilitent l'expansion de l'islamisme radical, dans une république où l'islam est religion d'État. À l'influence des talibans et du Pakistan s'ajoute désormais l'attractivité de Daech : une source de préoccupation pour New Delhi. Les tensions politiques aiguës qui agitent aujourd'hui les Maldives mettent l'Inde en porte-à-faux, alors que des accords de défense (exercices maritimes conjoints, surveillance de la haute mer, formation des forces) tardent à s'approfondir, tandis que la Chine joue aussi ses cartes dans l'archipel.

Le cas sri-lankais est beaucoup plus complexe. L'enjeu est considérable pour New Delhi, l'île comptant plus de 20 millions d'habitants. L'Inde y a embourbé sa « Force de maintien de la paix » en 1987-1990, s'attirant l'ire des Tigres tamouls séparatistes, assassins de Rajiv Gandhi, finalement écrasés par l'armée de Colombo en 2009. Les relations bilatérales, délicates sous le président Rajapaksa, se sont améliorées à compter de 2015 sous son successeur Sirisena, mais Sri Lanka, courtisé par l'Inde, l'est aussi par le Pakistan et par la Chine, qui y investit massivement, dans le port d'Hambantota à l'extrême sud du pays, et dans celui de Colombo. En 2014 et en 2015 l'accostage de sous-marins chinois au port de containeurs de Colombo, géré par une firme chinoise, a contrarié l'Inde, qui a demandé des explications [Sakhuja, 2015]. Si les tensions sont récurrentes en raison des empiétements des pêcheurs indiens dans les eaux sri-lankaises et du contentieux lié à la délimitation frontalière dans le détroit de Palk, elles restent toutefois contenues. Après le traité de libre-échange notifié en 2002, l'accord de coopération technologique et économique en cours de négociation témoigne du potentiel entre l'île et son grand voisin, qui reste sa principale source d'importation.

D'une façon générale, l'Inde souhaite jouer la carte de la « puissance bienveillante », soucieuse de renforcer les capacités des États insulaires. En 2014, une réunion trilatérale entre Inde, Sri Lanka et Maldives a décidé de développer la « vigilance sur le domaine maritime », qui couvre entre autres le soutien aux opérations de secours, la lutte contre la pollution pétrolière, la coopération juridique. Les Seychelles et Maurice pourraient rejoindre cette initiative, si elle se pérennise. Autre volet, la politique d'investissements portuaires menée par l'Inde au Sri Lanka, au Bangladesh, au Myanmar, aux Maldives, aux Seychelles, à Maurice et en Iran. C'est notable, mais la Chine investit pour sa part, en sus de son « collier de perles », dans les ports africains, à Djibouti, au Kenya, en Ouganda, au Mozambique [Mullen et Poplin, 2015]. L'Inde n'entend pas perdre la main pour autant : c'est bien le sens de la visite de Narendra Modi conduite en juillet 2016 dans les pays riverains de l'océan Indien : Kenya, Ouganda, Mozambique, Afrique du Sud. Une initiative qui cherche à approfondir les liens

Hérodote, n° 163, La Découverte, 4e trimestre 2016.

spécifiques noués avec Pretoria dans le cadre trilatéral de l'IBSA (Inde, Brésil, Afrique du Sud), mais aussi la politique africaine d'ensemble de New Delhi, qui développe à chaque étape le sommet triennal Inde-Afrique, lancé en 2008.

L'architecture de concertation : IORA et IONS

Au-delà des relations bilatérales, l'Inde est activement impliquée dans deux structures de concertation portant sur l'océan Indien. La première est l'Association des riverains de l'océan Indien (IORA), établie en 1997 et basée à l'île Maurice. Cette organisation compte aujourd'hui vingt et un membres (mais pas le Pakistan) et sept partenaires de dialogue : États-Unis, Chine, Japon, France, Allemagne, Royaume-Uni, Égypte. Ses objectifs sont essentiellement économiques, mais la sécurité maritime y tient une place croissante. La seconde est une initiative purement indienne, lancée en 2008, explicitement focalisée sur l'architecture de sécurité maritime : l'Indian Ocean Naval Symposium (IONS), qui offre aux marines de guerre de la zone un forum qui se réunit tous les deux ans, sous présidence tournante. Fait remarquable, la totalité des trente-cinq États riverains – mer Rouge et golfe Persique inclus – en sont membres, du Pakistan à l'Irak et au Yémen, de l'Égypte à l'Afrique du Sud, du Bangladesh à Timor Leste et à l'Australie, y compris la France au titre de ses départements et territoires d'outre-mer.

Le paramètre chinois et le projet OBOR

La concertation ne suffit cependant pas toujours. L'expansion chinoise dans l'océan Indien, qui va bien au-delà du voisinage de l'Inde, peut arguer de la nécessité de protéger les voies maritimes et les intérêts commerciaux du pays, mais l'Inde ne peut ignorer le tournant pris en 2015 par le Livre blanc chinois de la défense, qui enjoint à la marine d'ajouter désormais « la protection en haute mer » à la traditionnelle « défense des eaux territoriales », en développant « une force de combat multifonctionnelle » [State Council, 2015, p. 9]. Va dans ce sens l'accord conclu en 2015 entre Pékin et Djibouti pour établir dans l'ancienne colonie française la première base navale chinoise à l'étranger, officiellement pour participer aux opérations antipiraterie.

Ajouté à l'initiative chinoise des routes de la soie, dite OBOR (*One Belt, One Road*) il y a là pour l'Inde un double défi à relever. Bien qu'OBOR compte un volet dans le golfe du Bengale (Sri Lanka, Bangladesh, Birmanie), New Delhi a choisi pour l'heure de ne pas rejoindre ce projet particulièrement ambitieux, qui vise à relancer l'économie chinoise en phase de ralentissement et à consolider les intérêts géopolitiques de Pékin, tant dans l'Eurasie continentale que par la mer,

Hérodote, n° 163, La Découverte, 4e trimestre 2016.

CARTE 3. – L'ARCHITECTURE DE CONCERTATION DANS L'OCÉAN INDIEN : IORA ET IONS

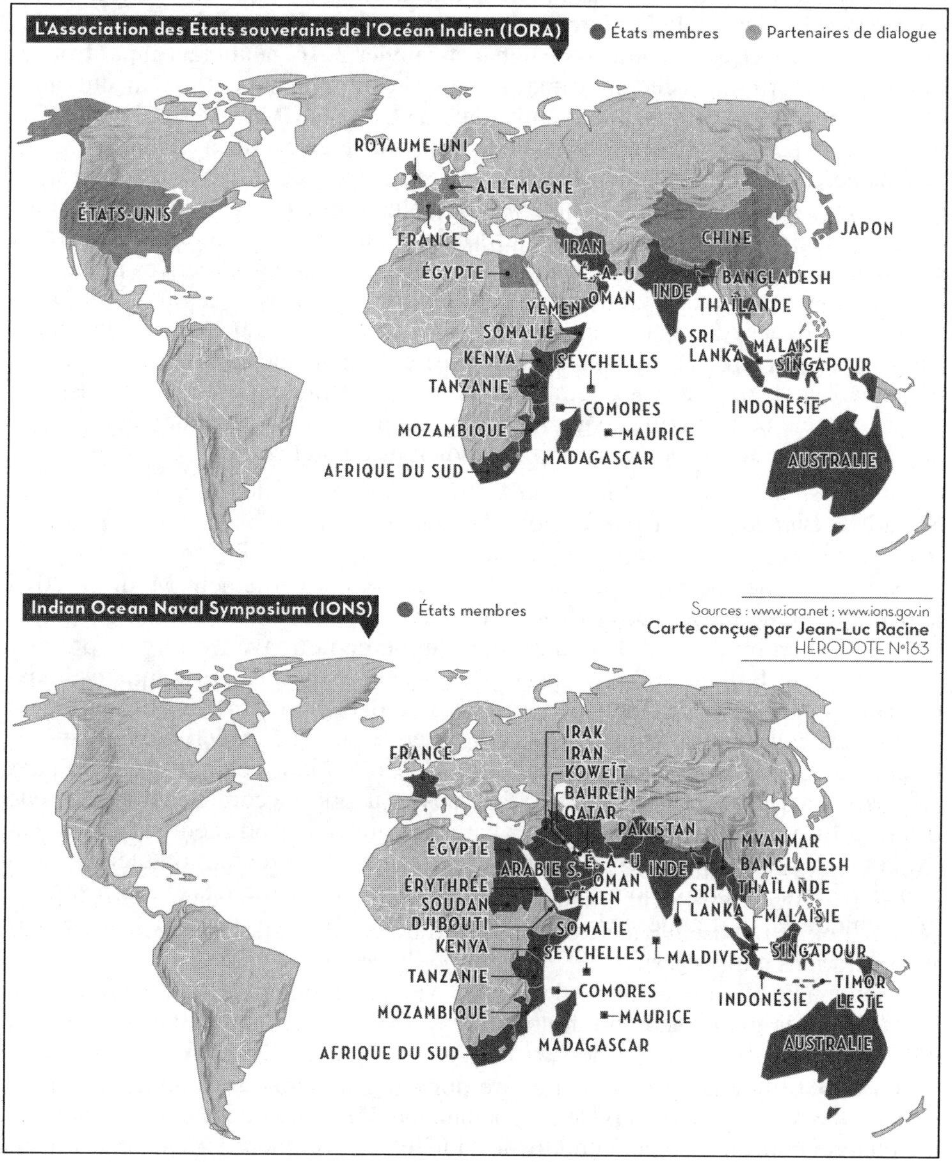

Hérodote, n° 163, La Découverte, 4e trimestre 2016.

du Pacifique à la Méditerranée *via* l'océan Indien. Certes, l'Inde développe ses propres initiatives, plus modestes, mais la question reste posée : si l'Inde peut être un membre important de la nouvelle Banque asiatique d'investissements pour les infrastructures (AIIB), ouverte à Shanghai en janvier 2016, ne lui faut-il pas trouver avec Pékin, sur ce dossier maritime, les voies d'un ajustement, balançant entre coopération et compétition, « tout en veillant à ce que la Chine n'use pas d'OBOR pour étendre ses capacités militaires au détriment de l'Inde » [Prasad, 2015] ?

La question est emblématique du plus vaste dilemme auquel l'Inde est confrontée par l'essor de la République populaire, bien plus puissante qu'elle sur les fronts financier, économique, et militaire. Sur le plan maritime, indissociable des autres paramètres, la réponse indienne est quintuple. Aux volets des initiatives bilatérales et à celui des structures régionales de concertation évoquées ci-dessus, New Delhi ajoute trois lignes d'action. L'une est d'ordre économique, et porte essentiellement sur la synergie entre la mise à niveau nécessaire des ports de commerce et le développement industriel du pays. Les deux autres sont stratégiques, qu'il s'agisse de l'essor continu de la marine de guerre et des partenariats qui peuvent y être liés, ou de l'élargissement de l'horizon maritime indien jusqu'au Pacifique.

Sagar Mala *: la croissance par les ports ?*

Sur le premier point, le projet annoncé par le gouvernement Modi en 2015 apparaît, comme tant d'autres, très ambitieux. Baptisé *Sagar Mala* (« guirlande océanique » en hindi) et reprise du projet du même nom avancé lors du premier gouvernement BJP en 2003, ce projet vise à développer les ports indiens, existants ou nouveaux, en les mettant au niveau mondial et en les reliant efficacement à leur *hinterland* pour stimuler tant la croissance que la connectivité des futures « zones économiques côtières » avec les pôles économiques et industriels du pays [Government of India Cabinet, 2015]. Les observateurs s'accordent sur la nécessité d'une politique portuaire bien plus dynamique, mais s'interrogent sur les modalités pratiques et financières et le calendrier d'une telle « révolution bleue », dont le plan détaillé, publié en avril 2016, cherche à tirer les leçons des exemples étrangers, chinois en particulier [Ministry of Shipping, 2016]. Reste aussi à combler la faiblesse de la marine marchande indienne signalée plus haut.

L'essor des forces navales

La mise à niveau de l'infrastructure portuaire indienne et celle de la marine marchande seront des travaux de longue haleine. Par contraste, l'effort de défense est pour sa part bien engagé depuis des années, et commence à porter ses fruits

Hérodote, n° 163, La Découverte, 4e trimestre 2016.

CARTE 4. – LE PROJET *SAGAR MALA*

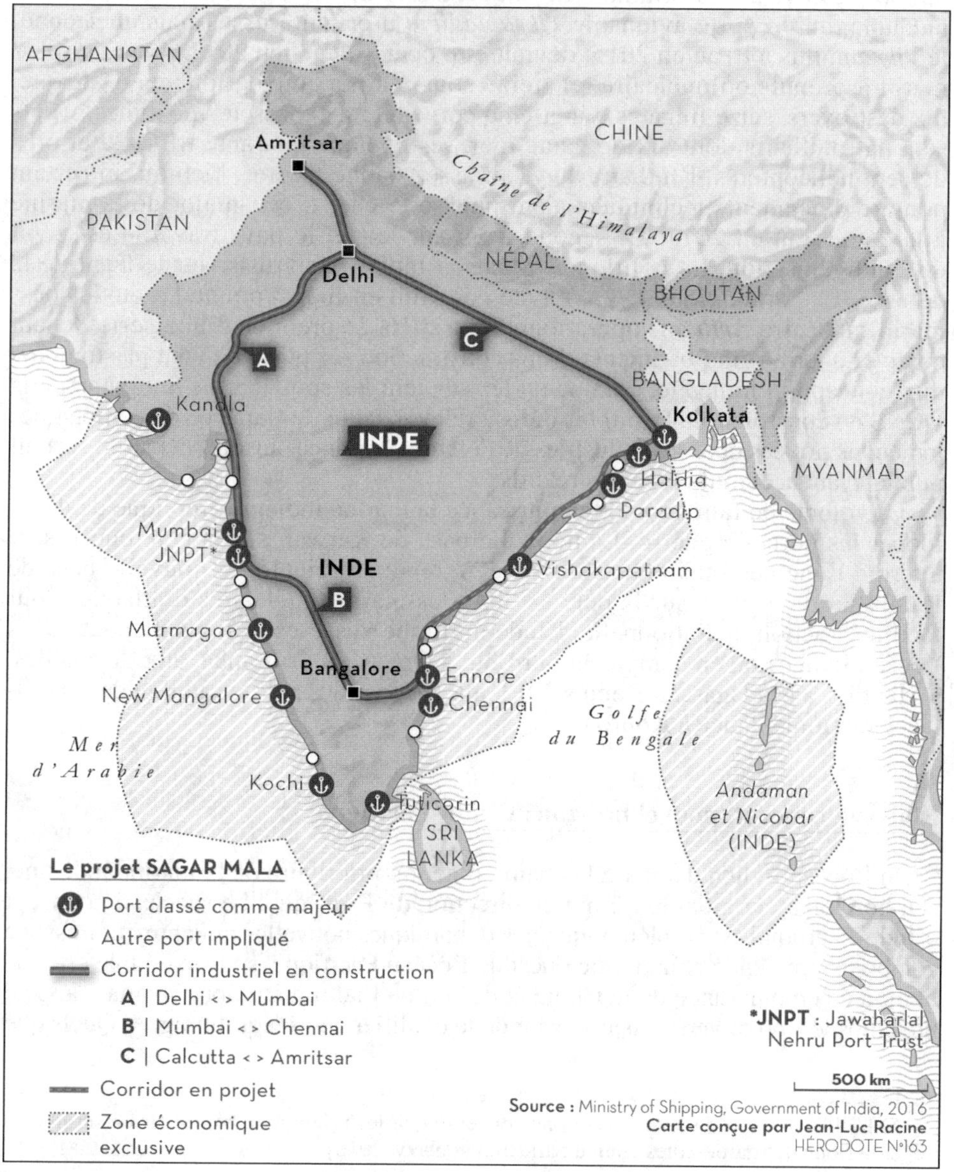

Hérodote, n° 163, La Découverte, 4e trimestre 2016.

sur deux fronts. Celui des capacités, d'abord. Avec la mise hors service en 2016 de son vieux *Viraat*, d'origine britannique, l'Inde ne compte aujourd'hui, comme la Chine, qu'un porte-avions, le *Vikramaditya* d'origine russe, mais un second, le *Vikrant*, mis à l'eau en 2015, devrait être opérationnel en 2017. Avec un sous-marin à propulsion nucléaire, et treize sous-marins conventionnels d'attaque, dix destroyers, seize frégates, vingt-cinq corvettes, six chasseurs de mines, vingt-sept patrouilleurs dont dix de haute mer, ses quelque quarante MIG-29 et près de cent hélicoptères, l'Indian Navy fait assez bonne figure[5], bien qu'un certain nombre d'accidents techniques aient poussé le chef d'état-major de la marine à la démission en 2014. Le second front sur lequel le pays travaille est celui de l'indigénisation. La politique « Make in India » vaut aussi sur le front de la défense. Le porte-avions *Vikrant* a été construit en Inde, comme l'a été le sous-marin nucléaire *Arihant*, opérationnel en 2016, le premier d'une série devant compter à terme cinq bâtiments. Mais construction sur place ne veut pas toujours dire conception indienne, comme en témoignent les sous-marins Scorpène de la DCNS en construction. Parmi les défis à relever, celui de l'arrivée de compagnies indiennes privées dans les industries de défense, dominées jusque-là par un secteur public ayant accumulé bien des retards.

La volonté de faire monter en puissance la marine indienne implique de développer les ports de guerre. La nouvelle base de Karwar, sur la côte ouest, sera à terme l'une des plus grandes d'Asie. Y répondra bientôt la nouvelle base de Rambili, qui abritera sur la côte est les sous-marins nucléaires d'attaque. Pour faciliter l'action opérationnelle, l'Inde multiplie aussi les stations d'écoute dans l'océan Indien : on en compte aujourd'hui à Oman, au Sri Lanka, aux Seychelles, à Maurice, à Madagascar. Depuis 2013, elle dispose aussi d'un satellite de surveillance maritime, lancé à Kourou.

Nouveau concept, nouvel horizon : l'Indo-Pacifique

Si l'océan Indien demeure le champ d'action prioritaire de la marine indienne, son horizon s'élargit aujourd'hui en direction du Pacifique. Le succès du concept d'Indo-Pacifique est emblématique des dynamiques nouvelles qui animent l'espace compris entre l'Inde et la moitié ouest de l'océan Pacifique, sous le double effet de la montée en puissance de la Chine et de ce que l'administration Obama a appelé un temps le « pivot vers l'Asie » avant de le qualifier de « rééquilibrage ». Quels que

5. La liste n'est pas exhaustive, et ne concerne que les principaux bâtiments en service en 2016, la flotte des garde-côtes étant à part [Indian Navy, 2016].

Hérodote, n° 163, La Découverte, 4e trimestre 2016.

soient ses limites et l'habillage qui lui fut donné, ce pivot annoncé par la secrétaire d'État Hillary Clinton en 2010 et officialisé par le Pentagone en 2012 a eu une forte portée symbolique, en redéfinissant pour partie les relations sino-américaines et celles de Washington avec ses alliés asiatiques, qu'inquiète l'expansionnisme chinois en mer de Chine du Sud.

L'Indo-Pacifique est au départ un terme biogéographique, qualifiant certaines espèces propres à la zone. En 2012, le chercheur australien Rory Medcalf a donné au concept un nouveau sens, géopolitique, qui a fait mouche : « L'Indo-Pacifique, ou l'Asie indo-pacifique, est le meilleur raccourci pour évoquer l'émergence d'un système stratégique de l'Asie maritime, qui inclut à la fois l'océan Pacifique et l'océan Indien, et que définissent en grande part les intérêts et le rayonnement en expansion géographique de la Chine et de l'Inde et le rôle stratégique continu des États-Unis » [Medcalf, 2012a, 2012b].

Les dirigeants indiens s'en sont saisis avec diligence : la formule, qui n'est pas indo-centrée, faisait toutefois écho à la « politique de regard vers l'est » lancée par le parti du Congrès dans les années 1990, et *a fortiori* à l'*Act East Policy* mise en avant par le BJP nationaliste, répondant en quelque sorte à l'appel lancé par Hillary Clinton dans un discours prononcé en 2011 sur les rives du golfe du Bengale : « Le leadership de l'Inde aidera à façonner positivement l'avenir de l'Asie-Pacifique. C'est pourquoi les États-Unis soutiennent la politique indienne de regard vers l'est, et nous encourageons l'Inde à ne pas seulement regarder vers l'Est, mais à s'y engager et à y agir » [Clinton, 2011].

Quelques mois plus tard, le Pentagone précisait : « Les intérêts économiques et sécuritaires américains sont inextricablement liés aux développements d'un arc qui s'étend du Pacifique occidental et de l'Asie orientale à l'océan Indien et à l'Asie du Sud » [U.S. Department of Defense, 2012, p. 2].

Le concept Indo-Pacifique continue de nourrir depuis une abondante littérature [Raja Mohan, 2012 ; Bhatia et Sakhuja, 2014], qui renvoie à deux grandes questions. La première est celle de l'insertion de l'Inde dans le système géopolitique complexe et relativement fluide qui gouverne la région, la seconde, la politique d'exercices entre marines. Les relations établies entre l'Inde et l'Asean, *stricto sensu*, s'insèrent elles-mêmes dans un faisceau de géométries variables, emboîtées ou croisées, où se retrouvent les grands acteurs : Forum régional de l'Asean, ADMM Plus et, plus large, l'East Asia Summit. Au-delà de ces structures de concertation, la question centrale est celle des relations avec les États-Unis et leurs alliés en Asie-Pacifique : jusqu'à quel point l'Inde est-elle prête à jouer, à sa mesure, le rôle d'un partenaire de revers, sinon d'une puissance de contrepoids face à la Chine ? Pour l'heure, tout en se rapprochant de Washington, New Delhi a refusé toute alliance formelle, comme elle avait rejeté la proposition japonaise, formulée en 2007 sous le premier gouvernement de Shinzo Abe, d'un « arc des démocraties » reliant Japon, Australie,

Hérodote, n° 163, La Découverte, 4e trimestre 2016.

États-Unis et Inde. À défaut, un « Dialogue quadrilatéral de sécurité » fut esquissé, que compromit peu après le nouveau Premier ministre australien Kevin Rudd, soucieux d'améliorer les relations avec Pékin.

Près de dix ans plus tard, les choses bougent cependant. Le partenariat indo-américain s'est intensifié, mais prudemment, car la question reste sensible dans un pays soucieux de son « autonomie stratégique ». À Washington, l'Inde et les États-Unis ont publié leur « Vision stratégique conjointe pour l'Asie-Pacifique et l'océan Indien » [White House, 2015]. Six mois plus tard, à New Delhi, ils ont renouvelé pour dix ans le « Cadre pour les relations de défense entre les États-Unis et l'Inde », et Washington appuie la candidature envisagée de l'Inde à l'APEC (Asia Pacific Economic Cooperation), dont pour l'heure tous les États membres sont riverains du Pacifique. En visite à New Delhi en mars 2016, l'amiral Harris, commandant du Pacific Command, a courtisé l'Inde, « partie critique de la stratégie du PACOM dans l'Indo-Asie-Pacifique » : « Nous sommes prêts pour vous, nous avons besoin de vous » [Harris, 2016]. Trois jours plus tard, le ministre indien de la Défense n'en rejetait pas moins l'idée de patrouilles conjointes en Asie-Pacifique, alors même que les exercices conjoints se développent, et s'étendent.

Ces exercices bilatéraux, baptisés Malabar, ont commencé modestement en 1992. Suspendus après les essais nucléaires indiens de 1998, ils ont repris après le 11 Septembre et se sont fortement amplifiés, avec porte-avions et sous-marins. En 2007, pour la première fois, Malabar s'est déroulé en partie hors de l'océan Indien, au large d'Okinawa, avec une participation japonaise, puis dans le golfe du Bengale, avec participation australienne et singapourienne. Depuis, plusieurs exercices ont eu lieu dans le Pacifique, et le duo indo-américain s'est élargi au Japon pour de bon en 2015.

La même année, New Delhi tenait avec le Japon et l'Australie le premier dialogue trilatéral portant entre autres sur les questions de sécurité maritime. Tokyo et New Delhi ont haussé en 2014 le niveau de leur « partenariat stratégique global », Narendra Modi, qui fit au Japon son premier voyage officiel hors Asie du Sud, voyant d'un bon œil la volonté de Shinzo Abe de changer le statut des forces japonaises d'autodéfense. Quant à l'Australie, qui condamna comme le Japon les essais nucléaires indiens de 1998, elle lui vend aujourd'hui de l'uranium... Inde et Australie ont signé en 2014 un « accord-cadre pour la coopération de sécurité ». L'année suivante se tenaient les premiers exercices maritimes bilatéraux, confirmant le rapprochement stratégique en cours [Grare, 2016]. Washington a fait savoir que les États-Unis seraient prêts à rejoindre le dialogue trilatéral Inde, Japon, Australie : le Quadrilatéral mort-né de 2007 pourrait ainsi revoir le jour, facilité par l'activisme chinois en mer de Chine du Sud.

Au-delà de l'Océanie, l'Inde a participé pour la première fois en 2014 à l'exercice Rimpac (pour *Rim of Pacific*), le plus vaste au monde, organisé par la marine

Hérodote, n° 163, La Découverte, 4e trimestre 2016.

américaine au large d'Hawaii (elle était simple observatrice auparavant). Elle a fait de même en 2016. La signature, le 29 août 2016, d'un « accord-cadre sur les échanges logistiques bilatéraux » (LEMOA) répond à un vœu américain formulé douze ans plus tôt : du moins le gouvernement Modi a-t-il obtenu un texte distinct de l'accord standard, dit de soutien logistique (LSA), pour atténuer les opposants à un rapprochement trop marqué avec la défense américaine. L'accord permet simplement d'utiliser les bases militaires du partenaire pour réparations et approvisionnement, mais il a été vu comme signe d'un changement de ligne, inquiétant les tenants d'uns autonomie stratégique maximale[6].

L'expansion de l'horizon maritime indien est aussi perceptible dans les exercices biannuels MILAN, démarrés en 1995. L'édition 2014, conduite au large des îles Andaman, a mis en avant l'assistance humanitaire face aux désastres. Elle a réuni plus de participants que jamais : États insulaires de l'océan Indien (Seychelles, Maurice, Maldives, Sri Lanka), voisins du golfe du Bengale et du détroit de Malacca (Bangladesh, Myanmar, Thaïlande, Malaisie, Singapour, Indonésie), mais aussi États africains (Kenya, Tanzanie) et pays de l'Indo-Pacifique (Cambodge, Philippines, Australie, Nouvelle-Zélande). La gamme des exercices bilatéraux réguliers est beaucoup plus longue : elle inclut entre autres la France (Varuna), la Grande-Bretagne (Konkan), la Russie (Indra), Singapour, la Corée du Sud, l'Afrique du Sud, le Brésil...

Deux initiatives significatives : Fidji et le Vietnam

Dans ce cadre élargi, qui a vu la marine indienne croiser dans des eaux lointaines, atlantiques et méditerranéennes, deux pays sont à considérer. Fidji, où s'est rendu Narendra Modi après le sommet du G20 tenu en Australie en 2014 : c'était la première visite d'un chef de gouvernement indien en trente-trois ans, les relations bilatérales ayant souffert des tensions identitaires internes à l'archipel, dont plus d'un tiers de la population est d'origine indienne. Lignes de crédit économique, coopération de sécurité, perspectives spatiales : l'Inde devrait ouvrir à Fidji un centre de surveillance de ses satellites au-dessus du Pacifique, pour le moment suivis dans le cadre de partenariats avec les États-Unis et l'Australie. Au-delà de l'essor des relations bilatérales, le Premier ministre indien a aussi lancé à Fidji la première réunion du Forum pour la coopération Inde-Îles du Pacifique (FIPIC), la seconde ayant eu lieu en Inde en 2015, regroupant quatorze petits

6. S. Singh, « India, US sign key defence pact to use each other's bases for repair, supplies », *The Indian Express*, 31 août ; M.K. Narayanan, « Merely a logistics pact ? », *The Hindu*, 5 septembre 2016.

Hérodote, n° 163, La Découverte, 4e trimestre 2016.

CARTE 5. – L'HORIZ

)O-PACIFIQUE

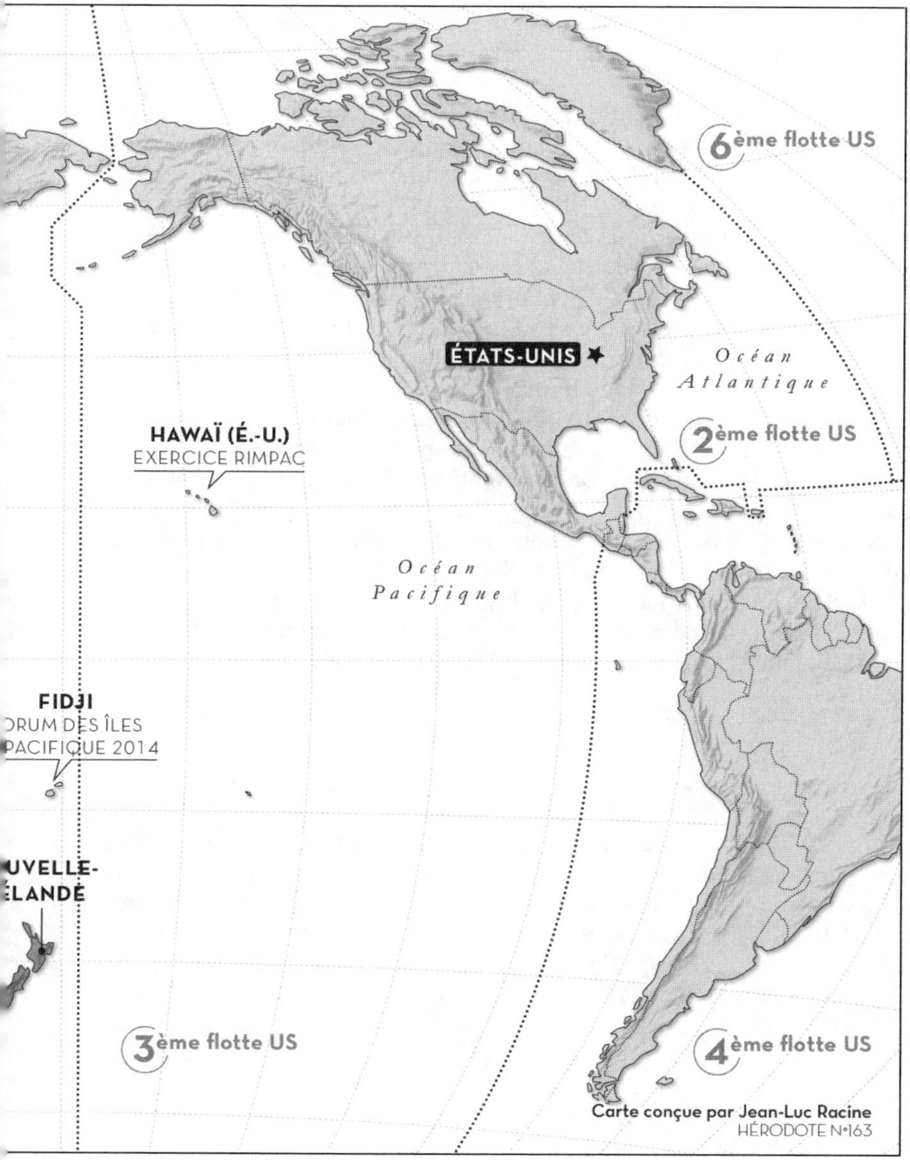
6ème flotte US
ÉTATS-UNIS
Océan Atlantique
2ème flotte US
HAWAÏ (É.-U.)
EXERCICE RIMPAC
Océan Pacifique
FIDJI
)RUM DES ÎLES
PACIFIQUE 2014
UVELLE-
ÉLANDE
3ème flotte US
4ème flotte US
Carte conçue par Jean-Luc Racine
HÉRODOTE N°163

États insulaires. Sous concurrence chinoise (le président Xi a visité Fidji quelques jours après Narendra Modi en 2014), l'Inde propose à ses partenaires un éventail complet de coopérations scientifiques, culturelles, économiques, sécuritaires, et attend d'eux en retour leur appui pour la réforme du Conseil de sécurité des Nations unies.

Les relations avec le Vietnam sont d'une autre nature, bonnes de longue date, mais beaucoup plus sensibles, au vu des relations délicates entre Hanoi et Pékin et des revendications vietnamiennes sur la mer de Chine du Sud. L'enjeu économique et stratégique est clair, sans que l'Inde puisse donner, *via* le Vietnam, une réplique d'ampleur égale à la politique pakistanaise de la Chine. New Delhi a un temps renoncé à ses recherches de pétrole *offshore* dans un secteur contesté entre Vietnam et Chine. Il s'agit pour l'Inde de calibrer sa coopération avec Hanoi, sans heurter de front Pékin : un exercice bien rodé et subtil. En septembre 2016, le Premier ministre indien s'est ainsi rendu au Vietnam deux jours avant de rejoindre Hangzhou pour le sommet du G20. Une ligne de crédit de 500 millions de dollars a été ouverte à Hanoi pour des contrats de défense, incluant entre autres des patrouilleurs pour les gardes-côtes vietnamiens. Le partenariat stratégique a été haussé d'un cran, et une douzaine d'accords permettront d'accroître la coopération bilatérale, relançant l'exploration pétrolière *offshore*, le nucléaire civil et établissant, comme à Fidji, une base d'observation des satellites indiens. Mais sur la question sensible de la mer de Chine du Sud, New Delhi et Hanoi ont simplement « pris note » de la décision du tribunal de La Haye déboutant, en juillet, les revendications chinoises, et ont appelé chacun à respecter la convention des Nations unies sur le droit de la mer, posture classique de l'Inde depuis le début du différend entre la Chine et ses voisins...

Conclusion

Du 4 au 8 février 2016, au large de Visakhapatnam, le siège d'un des quatre commandements de la marine indienne, l'Inde a organisé sa dixième *International Fleet Review*, avec une ampleur sans précédent : « Plus de 70 bâtiments de guerre, des dizaines d'aéronefs, des milliers de marins et 51 pays représentés... le plus grand rassemblement aéronaval de l'année », commente un site spécialisé, qui ajoute : « À travers l'International Fleet Review 2016, New Delhi a voulu souligner la priorité donnée par l'Inde à sa stratégie maritime, démontrer les capacités opérationnelles de sa marine et valoriser son industrie de défense. » Outre les cinquante-sept bâtiments indiens présents, des porte-avions aux sous-marins et aux voiliers-écoles, les délégations étrangères ont fait participer un destroyer japonais, une frégate australienne, une frégate française, un croiseur américain, un destroyer

Hérodote, n° 163, La Découverte, 4e trimestre 2016.

britannique, deux frégates chinoises, une frégate iranienne, une autre vietnamienne, une autre sud-africaine, un patrouilleur brésilien, un autre omanais, outre des bâtiments des pays riverains du golfe du Bengale : Bangladesh, Thaïlande, Malaisie, Indonésie, Sri Lanka [*Mer et Marine*, 2016].

Au-delà de la démonstration de force et de diplomatie qu'implique un tel événement, annonçant l'arrivée possible de l'Inde au quatrième rang des flottes de guerre mondiales derrière les États-Unis, la Chine et la Russie, les analystes indiens ont bien conscience des enjeux et des défis qui y sont liés : rapports de force militaires, diplomatie d'influence et intérêts commerciaux. Si le regard sur la mer a changé, beaucoup reste à faire en termes de budget, de modes de décision et de mise en œuvre. Cette nouvelle dynamique s'inscrit à la fois dans des considérations nationales et dans le cadre des évolutions globales. Sur le plan national, il s'agit en définitive pour l'Inde de se donner les moyens de « maintenir son autonomie stratégique dans l'océan Indien, tout en étant plus qu'un simple contrepoids à la Chine » [Deo et Pathak, 2016]. Dans un horizon plus large, c'est toute l'histoire de l'Inde indépendante et de l'évolution des rapports de force en Asie qu'il faut prendre en compte, pour mesurer les potentialités qu'offrent à l'Inde les temps présents, et le jeu complexe qui s'instaure entre différents acteurs dans l'espace maritime et plus largement dans l'architecture de sécurité en Asie, et quelles relations ces acteurs nouent avec l'Inde : États-Unis, Chine, Japon, Asean [Mukherjee et Raja Mohan, 2015, introduction]. Au-delà, se pose la plus large question, qui reste controversée, du glissement de la puissance du monde occidental vers l'Asie. Quelle que soit la réponse qu'on lui donne, et quelle que soit la place que l'on attribue à l'Inde d'aujourd'hui et de demain dans cette mutation historique portée en premier lieu par l'affirmation de la Chine, reste un constat aujourd'hui largement partagé par les observateurs indiens : « L'Inde doit faire face à la vérité : se tourner vers la mer ou se préparer à un avenir amoindri » [Deo et Pathak, 2016].

Bibliographie

Documents officiels

CLINTON H., Secretary of State (2011), *Remarks on India and the United States. A Vision for the 21st Century*, Chennai, India, 20 juillet.

GOVERNMENT OF INDIA CABINET (2015), *Sagar Mala. Concept and Implementation towards Blue Revolution*, New Delhi, Press Information Bureau, 25 mars.

HARRIS H.B., Admiral, U.S. Pacific Command (2016), *Let's be Ambitious Together*, Raisina Dialogue Remarks, New Delhi, 2 mars.

INDIAN NAVY (2015), *Ensuring Secure Seas. Indian Maritime Security Strategy*, New Delhi, Ministry of Defence (Navy), Government of India, octobre.
http://www.indiannavy.nic.in/content/rm-releases-indian-maritime-security-strategy-2015

INDIAN NAVY (2016), « Rubriques : surface ships, naval aviation, submarines », sur le site www.indiannavy.nic.in, consulté le 4 septembre 2016.

MEA, MINISTRY OF EXTERNAL AFFAIRS (2015), *Joint Statement between the United Arab Émirates and the Republic of India*, New Delhi, Government of India, 17 août.

MEA, MINISTRY OF EXTERNAL AFFAIRS (2016), *Population of Overseas Indians, compiled in April 2016*, New Delhi, Government of India http://mea.gov.in/images/attach/NRIs-and-PIOs_1.pdf.

MINISTRY OF SHIPPING (2016), *Sagar Mala, National Perspective Plan*, New Delhi, Government of India, avril, XXVII+, 283 p.

STATE COUNCIL (2015), *China's Military Strategy*, Pékin, People's Republic of China, State Council Information Office, mai.

U.S. DEPARTMENT OF DEFENSE (2012), *Sustaining U.S. Global Leadership. Priorities for the 21st Century*, Washington D.C., janvier.

WHITE HOUSE (2015), *U.S.-India Joint Strategic Vision for the Asia Pacific and Indian Ocean Region*, Washington D.C., 25 janvier.

Ouvrages

BHATIA R.K. et SAKHUJA V. (2014), *Indo-Pacific Region. Political and Strategic Prospects*, New Delhi, Indian Council of World Affairs.

KAPLAN R. (2010), *Monsoon. The Indian Ocean and the Future of American Power*, New York, Random House.

MEDCALF R. (2012a), *Pivoting the Map. Australia's Indo-Pacific System*, Canberra, National Australian University.

MUKHERJEE A. et RAJA MOHAN C. (dir.) (2015), *India's Naval Strategy and Asian Security*, New York, Routledge.

RAJA MOHAN C. (2012), *Samudra Manthan, Sino-India Rivalry in the Indo-Pacific*, Washington D.C., Carnegie.

Articles

BEHERA L.K. (2015), « India's Defence Budget 2015-2016 », IDSA Issue Brief, New Delhi, Institute for Defence Studies and Analyses, 3 mars.

DEO N. et PHATAK A. (2016), « India's future is sea-facing », Mumbai, Gateway House, Indian Council for Global Relations, 7 avril.

GRARE F (2016), « Océan Indien : le rapprochement stratégique indo-australien », *Politique étrangère*, n° 3-2016, p. 145-156.

Hérodote (2012), *Géopolitique de l'océan Indien*, n° 145, Paris, La Découverte.

KUKREJA D., Air Marshal (2016), « India and the Indian Ocean », India Defence Research Wing, 1er mars.

Hérodote, n° 163, La Découverte, 4e trimestre 2016.

MEDCALF R. (2012b) « Indo-Pacific : what's in a name ? », *The Interpreter*, Sydney, Lowly Institute, 16 août.

Mer et Marine (2016), « Retour sur l'International Fleet Review au large des côtes indiennes », meretmarine. com, 19 février.

MULLEN R. D. et POPLIN C. (2015), « The new great game. A battle for access and influence in the Indo-Pacific », *Foreign Affairs*, 29 septembre.

PRASAD J. (2015), « One belt and many roads : China's initiative and India's response », Delhi Policy Group, *Issue Brief*, septembre.

RACINE J.-L. (2012), « Océan Indien : *Mare Indicum* ? » (éditorial), *Hérodote, Géopolitique de l'océan Indien*, n° 145, Paris, La Découverte.

SAKHUJA V. (2015), « Chinese submarines in Sri Lanka unnerve India : next stop Pakistan ? », *China Brief*, Jamestown Foundation, vol. 15, n° 11, 29 mai.

UNNITHAN S. (2016), « While China builds in South China sea India dithers on its own », *Daily O*, 21 juillet.

VIJAY T., député BJP (2016), « India moves to regain maritime superiority », thenewsminute.com, 7 février.

Hérodote, n° 163, La Découverte, 4e trimestre 2016.

Le Japon et la mer, grandeurs et limites

Philippe Pelletier[1]

Traiter du Japon et de la mer relève d'une évidence mais aussi d'un paradoxe. Une évidence car le pays est fondamentalement maritime, insulaire et archipélagique. Il vit directement de la mer pour la nourriture qui lui fournit, en gros, la moitié des protéines consommées par ses habitants, et indirectement par le commerce international qui lui emprunte ses voies océaniques – sans négliger le fait nouveau que presque un quart de ce commerce passe désormais par les aéroports (23 % en 2015, en valeur). Il s'agit également d'un paradoxe, car le Japon vit surtout d'autres choses que de la mer. Il est aussi bien terrien, rizicole et urbain. Il n'est pas une thalassocratie et, historiquement, il ne l'a pas été bien qu'il eût des velléités dans ce domaine.

L'articulation entre la géographie et la géopolitique – entendue comme la relation entre le géographique et le politique – explique cette apparente contradiction, à condition de raisonner sous un angle anthropologique dans le temps long et l'espace profond. Cela permet en effet d'échapper aux déductions hâtivement tirées des fluctuations conjoncturelles de tel ou tel gouvernement ou bien des cours du pétrole, et donc du flux maritime des supertankers. Entre le déterminisme géographique attribué à Vidal ou à Ratzel, parfois à tort, et le possibilisme forgé par Febvre et attribuable à Reclus, elle doit en outre traiter les deux bouts de la question : les valeurs et les matières.

La mer ambiguë dans les valeurs culturelles japonaises

Commençons par les premières, non pas dans une démarche idéaliste ou spiritualiste au sens philosophiquement strict des termes, mais parce que le système de référence forgé par la classe dominante japonaise, symboliquement incarnée

1. Professeur, université Lyon-2, UMR 5600 Environnement, ville, société.

Hérodote, n° 163, La Découverte, 4e trimestre 2016.

dans sa longévité par le principe impérial qui en fait la plus ancienne monarchie mondiale, religieuse sinon théocratique, a instruit une géographie et une géopolitique de la mer.

Il existe en effet une sorte de schizophrénie vis-à-vis de la mer depuis la fondation de la maison impériale, sa subjugation par la stratocratie des *samurai* au cours de la féodalité et son remplacement par une démocratie tantôt militariste tantôt libérale au cours du XXe siècle. Historiquement, le pouvoir politique et, dans une moindre mesure, le pouvoir économique japonais reposent d'abord sur l'exploitation de la terre. Mais ils ont également besoin de la mer, notamment dans les phases expansionnistes et impérialistes : au cours du long XVIe siècle lorsque l'archipel devient véritablement unifié politiquement, et de 1868 à 1945 lorsque l'État japonais se dote d'une marine impériale moderne et que se constitue une flotte marchande importante sous la houlette des trusts, notamment de Mitsubishi dont la première activité s'exerce dans ce domaine.

Les empereurs sont, dès l'origine, marqués par un tropisme agraire et terrien, notamment influencé par la culture chinoise fondamentalement terrienne, les *samurai* ne sont que d'anciens gardiens de manoirs, et les populations vivant de la mer sont sociologiquement et géographiquement bien souvent mises en marge [Amino, 1995 ; Pelletier, 1997]. Dans le processus de légitimation nécessaire à toute autorité et au fondement du culte des origines, les clercs ne pouvaient pas éviter de reconnaître l'importance maritime, en particulier le fait qu'une partie de la culture issue des premiers habitants de l'archipel japonais provient de l'au-delà des mers et des îles du Sud. Les plus anciens écrits japonais qui constituent la base du régime impérial et les fondements des valeurs dominantes ancrées jusque dans le peuple, le *Kojiki* (712) et le *Nihonshoki* (720), véhiculent cette contradiction.

Dès les débuts de sa version primitive, le *Kojiki* évoque la « fabrication des ancêtres » (et non la « création » comme le dit la traduction par trop biblique de B. H. Chamberlain en 1919, laissant ainsi entendre l'idée d'un « créateur » qui n'existe absolument pas dans la mythologie japonaise), les références sont davantage terriennes ou célestes que maritimes [Chamberlain, 1919 ; Takagi et Tomiyama, 1974 ; Ogihara et Kônosu, 1973].

Les déités du Soleil et de la Lune se purifient dans l'« eau de mer » (*kaisui*), et donnent ainsi naissance à de nombreuses déités qui elles-mêmes produiront des « îles » (*shima*). En particulier, les deux déités mâle et femelle, au demeurant frère et sœur, copulent pour enfanter les premières îles considérées comme « japonaises » (l'ensemble ne porte pas encore le nom de « Japon » mais de « Grand pays des Huit Îles » – *Oho-Yashima-kuni*). Elles y parviennent après avoir dégoutté une hallebarde sacrée trempée dans un « récipient de sel » (*shioko*) que les lectures japonaises ultérieures, puis les traductions occidentales, interpréteront comme étant du sel marin et de l'« eau de mer » (*kaisui*).

Hérodote, n° 163, La Découverte, 4e trimestre 2016.

Mais les premiers dieux qui apparaissent dans la suite du récit sont nettement d'origine céleste. La déité qui est assimilée à une sorte d'empereur (il porte le suffixe japonais de *tennô* désignant l'empereur japonais) descend d'une montagne, tandis qu'un autre empereur « traverse les îles d'Akizu ».

En revanche, le *Kojiki* et le *Nihongi* évoquent par la suite l'espace marin comme étant celui du monde des âmes défuntes. Le Tokoyo (le « pays éternel ») japonais et le Niraikanai, son équivalent dans les Ryûkyû, constituent ainsi une sorte de paradis situé par-delà les mers et peuplé par les « âmes ancestrales » (*sôrei*). C'est un espace non pas vertical comme la montagne mais essentiellement horizontal, confondu avec la ligne d'horizon ou avec les profondeurs marines au sens large, c'est-à-dire le lointain (*oki*).

Dans les communautés de pêcheurs, le monde *post mortem* est double. Après quarante-neuf jours de présence dans « ce monde-ci » (*kono se*), l'âme du défunt entre dans les « confins » (*kyôkai*), où elle séjourne pendant plusieurs années pour devenir une divinité ancestrale (*sosen-gami*) dans « ce monde-là » (*ano se*). Elle repasse ensuite dans les confins, alors considérés comme une « matrice » (*tainai*), pour se préparer à renaître dans ce monde, comme source de vie des générations futures [Chii, 1991]. Ces « confins », dont le mot est le même que celui qui est utilisé pour désigner la frontière, sont loin d'être une zone étanche. Ils constituent un monde de passage, où l'on rentre et d'où l'on sort.

Dans les cultes villageois consacrés aux âmes des défunts ou aux divinités ancestrales, la plage devient logiquement un lieu de cérémonie essentielle et les femmes, pleureuses ou sibylles, *noro* d'Okinawa ou *itako* d'Aomori, y occupent une place fondamentale. C'est par exemple là que, dans l'île d'Iwai-shima de la mer Intérieure, les jeunes vierges *miko* accueillent les prêtres venus de Kyûshû lors de la fête quadriennale du Kanmai. C'est également là qu'arrivent ces figures mystérieuses que sont les *marebito* (« invités », « personnes rares » ou « visiteurs ») qui reviennent dans les villages littoraux.

Généralement représentés sous la forme de mascarade, en particulier dans les petites îles éloignées où le changement d'identité voire l'anonymat permet un élargissement symbolique de la finitude insulaire grâce au port du masque, ces *marebito* sont censés apporter bonheur et prospérité. Pour l'anthropologue Orikuchi Shinobu (1887-1953), cette croyance dans des esprits surnaturels bienfaiteurs converge avec le principe d'hospitalité qui doit être accordée à un visiteur venu de loin et apportant une nouvelle technologie.

La linguistique confirme l'apport ancestral et nourricier fourni par l'espace maritime. La « mer » dans la langue japonaise – *umi* (ou bien *kai* en lecture sino-japonaise de l'idéophonogramme 海 dessiné avec la clef de l'eau et un signe représentant ce qui est « profond ») – revêt deux étymologies possibles : soit une combinaison de « grand » (*u*) et d'« eau » (*mizu*), soit l'idée de « naître » et de

Hérodote, n° 163, La Découverte, 4e trimestre 2016.

« produire » (*umu*). Se combine ainsi l'idée d'étendue d'eau à la fois matricielle et productrice. Dans l'immensité des horizons, le ciel (*ama*) et la mer (*umi*) finissent même par se confondre, comme le représente l'idéophonogramme désignant les Ama 海女. 海士, ces hommes et ces femmes chargés de ramasser les coquillages ou les algues en bordure de plage...

La mer et les îles : une Zomia japonaise

En schématisant, on pourrait dire que la mer – espace maritime et insulaire – est à la société japonaise ce que la montagne est aux peuples réfractaires de Zomia si bien décrits par James Scott à propos de l'Asie du Sud-Est [Scott, 2013]. Le lien entre Zomia et le Japon est d'ailleurs avéré puisque les recherches les plus récentes, sur l'ADN mitochondrial notamment, ont validé l'hypothèse selon laquelle les premiers habitants de l'archipel japonais, les Jômon-jin, sont venus, il y a trente mille ans, du Sundaland.

Cette région, désormais largement immergée, de l'Insulinde constitue le berceau des peuples malayo-polynésiens que l'on trouve dans les montagnes indochinoises, les îles de l'océan Pacifique et l'archipel japonais... Plutôt nomades, chasseurs-cueilleurs, grands consommateurs de produits marins, dont la baleine, parfois cultivateurs sur champs secs et brûlis, les Jômon-jin ont vu arriver des peuplades venues du continent eurasiatique à partir du IVe siècle avant J.-C., les Yayoi-jin, probablement en provenance de Chine centrale et méridionale, puis, à partir du IVe siècle après J.-C., les Kofun-jin.

Ces peuplades successives, imprégnées de culture chinoise et mongole, ont apporté de nouvelles techniques, la riziculture irriguée pour les premiers et le fer pour les seconds, ainsi qu'une organisation sociale de plus en plus centralisée, hiérarchisée et militarisée. L'aristocratie impériale qui en résulte, avec ses futurs guerriers *samurai*, soit intègre (à quel degré, on l'ignore), soit refoule les Jômon-jin avant que n'arrive le bouddhisme (VIe siècle). Les habitants des îles éloignées sont considérés comme leurs lointains descendants, métissés bien entendu[2].

De fait, le monde marin, espace de pêche, de navigation, de mobilité, de commerce, de trafic, de liberté au fond, a toujours été mal considéré ou craint par les élites parvenues au pouvoir fondant leur richesse sur le riz – devenu l'un des piliers de l'impôt – et sur la ville, mais qui ne pouvaient cependant pas l'ignorer car elles en ont besoin. La façon dont l'historiographie japonaise a pendant

2. Les aborigènes Ainu du nord de l'archipel japonais et certains groupes humains des Ryûkyû au sud sont dans ce cas.

Hérodote, n° 163, La Découverte, 4e trimestre 2016.

longtemps, encore aujourd'hui parfois, traité la piraterie est significative de cet écart. Le phénomène fut pourtant particulièrement puissant sur les îles japonaises jusqu'au XVIe siècle.

La piraterie était souvent cosmopolite grâce au brassage avec des Coréens, des Ryûkyûans ou des Chinois (Koxinga, le grand dissident des Ming chinois qui régna sur Formose au XVIIe siècle, avait une mère japonaise et il était né dans une île japonaise). Elle contrôlait les axes de navigation, elle occupait des groupes d'îles pour en faire de véritables fiefs, comme le clan des Murakami dans la mer Intérieure. Si elle n'était pas faiseuse de shôgun, elle influençait les seigneurs locaux établis sur le Hondo (*mainland*). En les baptisant de façon euphémistique « armée des eaux » (*suigun*), l'historiographie lui dénia son caractère de piraterie ou de corsaire, alors que, pendant longtemps, et de nos jours encore parfois, « Japonais » était pour les Chinois synonyme de « bandit », c'est-à-dire de « pirate ».

Un espace maritime bien défini

Historiquement, l'espace maritime côtier japonais est soigneusement défini. Sous la féodalité, il se décompose en trois types à partir du village littoral : celui qui est fréquemment utilisé, celui qui l'est quelquefois et celui dont les habitants ne pensent pas qu'il appartient au village. Pour départager deux villages côtiers et voisins, on utilisait généralement un point fixe dans le lointain, une île la plupart du temps, puis on traçait une ligne perpendiculaire au rivage, souvent approximative car on ne disposait pas du compas, ce qui explique certains des litiges locaux contemporains. Ce principe de « ligne de voisinage » (*tonari-sen*) était clairement inscrit dans la législation shôgunale[3].

L'espace situé autour de ce point fixe lointain définissait un commun (*iriai*), et les frontières communautaires ne s'y chevauchaient pas. Les communs reposaient également sur le principe de lignes de partage d'égale distance (*mukai-sen*) quand deux communautés se faisaient face de part et d'autre d'une mer.

L'utilisation des deux premiers espaces maritimes était réglementée par les guildes de pêcheurs, et ce principe existe toujours. Malgré l'adoption d'un système communal moderne qui a fait évoluer la conception territoriale d'une appartenance des hommes pour une entité administrative vers l'appartenance d'une surface, c'est la référence à ce droit coutumier d'usage qui l'emporte. De nos jours, dans un conflit de délimitation, les municipalités japonaises s'efforcent de rechercher

3. Ordonnances de 1741, *Kanpo-gannen ritsuryô yôryaku*, chap. 7, *San'ya kaisen iriai* (« Communs des bois, des landes, des mers et des rivières »).

quelles sont les anciennes limites qui avaient été adoptées plutôt que d'en tracer des nouvelles, dans la mesure où tout cela était soigneusement codifié et que l'usage prédomine [Tanabe, 1984].

Les guildes de pêcheurs – guilde ou prud'homie, et non association car l'inscription y est obligatoire pour pratiquer l'activité de pêche – disposent encore d'un pouvoir de contrôle considérable sur les lieux. Mais cette survivance d'un antique communautarisme pouvant difficilement être tolérée par un État moderne, centralisateur et niveleur, et par le capitalisme propriétaire, la question de l'appartenance juridique des eaux maritimes est de nos jours plus complexe que cela. Les préfectures bénéficient en réalité d'un droit de gestion qui leur assure un avantage prépondérant. C'est l'un des principaux enjeux qui opposent actuellement la compagnie privée d'électricité Chûden et les insulaires d'Iwai-shima qui contestent la construction sur terre-plein d'une centrale nucléaire dans une baie qui appartient à leur commun.

Ce souci d'attribution des espaces maritimes est déterminant dans le cas des litiges insulaires avec les États voisins. L'État japonais a systématiquement rattaché les îles convoitées à une municipalité ou à une circonscription locale. Non seulement l'incorporation administrative peut ainsi être légitimée au regard du droit international, mais, en outre, elle permet d'affirmer le principe du droit d'usage, tenu par les guildes et entériné par les communes, puis les préfectures. Il est alors possible de soutenir la revendication : cette île est à nous car nos pêcheurs y vont depuis longtemps...

Une consommation halieutique importante, mais une pêche qui recule

L'importance de l'halieutique dans l'alimentation et l'économie japonaises est une constante. La situation maritime et archipélagique conjuguée à la rencontre de courants marins chauds et froids apportant abondance et variété de poissons en toute saison en offrent d'excellentes conditions. Le large du Japon compte parmi les meilleures zones de pêche au monde. C'est l'une des raisons pour lesquelles des générations d'habitants continuent de peupler le rivage du Sanriku pourtant frappé par des tsunamis dévastateurs (le dernier en date étant celui du 11 mars 2011) car ils vivent de la mer (pêche, aquaculture), l'autre raison étant la présence des tombes des ancêtres.

Malgré l'« occidentalisation » récente des modes alimentaires japonais, la consommation de produits marins reste considérable. Elle est passée de moins de 30 grammes par jour et par habitant en 1930 à 80 grammes en 1960 et à 100 grammes en 1990. Mais elle chute à 75 grammes en 2014, tandis que celle de la viande augmente (respectivement : 6, 14, 71 et 83). Les pêcheries japonaises

Hérodote, n° 163, La Découverte, 4e trimestre 2016.

dépassant largement les côtes nationales, le Japon a toujours cherché à se garantir l'accès des eaux internationales. Cette nécessité s'accrut avec la croissance démographique, le progrès des méthodes de pêche, qui ont élargi les champs d'activité, et la concurrence pour le contrôle des ressources naturelles.

Mais la pêche japonaise est sur le recul. Sa production atteint un summum au cours des années 1980 avec une dizaine de millions de tonnes récoltées annuellement (aquaculture comprise). Elle diminue ensuite, passant de 6,3 millions de tonnes en 2000 à 4,8 en 2014. Du premier rang mondial en 1990 (devant la Russie, le Pérou et la Chine), elle figure désormais au septième rang (derrière la Chine, l'Indonésie et les États-Unis).

Sa pêche pélagique, dans les zones économiques exclusives (ZEE) étrangères et les eaux internationales, est complètement réduite. Sa pêche au large (hauturière), au sein de la ZEE japonaise, est passée d'un pic d'environ 7 millions de tonnes au cours des années 1980 à un palier d'environ 2,5 millions de tonnes depuis l'année 2000, tout en s'érodant (45 % de la pêche totale). L'aquaculture se maintient après une lente progression depuis les années 1960, mais le tsunami de 2011 lui a porté un coup sévère.

La flotte de pêche se rétracte, passant de 384 330 navires en 1990 à 252 665 en 2010. C'est le nombre des plus petits navires (en dessous de cinq tonneaux) et celui des plus gros (au-dessus de deux cents tonneaux) qui se réduisent. La pêche côtière décline d'année en année : deux millions de tonnes à la fin des années 1960, un million de nos jours. Elle traverse de fortes recompositions économiques et géographiques. Le nombre de pêcheurs propriétaires de leur exploitation s'est réduit de moitié au cours de la décennie 1990 et à nouveau au cours de la décennie 2000. Ils ne sont actuellement guère plus de 100 000, soit autant que le nombre de salariés.

La hiérarchie des ports de pêche est en perpétuel changement. Certains ports de Hokkaidô retrouvent une santé (Nemuro, Monbetsu...), d'autres plongent (Wakkanai, Kushiro...). Ceux du Sanriku sont déjà sur le recul avant le tsunami de 2011. Chôshi, à proximité de Tôkyô, reste le grand port de ravitaillement, tandis que les ports de l'Ouest, après un essor au cours des années 1980, rentrent dans le rang (même Sakai ou Nagasaki, l'exception étant le méridional Makurazaki).

La consommation japonaise de produits marins augmentant alors que la pêche japonaise décline, la déduction est simple : le Japon importe désormais plus de la moitié de sa consommation halieutique. La Chine, devenue première productrice et exportatrice de produits marins, en est son principal fournisseur. S'y ajoutent la Corée du Sud et la Russie, la seconde se maintenant après un recul au cours des années 1990. Il s'agit tous de pays voisins, d'où une compétition exacerbée dans les mêmes mers où se trouvent îles et frontières disputées.

Hérodote, n° 163, La Découverte, 4e trimestre 2016.

L'espace halieutique du Japon, ou le repli sur la ZEE

Jusqu'au zénith des années 1980, l'État japonais se doit de restreindre les prétentions territoriales sur ses propres eaux pour négocier l'accès dans les eaux internationales ou étrangères. Les industriels de la pêche japonaise ayant acquis une réputation de pilleurs des mers, une politique trop nationaliste en la matière s'avérait peu recommandable. En outre, à cause de la très grande proximité du talus continental et de fosses marines profondes, l'État japonais ne s'est jamais soucié de la revendication des plates-formes continentales comme limites territoriales et maritimes depuis que le problème s'est imposé internationalement à la fin du XIXe siècle.

Pour ces raisons, loin de défendre une politique d'extension des eaux territoriales, l'État japonais soutient pendant longtemps une position inverse. Dès 1870, il accepte la délimitation internationale minimaliste de trois milles nautiques pour les eaux territoriales, soit environ cinq kilomètres. Il confirme sa position à la conférence de La Haye en 1930, alors qu'il conduit sur terre une politique expansionniste. Il la maintient à nouveau lors de la conférence des Nations unies sur la juridiction maritime, dite UNCLOS I, en 1958.

Avec la mondialisation de l'économie, l'extension de la navigation internationale et l'exploitation des fonds marins, l'État japonais affronte des exigences plus ou moins opposées entre la politique étrangère et la politique intérieure, entre les différentes stratégies et intérêts économiques des petits pêcheurs locaux, des grandes sociétés de pêcheries, des sociétés de navigation et des industriels importateurs. Les différentes administrations, soucieuses de préserver leur propre poids politique au sein de l'État, évoluent parfois en contradiction avec les intérêts qu'elles sont censées représenter.

Sous la pression des pays en voie de développement, l'UNCLOS III propose dès sa première session de 1973 l'adoption d'une zone économique exclusive de 200 milles à partir des côtes. Le Japon s'y oppose, mais il devient rapidement seul sur cette position à tel point qu'il prend, dans les conférences de l'UNCLOS, le sobriquet de « *except one* ».

L'application unilatérale de la proposition des 200 milles par certains pays aussi puissants que les États-Unis en 1976, suivis par l'Union soviétique et par la Communauté européenne, l'amène à changer radicalement de position. En 1977, le gouvernement japonais reconnaît finalement la limite territoriale maritime de 12 milles (19,3 km), ainsi que la limite de zone économique exclusive de 200 milles (370,4 km). Il ratifie le 7 février 1983 la convention de l'UNCLOS III conclue en 1982 au bout de la dixième session [Akaha, 1985].

La ZEE japonaise couvre environ 4,47 millions de kilomètres carrés, ce qui, ajouté à la superficie terrestre de 377 959,91 kilomètres carrés (chiffre officiel

Hérodote, n° 163, La Découverte, 4e trimestre 2016.

réajusté le 1er octobre 2012, 61e rang mondial), place le Japon au sixième rang mondial en taille : il s'agit donc non pas d'un petit mais d'un grand pays.

L'évolution du gouvernement japonais tire néanmoins son origine des modifications intervenues dans la répartition des zones de pêche japonaise. Au début des années 1970, près de la moitié de sa pêche provient en effet de ZEE étrangères : 45 % en 1970, 43,7 % en 1974. Puis ce chiffre ne cesse de baisser (29,9 % en 1977) pour chuter à 9 % en 1989, proportion qui ne change pas depuis mais qui devient faible en valeur absolue vu la chute générale des quantités (3,5 millions de tonnes en 1970, 458 000 tonnes en 2012).

En revanche, le Japon tire désormais plus de la moitié de sa pêche de sa propre ZEE. La décision étatique et l'évolution halieutique japonaises se sont en quelque sorte répondues — et il est même probable que ce soit la seconde qui ait surdéterminé la première. Dans un premier temps, les pêcheurs et les surinsulaires japonais sont plutôt mécontents de la ZEE [Ariyoshi, 1981]. Mais, depuis, ils doivent faire face à une surpêche dans les mers entourant le Japon, phénomène dont ils sont en partie responsables mais auquel il faut maintenant ajouter les flottes coréennes et chinoises qui se sont modernisées. Ils revendiquent désormais la protection de la ZEE.

La surinsularité japonaise au contact de la géopolitique internationale

L'adoption des limites internationales maritimes a bien évidemment d'importantes répercussions sur la périphérie surinsulaire puisque les îles les plus éloignées de Hondo deviennent les lieux ultimes de ce qu'il faut appeler le « merritoire » japonais. Celui-ci comprend officiellement 6 852 îles sur la base d'un pourtour supérieur ou égal à cent mètres (ce chiffre comprend les trois groupes d'îles disputées, donc les Territoires du Nord). De fait, tous les litiges territoriaux surinsulaires tournent autour du problème de la délimitation des ZEE et impliquent des questions de pêche.

Mais il faut soigneusement dissocier les deux éléments. En effet, comme il est difficilement imaginable que les pêcheurs des différents pays incriminés cessent leurs activités et délaissent les zones litigieuses, la seule voie possible est celle d'un accord portant uniquement sur l'activité halieutique en laissant de côté les problèmes de souveraineté. Aussi bien pour Takeshima-Tokto (avec la Corée), pour les Senkaku-Diaoyu (avec la Chine et Taïwan) que pour les Kouriles (avec la Russie), ce principe fonctionne.

L'État japonais fut plus réactif que ses voisins à propos de la souveraineté merritoriale. Lorsque, au milieu du XIXe siècle, il saisit la logique westphalienne de l'Occident (des frontières claires et linéaires), il l'applique aussitôt que se précise

Hérodote, n° 163, La Découverte, 4e trimestre 2016.

la menace coloniale occidentale (la première guerre de l'opium en 1842), soit dès avant la révolution Meiji (1868).

Du côté septentrional et des Kouriles, le shôgunat est suffisamment conscient de la pression russe et des richesses halieutiques pour devancer le processus. Grâce à un traité passé avec l'Empire des tsars, celui de Shimoda signé le 7 février 1855, il obtient le tracé d'une ligne frontière entre l'île d'Etorofu (revenant au Japon) et celle d'Urup (revenant à la Russie) [Morris-Suzuki, 1994; Yamada, 2008]. L'indivision de Sakhaline témoigne d'un reliquat de la conception féodale jusqu'au traité de Saint-Pétersbourg du 7 mai 1875 qui attribue cette île à la Russie en échange de « toutes les Kouriles ».

Les baleiniers occidentaux, plus modernes, guignent l'archipel Ogasawara au sud de Tôkyô, tandis que les pêcheurs de Hokkaidô ou de la métropole convoitent les riches eaux des Kouriles. Mais les petites îles éloignées intéressent surtout quelques familles locales avant la fin du XIXe siècle. C'est le cas de marchands de Yonago puis de quelques pêcheurs des îles Oki sous le shôgunat Tokugawa à propos de Takeshima, ou d'un entrepreneur de Fukuoka, Koga Tatsushirô (1856-1918), à propos des Senkaku à fin du XIXe siècle.

Ces initiatives d'abord privées découlent d'une expansion de l'économie capitaliste moderne à la recherche de nouvelles ressources pour répondre à de nouveaux besoins, donc de nouveaux espaces. Elles relèvent de quelques entrepreneurs plus ou moins aventuriers, mais à la merci des conditions du marché. Dans chaque cas, le pouvoir central récupère une dynamique locale, moins pour des raisons strictement économiques, celles qui motivent d'abord les acteurs locaux, que pour des raisons géopolitiques plus globales. Il essaie d'entraîner l'opinion nationale sur un enjeu symbolique et chauvin qui occulte les autres aspects.

La complexité des situations, des héritages historiques et des confusions cartographiques explique la permanence des trois litiges frontaliers avec la Corée, la Chine et la Russie, ainsi que la difficulté à les résoudre.

Le litige Takeshima/Tokto

Du côté coréen, l'ancienne royauté pratique la politique de l'« île vide » (1416-1881) interdisant l'accès à Ullungdo, et donc aux îlots inhabités Tokto (en coréen) ou Takeshima (en japonais) qui se trouvent plus loin vers l'est dans la mer du Japon. Du côté japonais, l'interdiction shôgunale de se rendre en haute mer (1635-1854) trace de fait une frontière au large immédiat de l'archipel Oki. L'espace intermédiaire entre ces deux ensembles constitue donc sous la féodalité une sorte de *no man's land*, fréquenté clandestinement par les bûcherons (sur Ullungdo) ou les pêcheurs, tant coréens que japonais.

Hérodote, n° 163, La Découverte, 4e trimestre 2016.

Mais s'introduit une confusion toponymique et cartographique... Les archives historiques (récits, accords, cartes...), tant coréennes que japonaises, s'accordent pour dire que, sous les Tokugawa, les Japonais appellent l'actuelle île (coréenne) d'Ullungdo du nom de Takeshima (l'« île aux bambous », probablement à cause de l'abondance de ces arbres), et qu'ils réservent le nom de Matsushima (l'« île aux pins ») à l'actuelle Takeshima/Tokto[4].

Par ailleurs, l'ancienne cartographie coréenne représente deux îles en duo, Ullungdo et Usando, dans un ordre souvent confus : tantôt à l'ouest tantôt à l'est l'une de l'autre. Usando correspond également à Ullungdo[5]. Juste à l'est de celle-ci, on note aussi sur des cartes plus détaillées la présence d'un îlot appelé Jukdo qui signifie en coréen l'« île aux bambous ».

Puis les explorateurs occidentaux fréquentant les eaux de la mer du Japon à la suite de l'expédition de Lapérouse en 1787 inscrivent leur propre toponymie (« Dagelet » pour Ullungo, par exemple). Ils inventent même une île qui n'existe pas mais qui figure sur les cartes (« Argonaut », 1791, 1797). L'actuel groupe d'îlots de Takeshima/Tokto est découvert par un baleinier français le 24 janvier 1849, qui lui donne le nom de « rochers Liancourt », tandis que des navires militaires, russes puis anglais, y attribuent le leur (« Menalai-Olivutsa » en 1854, « Hornet Islands » en 1855) [Roux, 2010 ; Pelletier, 2011b].

Pour parachever le tout, le cartographe bavarois von Siebold, auteur d'un ouvrage et d'une cartographie sur le Japon (1840) extrêmement influente, car la plus performante à propos d'un pays alors encore fermé aux étrangers, tente de résoudre les contradictions qu'il constate sur les cartes japonaises ou européennes à propos de ces îles. Mais il rajoute de la confusion.

Le 25 octobre 1900, le gouvernement coréen introduit un nouveau toponyme, celui de Seokdo (« île des pierres » ; jap. : « Ishijima »), pour désigner l'actuelle Takeshima/Tokto. Face à l'avalanche des toponymes, les autorités japonaises décident, au cours des premières années du XXe siècle, d'abandonner le toponyme de Matsushima, d'attribuer celui de Takeshima aux « rochers Liancourt » (soit l'actuel Takeshima/Tokto) et de traduire Ullungdo en Utsuryôtô. Or Takeshima signifie l'« île aux bambous »...

En 1904, un entrepreneur privé, un pêcheur des îles Oki, Nakai Yozaburô, presse les autorités japonaises de lui accorder une licence de pêche sur Takeshima. L'annonce officielle, par les autorités japonaises, de la nouvelle dénomination des îlots et de leur incorporation dans le département japonais de Shimane en

4. Takeshima/Tokto est situé à 93 kilomètres environ au sud-est d'Ullung-do et à 157 kilomètres au nord-ouest de l'île de Dôgo dans l'archipel Oki, soit à 37° 9' 30" N et 131° 55' E.

5. Ullungdo (j. Utsuryô-tô), 73 km^2, située à 37° 30' N et 130° 53' E.

1905 cause un choc au responsable coréen du canton d'Ullungdo, lequel, dans un rapport envoyé au gouvernement coréen en mars 1906, utilise un nouveau nom pour les îlots disputés, celui de « Tokto (Dokdo) » (jap. « Dokutô »), alias l'« île seule » [Li, 2010, p. 36].

Après avoir figuré dans la douzaine de versions préparatoires, ces îlots ne sont plus mentionnés dans la version finale du traité de San Francisco (1951-1952) qui redéfinit le territoire de l'État japonais au vu du droit international après la défaite de 1945. L'État sud-coréen les occupe militairement depuis 1953.

Le litige Senkaku/Diaoyutai

Les anciennes chroniques chinoises et européennes mentionnent les noms chinois d'îles inhabitées lorsqu'elles décrivent la route maritime menant du Fujian chinois à Naha, la capitale des Ryûkyû. L'interprétation de certains textes chinois permet de les situer hors du royaume des Ryûkyû [Mormanne, 1996]. Mais cela ne les place pas *ipso facto* dans le territoire chinois. C'est sur cet argument que s'appuie le gouvernement japonais de 1895 à nos jours pour les considérer comme *terra nullius*.

Le déclin de la marine à voile et l'essor de la marine à vapeur conduisant au délaissement des Senkaku en tant que havre possible, l'entrepreneur Koga Tatsushirô, vivant à Naha depuis 1879, explore Uotsuri-jima, l'île principale, en 1884, à la recherche de ressources. Il est à l'initiative du processus d'appropriation japonaise puisque, dès 1885, il demande à son gouvernement l'autorisation de louer ces terres, ce qui déclenche des enquêtes géographiques et politiques officielles [Suganuma, 2000].

En septembre 1896, juste après leur intégration au territoire japonais (décision ministérielle du 14 janvier 1895) avant même la signature du traité de Shimonoseki qui conclut la guerre sino-japonaise (17 avril 1895), il reçoit un bail et un droit d'exploitation pour trente ans sur quatre des îles (Uotsuri-jima, Kuba-jima, Minami-Kojima, Kita-Kojima). On y récolte du guano, on y sèche de la bonite, on chasse, on pêche.

C'est en 1900 que l'ensemble prend en japonais le nom de Senkaku (Pinnacle en anglais, dû à la forme conique d'Uotsuri-jima), sur la proposition d'un enseignant d'Okinawa, Tsune Kuroiwa. La colonisation japonaise y culmine en 1909 avec la présence de 284 habitants. Elle périclite à cause de la dureté des conditions et du déclin de la rentabilité économique.

Les descendants de Koga sont officiellement légataires des terrains d'Uotsuri-jima, mais le gouvernement japonais s'en rend locataire en avril 2002 pour maîtriser le dossier, puis propriétaire en septembre 2012, en devançant le

Hérodote, n° 163, La Découverte, 4e trimestre 2016.

gouverneur néonationaliste de Tôkyô, Ishihara Shintarô, qui envisageait de les acheter.

Les Senkaku n'ont pas été administrativement rattachées à Taïwan lors de la colonisation japonaise (1895-1945), mais à la commune d'Ishigaki située dans le département d'Okinawa. Or le traité de San Francisco, qui stipule que « le Japon renonce à tout droit, titre et revendication sur Formose et les Pescadores », sans mentionner les Senkaku, accorde au Japon une « souveraineté résiduelle » sur ce département d'Okinawa. Occupé par les États-Unis, il revient finalement au Japon (1972), Senkaku comprises.

Cela ne résout pas pour autant la question car si les Senkaku sont rattachées à Okinawa, à qui appartient réellement Okinawa ? Pour l'État japonais, il n'y a aucun doute : à lui, depuis qu'il occupe l'ensemble des Ryûkyû, qu'il a aboli la monarchie ryûkyûane et transformé le royaume en département en 1879. Mais c'est oublier deux choses. D'une part, l'ancienne monarchie des Ryûkyû pratique une double allégeance auprès du shôgunat japonais des Tokugawa et de la cour chinoise des Qinq, avec laquelle elle échange le tribut. Ce système ambigu, non westphalien, était tacitement toléré par les différentes parties. Culturellement, la société ryûkyûane, surtout son élite, évoluait dans un système de valeurs à la fois locales, japonaises et chinoises.

D'autre part, quand l'État japonais intègre les Ryûkyû, l'État chinois proteste. Une médiation états-unienne est même prévue (avec l'idée d'un partage en deux de l'archipel des Ryûkyû), que le surgissement de la guerre sino-japonaise interrompt. En outre, le peuple des Ryûkyû est exploité pendant plusieurs siècles par les marchands japonais et les aristocrates fonciers qui contrôlent la monoculture sucrière. L'État japonais traite ensuite le département d'Okinawa de façon quasi coloniale dans tous les domaines.

S'y ajoutent le traumatisme de la guerre du Pacifique (farouche champ de bataille sur l'île principale d'Okinawa, jusqu'au-boutisme de l'armée nippone, de surcroît méfiante envers les Ryûkyûans suspectés de tiédeur patriotique) et son héritage problématique (occupation américaine, maintien jusqu'à nos jours de bases militaires états-uniennes prenant une place et un espace disproportionnés avec nuisances en tout genre).

Il s'agit d'éléments encore vivaces. Car les habitants d'Okinawa restent méfiants envers le Japon, non sans contradictions. Il existe même un mouvement indépendantiste ryûkyûan, certes minoritaire et obtenant des résultats électoraux réduits, mais significatif. Depuis une dizaine d'années, les milieux officiels chinois (politiques, académiques...) multiplient les allusions au particularisme ryûkyûan et au problème que soulève l'appropriation japonaise de 1879.

Par une circulaire du 1er juin 1964, le gouvernement japonais décide de ne plus parler des « îles Kouriles du Sud » mais des « Territoires du Nord ». Il cherche ainsi

Hérodote, n° 163, La Découverte, 4e trimestre 2016.

à légitimer son interprétation des traités russo-japonais antérieurs au traité de paix de San Francisco, puisque celui-ci stipule que le Japon renonce aux Kouriles[6]. Changer de nom en abandonnant celui des Kouriles permettrait de récupérer les îles occupées par les Russes depuis 1945, d'où ont été évacués les 16505 habitants japonais. De fait, la logique japonaise ne manque pas d'arguments, notamment avec la relecture du traité de Saint-Pétersbourg de 1875 [Mormanne, 1992].

L'onomastique est donc un enjeu crucial de légitimation : historique, par rapport à la fréquentation, la présence ou la référence humaines, et juridique, par rapport à la façon dont les traités internationaux tracent les territoires, et les nomment. Or les interprétations de ces traités sont variables, surtout quand ceux-ci n'évoquent pas précisément les espaces litigieux[7]. Elles conditionnent les choix toponymiques opérés par chacun des États qui, sous couvert d'un nom particulier, essaie d'assurer sa revendication.

Cette logique explique pourquoi l'État sud-coréen, dans un souci de conforter ses arguments toponymiques concernant Takeshima/Tokto, s'efforce de rebaptiser la « mer du Japon » en « mer de l'Est ». En essayant de démontrer que la dénomination de la mer a été imposée de façon usurpée par le Japon, il cherche à prouver que si le Japon a manipulé les noms ici (la mer), c'est qu'il l'a aussi fait là (les îlots disputés).

Comment dépasser le bilatéralisme ?

Les récentes révélations sur ce que la presse et les historiens japonais appellent « la menace de Dulles » confirment que la question des trois litiges frontaliers est imbriquée, et donc leur solution. C'est surtout vrai pour les Senkaku et les Territoires du Nord qui concernent deux poids lourds géopolitiques, la Chine et la Russie, alors que le sort de Takeshima/Tokto ne semble préoccuper que le Japon, la Corée du Sud ainsi que la Corée du Nord qui soutient la précédente dans cette affaire.

6. Traité de paix avec le Japon (traité dit de San Francisco) signé le 8 septembre 1951 entre le Japon et 49 États, et entré en vigueur le 28 avril 1952. « Chapitre II – Territoire (...) (c) Le Japon renonce à tout droit, titre et revendication sur les îles Kouriles, et à la partie de Sakhaline et des îles adjacentes dont le Japon a acquis la souveraineté à la suite du traité de Portsmouth du 5 septembre 1905. »

7. Ni Takeshima, ni les Senkaku ne sont mentionnées par le traité de San Francisco. « Chapitre II – Territoire (a) Reconnaissant l'indépendance de la Corée, le Japon renonce à tout droit, titre et revendication sur la Corée, inclus les îles de Quelpart, Port Hamilton et Dagelet. (b) Le Japon renonce à tout droit, titre et revendication sur Formose et les Pescadores. »

Hérodote, n° 163, La Découverte, 4e trimestre 2016.

En effet, John Foster Dulles (1888-1959), qui représente les États-Unis à la conférence de San Francisco ayant conduit au traité éponyme et qui devient secrétaire d'État en 1953, menace en 1956 le gouvernement japonais de ne jamais restituer Okinawa au Japon si celui-ci montre le moindre signe de faiblesse vis-à-vis de l'Union soviétique. Le monde est alors en pleine guerre dite froide. Le gouvernement japonais, qui avait laissé entendre au cours de négociations avec l'Union soviétique en 1955-1956 qu'il serait prêt à un compromis (Kunashiri et Etorofu laissées à l'Union soviétique en échange de ShikOtan et Habomai), y renonce finalement, par peur de perdre Okinawa. Les deux parties soviétique et japonaise doivent se contenter d'une déclaration commune (19 octobre 1956), sans traité de paix.

Alors qu'une forme de routine (incidents, manifestations, protestations diplomatiques, rappels d'ambassadeur, retour au calme) et qu'un blocage certain semblaient perdurer à propos des litiges frontaliers, le récent changement de la position états-unienne sonne comme un coup de tonnerre, quoique passé inaperçu en Occident. En effet, répondant le 18 février 2011 à la question d'une agence de presse russe lui demandant de préciser la position de son gouvernement sur la question des Kouriles du Sud, l'ambassadeur américain déclare, pour la première fois, que son gouvernement « soutient le Japon à ce sujet et reconnaît la souveraineté japonaise sur les îles ».

Il souligne également, comme à l'accoutumée, que « les États-Unis soutiennent les efforts des gouvernements du Japon et de la Russie pour obtenir un traité de paix entre eux et le renforcement des relations bilatérales ». De son côté, le pouvoir russe réaffirme sa présence : déclarations, visite du président russe Medvedev sur Kounachir, l'une des îles disputées (1er novembre 2010), jugée comme un « outrage impardonnable » par le Premier ministre japonais de l'époque, Kan Naoto.

Des commandos japonais d'extrême droite, à l'identité toujours obscure, se rendent sur les Senkaku, et dirigent à Tôkyô des manifestations hostiles à la Chine ou à la Russie. Ils apparaissent comme un moyen parallèle pour le gouvernement japonais de faire pression sur l'opinion publique japonaise et sur les gouvernements étrangers.

La création d'une zone de gestion commune économique ou environnementale sur les îles disputées constituerait un moyen efficace de désamorcer les tensions, à l'instar des accords trouvés sur l'exploitation des hydrocarbures ou de la pêche. C'est la solution proposée par le président russe Medvedev, le 24 décembre 2010, à propos des Kouriles, autre première. Est-ce parce qu'elle constitue une nouvelle ouverture qu'elle est immédiatement rejetée par le gouvernement japonais, et qu'elle est suivie du raidissement de celui-ci ?

Applicable aux autres litiges, elle semble pour le moment utopique. Son traitement souple d'un espace ne reviendrait-il pas, toutefois, à un mode de fonctionnement

Hérodote, n° 163, La Découverte, 4e trimestre 2016.

asiatique, et à un système de valeurs communes dont les pays riverains se réclament à travers un nouvel asiatisme ?

Quant à l'État américain, bien qu'impliqué en amont, il était jusque-là réticent à toute conférence internationale sur la question des litiges frontaliers japonais, à l'instar, d'ailleurs, des États riverains, russe, coréen, chinois ou japonais, cherchant désespérément une solution bilatérale par peur d'une mise à plat régionale qui leur serait défavorable. S'apprête-t-il à entrer dans une ère dépassant les accords de Yalta, qui irait au-delà du *statu quo* de Super Yalta encadrant ladite guerre froide et l'après-guerre froide ?

La nouveauté réside dans l'affirmation chinoise sur les mers (renforcement de la marine militaire chinoise, accords de mouillage militaire avec différents pays asiatiques) et le recentrage états-unien sur la façade pacifique de l'Asie. La moindre importance des ressources d'hydrocarbures en mer de Chine orientale, contrairement à ce qui avait été estimé, et le renforcement actuel des liens économiques entre la Chine et le Japon – pour ne pas parler d'intégration industrielle ou commerciale – rendent cependant peu probable un conflit ouvert, pour le moment, entre les deux pays.

C'est dans ce sens-là que l'on peut interpréter la rencontre entre le Premier ministre japonais, Abe Shinzô, et le président de la RPC, Xi Jingping, en marge du sommet de l'APEC tenu à Pékin en novembre 2014, qui a joué la carte de l'apaisement à propos des Senkaku. Bien sûr, différents canaux officiels relayés par les médias de chaque pays ont minimisé voire nié un tel dialogue sur le litige, tandis que les patrouilles militaires aériennes ou navales de chaque pays se multiplient aux abords des îles disputées. Mais l'inclusion par la RPC de l'espace des Senkaku dans sa zone d'identification aérienne (23 octobre 2013) n'empêche pas le renouvellement des accords de pêche dans la même zone (2014).

Les gesticulations sécuritaires participent d'une relance de la course aux armements tant en Chine (construction d'un deuxième porte-avions) qu'au Japon (vote en 2016 du plus gros budget militaire, projet de construction d'une base navale à Yonaguni-jima) [Michelin, 2016 ; Courmont, 2016].

L'argument de la « protection des routes maritimes », en particulier de la route du pétrole, sert à effrayer les peuples chinois et japonais et à légitimer l'escalade sécuritaire. La vraie menace serait en effet que les pays exportateurs d'hydrocarbures du Moyen-Orient coupent le « robinet du pétrole », une perspective de chaos bien plus forte que les agissements de quelques pirates en mer de Chine, et qui renvoie à la question du nucléaire post-Fukushima. Mais la sagesse des peuples est aussi volatile que les cours du pétrole, surtout quand les décisions se prennent sans eux.

Hérodote, n° 163, La Découverte, 4e trimestre 2016.

Bibliographie

AKAHA T. (1985), *Japan in Global Ocean Politics*, Honolulu, University of Hawaii Press, 230 p.

AMINO Y. (1995), « Les Japonais et la mer », *Annales. Histoire, Sciences sociales*, 50-2, p. 235-258.

ARIYOSHI S. (1981), *Nihon no shimajima, mukashi to ima* (Les îles du Japon, autrefois et maintenant), Tôkyô, Shûei-sha, 384 p., réédition (1993) Chûô bunkô, 498 p.

CECCALDI H. J. (dir.) (1989), « Le Japon et la mer », *Problèmes politiques et sociaux*, 609-610, 120 p.

CHAMBERLAIN B. H. (1919), *Ko-Ji-Ki, or Records of Ancient Matters*, Tôkyô, rééd. Tuttle, 2005, 489 p.

CHII A. (1991), « *Nihonjin to umi – Sosen-gami, gyogyô, tsûrizumu wo megutte* » (Les Japonais et la mer – Réflexions sur les divinités ancestrales, l'halieutique et le tourisme), 3e colloque franco-japonais d'océanographie, 2-5 juillet, 6 p.

COURMONT B. (2016), « Quand la Chine se rêve en puissance navale », *Diplomatie, affaires stratégiques et relations internationales*, n° 33, p. 73-74.

LI J.-M. (2010), *Dokdo, a Korean Island Rediscovered*, Seoul, Northeast Asian History Foundation, 396 p.

MICHELIN F. (2016), « Puissance navale japonaise, entre histoire glorieuse et présent complexe », *Diplomatie, affaires stratégiques et relations internationales*, n° 33, p. 75-76.

MORMANNE T. (1992), « Le problème des Kouriles : pour un retour à Saint-Pétersbourg », *Cipango, Cahiers d'études japonaises*, n° 1, p. 58-89.

– (1996), « Pinnacle et nullité en mer de Chine orientale », *Ebisu, Études japonaises*, vol. 12, n° 1, p. 92-153.

MORRIS-SUZUKI T. (1994), « Creating the frontier. Border, identity and history in Japan's Far North », *East Asian History*, 7, p. 1-24.

NAITÔ S. et KIM B.-R. (2007), *Shiteki kensei Takeshima/Tokto* (Takeshima/Tokto, une vérification historique), Tôkyô, Iwanami-shoten, 280 p.

ÔBAYASHI T. (1991), « Arbres, montagnes et mer – Symboles du "pays" et de la souveraineté dans le Japon antique », *Bulletin de la SFEJ*, 2, p. 6-20.

OGIHARA A. et KÔNOSU H. (1973), *Kojiki*, Tôkyô, Shogakkan.

PELLETIER P. (1997), *La Japonésie, géopolitique et géographie historique de la surinsularité au Japon*, Paris, CNRS Éditions, 386 p.

– (2011a), « Frictions frontalières en Japonésie », *L'Information géographique*, vol. 3, p. 69-87.

– (2011b), *Le Liancourt et les Liancourt*, inédit, 34 p.

– (2016), « Le litige des îles Senkaku/Diaoyutai : un condominium Pacifique n'est pas pour demain », *Diplomatie, affaires stratégiques et relations internationales*, vol. 33, p. 40-41.

ROCHER A. (1997), *Mythe et souveraineté au Japon*, Paris, PUF, 360 p.

ROUX P.-E. (2010), *La Découverte de Tokdo par le baleinier français* Le Liancourt *(1849)*, inédit, 33 p.

SCOTT J. C. (2013), *Zomia, ou l'art de ne pas être gouverné*, Paris, Seuil, 540 p., éd. originale 2009.

SHIBATA M. et M. (1969), *Le Kojiki*, Paris, Maisonneuve et Larose, 272 p.

SUGANUMA U. (2000), *Sovereign Rights and Territorial Space in Sino-Japanese Relations, Irredentism and the Diaoyu/Senkaku Islands*, Honolulu, Association for Asian Studies and University of Hawaii Press, 306 p.

TAKAGI I. et TOMIYAMA T. (1974), *Kojiki sôsakuin* (Le *Kojiki* indexé), Tôkyô, Heibonsha.

TANABE H. (1984), « Boundary dispute between municipalities. The case of Ohmuta and Arao cities on the Ariake Bay in Kyûshû », *Geographical Review of Japan*, 57-B,-1, p. 22-42.

TERTRAIS H. (dir.) (2011), *La Chine et la mer, sécurité et coopération régionale en Asie orientale et du Sud-Est*, Paris, L'Harmattan, 224 p.

YAMADA Y. (2008), « Le conflit frontalier entre le Japon et la Russie dans les "Territoires du Nord" et ses conséquences sur les peuples qui y habitent », université Paris-IV, thèse, sous la direction de M. Korinman, 488 p.

Hérodote, n° 163, La Découverte, 4e trimestre 2016.

Les rivalités navales dans le Golfe : acteurs et ressources

Jean-Loup Samaan[1]

Si la région du Golfe constitue aujourd'hui un espace stratégique à part entière, elle fut longtemps considérée comme une zone de passage vers les Indes britanniques. Londres, qui au XIXe siècle qualifiait l'océan Indien de « lac britannique », entretenait des liens étroits avec les tribus et les marchands de la péninsule Arabique afin de garantir son contrôle sur la région [Commins, 2014]. Cet accès au Golfe permettait ainsi de maintenir la stabilité des voies de circulation entre le Royaume-Uni et son empire oriental, et ce *via* de multiples accords avec les dirigeants locaux, au grand dam des rivaux du Royaume-Uni (au premier rang desquels la France et l'Empire ottoman).

À l'orée du XXe siècle, le développement du commerce des perles ouvrit la voie vers la modernité pour quelques-unes des cités maritimes (Manama, Dubaï, Mascate). Mais la configuration politico-économique de la région changea véritablement quelques décennies plus tard avec la découverte des gisements pétroliers. Subitement, la zone devint, à la faveur du boom pétrolier, un des principaux centres de gravité du système économique international.

Objet d'étude riche pour l'analyse géopolitique, le Golfe constitue un ensemble régional complexe. Sa désignation même fait l'objet d'une controverse entre ceux qui se réfèrent à l'appellation traditionnelle « golfe Persique » et ceux qui lui

Hérodote, n° 163, La Découverte, 4e trimestre 2016.

1. Jean-Loup Samaan est professeur associé (*associate professor*) d'études stratégiques au Collège de défense nationale des Émirats arabes unis. Les opinions exprimées dans l'article n'engagent que leur auteur et ne sauraient refléter la position du Collège de défense nationale ou du gouvernement des Émirats arabes unis.

préfèrent celle de « golfe Arabique »[2]. Au-delà de la querelle sémantique, la zone recouvre de multiples problématiques : une concentration de ressources énergétiques (pétrole, gaz) acheminées vers le reste du monde ; un faible système de sécurité collective qui a historiquement favorisé une compétition entre puissances régionales (l'Iran, l'Irak et l'Arabie saoudite) ainsi qu'une course aux armements effrénée[3]. Il faut noter également l'occurrence régulière de conflits majeurs (la guerre Iran-Irak, l'invasion du Koweït, l'invasion américaine de l'Irak, et plus récemment la guerre du Yémen) ; le risque de prolifération nucléaire à travers la question du programme iranien ; enfin, la forte présence des puissances occidentales (États-Unis, France, Royaume-Uni) dans les jeux de pouvoir locaux. Si l'on ajoute à cela l'opacité qui entoure les processus politiques dans la plupart des régimes de la région, ces éléments donnent à voir un environnement complexe et volatil. Les rivalités maritimes en sont la parfaite illustration.

Dans les pages qui suivent, nous montrons quels sont les principaux acteurs, leurs stratégies et leurs ressources, et surtout l'évolution de ces rivalités. La première section de l'article présente la genèse et le développement de la suprématie américaine dans les eaux du golfe Persique. Nous expliquons ensuite comment Français et Britanniques sont restés des acteurs de premier plan de la diplomatie navale dans le Golfe, un activisme concomitant qui n'est pas dépourvu de concurrence tant politique qu'économique entre Londres et Paris. Si les puissances occidentales demeurent fortement présentes, les marines des membres du Conseil de coopération du Golfe[4] (CCG) et de l'Iran se développent à leur tour, comme nous l'analysons dans la troisième section. Enfin, dans la dernière partie, nous évoquons les nouvelles ambitions des puissances asiatiques (Inde et Chine). En raison de leurs intenses échanges économiques avec le Golfe, celles-ci sont de plus en plus amenées à y déployer leurs moyens militaires, sans que cela puisse à ce stade s'apparenter à un véritable rapprochement stratégique.

2. La terminologie « golfe Arabique » apparaît à la fin des années 1950 dans le sillage du mouvement panarabe. Elle devient la dénomination officielle des pays arabes la décennie suivante. Pour sa part, l'ONU estimait dans un rapport de 2006 que l'expression « golfe Persique » restait la référence historique. De façon intéressante, le gouvernement américain utilise « Persique » mais l'US Navy se réfère au « golfe Arabique » afin de ne pas irriter ses partenaires du CCG. *Cf.* K. Zraick, « Persian (or Arabian) Gulf is caught in the middle of regional rivalries », *New York Times*, 12 janvier 2016.

3. Au cours de la dernière décennie, la région a attiré environ la moitié des transferts d'armes dans le monde.

4. Créé en 1981, le Conseil de coopération du Golfe est composé de six membres : l'Arabie saoudite, Bahreïn, les Émirats arabes unis, le Koweït, Oman et le Qatar.

Hérodote, n° 163, La Découverte, 4e trimestre 2016.

L'hégémonie de l'US Navy

Le symbole est assez fort pour être rappelé : c'est depuis la mer que les États-Unis annoncent leur stratégie moderne dans le golfe Persique avec la rencontre en 1945 entre le président Roosevelt et le roi d'Arabie saoudite, Ibn Saoud, à bord de l'*USS Quincy* [Lippman, 2005]. Cet entretien entérine le rapprochement entre la dynastie saoudienne et Washington, qui constitue, jusqu'à aujourd'hui, la clé de voûte de la politique américaine dans la région.

À environ 500 kilomètres de Riyad, face à Khobar, sur le pourtour oriental de l'Arabie, se tient une petite île, Bahreïn. Très vite, celle-ci joue un rôle clé dans le dispositif naval américain avec l'arrivée des vaisseaux de l'US Navy dans la capitale Manama, à la fin de la Seconde Guerre mondiale. C'est ici que le 20 janvier 1948, l'amiral Richard Conolly, commandant pour la Zone Atlantique nord-est et la Méditerranée, crée la Task Force 126 composée de tankers naviguant dans le golfe Persique. La dépendance progressive des navires de l'US Navy pour les hydrocarbures du Golfe pousse le Pentagone à créer l'année suivante le Commandement pour les forces du Moyen-Orient. À partir de 1951, un contre-amiral est nommé à sa tête et depuis lors une présence permanente est assurée dans la zone, depuis le port de Bahreïn.

La petite monarchie reste toutefois sous protectorat britannique. La période après la Seconde Guerre mondiale marque bien l'ascendant américain sur l'Empire britannique déclinant et c'est au même moment que les ingénieurs découvrent l'ampleur de la richesse saoudienne en matière de réserves pétrolières. Pour autant, les administrations américaines essaient longtemps de bénéficier de la présence militaire britannique sans s'y substituer. En fait, deux événements vont accélérer l'émergence du dispositif américain contemporain : le retrait britannique de 1971 et la guerre Iran-Irak (1980-1988).

Londres, 1968 : Harold Wilson, alors Premier ministre du Royaume-Uni, doit composer avec des contraintes financières et une forte montée de sentiments anticolonialistes dans la région qui mettent à l'épreuve la présence britannique dans le Golfe. En conséquence, le gouvernement décide d'engager le retrait de la quasi-intégralité des forces britanniques stationnées « à l'est de Suez » [Dockrill, 2002]. Le retrait britannique suscite de vives inquiétudes dans les cours royales des petites monarchies telles que le Koweït et Bahreïn, qui craignent de subir les ambitions hégémoniques de l'Arabie saoudite d'un côté et de l'Iran du shah de l'autre [Macris, 2010, p. 139]. En 1971, Bahreïn déclare son indépendance tandis que sont constitués les Émirats arabes unis à partir de sept petits émirats (Abou Dhabi, Ajman, Sharjah, Dubaï, Fujaïrah, Ras el Khaïmah, et Oum al Qaïwain). Profitant de cette transition incertaine, le shah d'Iran s'empare de trois îles,

Hérodote, n° 163, La Découverte, 4e trimestre 2016.

Abou Moussa, la Grande et la Petite Tomb, dont les Émirats arabes unis réclament jusqu'à aujourd'hui la souveraineté.

À Washington, certains diplomates espèrent alors remplacer l'Empire britannique par une architecture de sécurité régionale qui s'appuierait sur les alliés saoudiens et iraniens [Palmer, 1992, p. 52]. Mais, à Téhéran, le shah est réticent et affirme son hostilité à l'égard d'éventuelles interférences extérieures après le départ des Britanniques [Macris, 2010, p. 177]. À ce titre, l'Iran refuse en 1968 d'héberger une base de l'US Navy pour la région. Devant cette décision, le Pentagone maintient son contingent dans le royaume de Bahreïn.

La deuxième séquence s'ouvre la décennie suivante. La prise de pouvoir par Saddam Hussein à Bagdad et la révolution islamique à Téhéran changent dramatiquement la donne. En pleine guerre Iran-Irak, les États-Unis se retrouvent sommés de préserver la stabilité de la circulation maritime. Au fil des mois, le département de la Défense déploie des moyens aériens et navals dans le Golfe, et en particulier dans le détroit d'Ormuz, afin de rassurer les monarchies du Golfe et de préserver la stabilité des flux maritimes [Acharya, 1989, p. 126]. Dans le sillage de ce renforcement de la présence américaine, le Commandement central (CENTCOM) est créé le 1er janvier 1983. Couvrant alors dix-neuf pays de la région élargie, CENTCOM est le premier commandement régional des États-Unis fondé depuis trente-cinq ans. Il remplace la Rapid Deployment Joint Task Force activée par l'administration Carter en mars 1980.

En 1986, la « guerre des tankers » voit l'Iran prendre pour cibles les navires koweïtiens et saoudiens – les deux pays soutenant financièrement l'effort de guerre de Saddam Hussein [O'Rourke, 1988]. Le Koweït et l'Arabie saoudite se tournent immédiatement vers les États-Unis et, presque contre leur gré, les forces américaines sont engagées dans le conflit. En fait, les archives ouvertes montrent que la décision de Ronald Reagan d'assurer directement la protection des vaisseaux des monarchies du Golfe fut prise en réaction à une demande koweïtienne d'aide auprès de l'Union soviétique[5]. En d'autres termes, c'est au titre de la compétition soviéto-américaine que Washington a consenti à finalement devenir la puissance protectrice des monarchies du Golfe. Cependant, les membres du CCG s'opposent à l'idée d'une présence à terre des forces américaines : pour la population locale, celle-ci rappelle trop l'impérialisme britannique encore présent dans les mémoires. D'ailleurs, dès la fin de la guerre Iran-Irak en 1988, les Américains réduisent leur présence navale et entendent maintenir cette distance à l'égard du golfe Persique.

5. C'est notamment l'analyse défendue par l'ancien secrétaire à la Défense de Ronald Reagan Caspar Weinberger dans ses Mémoires [Weinberger, 1990, p. 388].

Hérodote, n° 163, La Découverte, 4e trimestre 2016.

Cette prise de distance est de courte durée : un peu moins de deux ans après la cession des hostilités avec l'Iran, l'Irak de Saddam Hussein envahit le Koweït. L'aventurisme de Saddam entraîne une nouvelle guerre qui fait rapidement la démonstration de la supériorité écrasante de l'armée américaine dans la période post-guerre froide qui s'ouvre. Dès l'hiver 1990, 200 000 soldats américains sont déployés en Arabie saoudite pour mener l'opération *Desert Shield* afin de protéger le royaume d'une invasion irakienne. Au pic du conflit, 500 000 hommes sont stationnés dans la région. À l'issue de la guerre, les États-Unis décident de maintenir une présence d'environ 50 000 soldats[6]. En Arabie saoudite, entre 15 000 et 20 000 resteront jusqu'à l'invasion de l'Irak en 2003.

En 1995, après avoir agrandi sa base de Bahreïn, le Pentagone réactive officiellement la Ve flotte, une organisation navale qui avait disparu en 1947. Cette rénovation de l'organisation de l'US Navy dans le Golfe s'accompagne d'un renforcement des relations bilatérales entre les États-Unis et Bahreïn. L'accord de défense bilatéral fournit à l'armée américaine l'accès aux bases aériennes bahreïnies, permettant notamment à l'US Air Force d'y stocker des matériels de guerre. Il consolide les échanges et les consultations entre les autorités politiques des deux pays sur les questions de sécurité ainsi que les exercices militaires entre les deux armées [Katzman, 2015].

La Ve flotte supervise et conduit les opérations des États-Unis et avec ses alliés dans le golfe Persique, la mer d'Arabie, l'océan Indien, la mer Rouge ainsi que dans l'Afrique orientale. Illustration de cette vaste couverture géographique, c'est depuis Bahreïn que sont conduites en 1998 les frappes de missiles contre l'Afghanistan et le Soudan. Cette zone de responsabilité couvre près de quatre millions de km^2, avec trois points d'étranglement : le canal de Suez, Bab al Mandeb et le détroit d'Ormuz. La base américaine à Bahreïn se trouve à seulement 450 kilomètres au nord de ce détroit. Les navires de l'US Navy et de ses alliés y patrouillent régulièrement afin d'assurer la sûreté du trafic maritime quotidien, responsabilité particulièrement stratégique lorsque l'on sait que 20 % des approvisionnements en pétrole dans le monde transitent par le détroit d'Ormuz. C'est ainsi que depuis le quartier général de la Ve flotte sont supervisées à partir de janvier 2009 les opérations de contre-piraterie menées dans le golfe d'Aden avec une trentaine de nations alliées *via* la Combined Task Force 151.

L'ensemble de ces missions implique logiquement d'importantes structures pour héberger le centre de commandement. Aujourd'hui 3 250 soldats sont déployés dans

6. Document officiel, « United States policy toward the Middle East and the Persian Gulf », audition devant le sous-comité sur l'Europe et le Moyen-Orient du Comité des affaires étrangères de la Chambre des représentants, 17 juin 1991, Washington, p. 29.

CARTE 1. – PRINCIPALES BASES NAVALES OCCIDENTALES DANS LE GOLFE

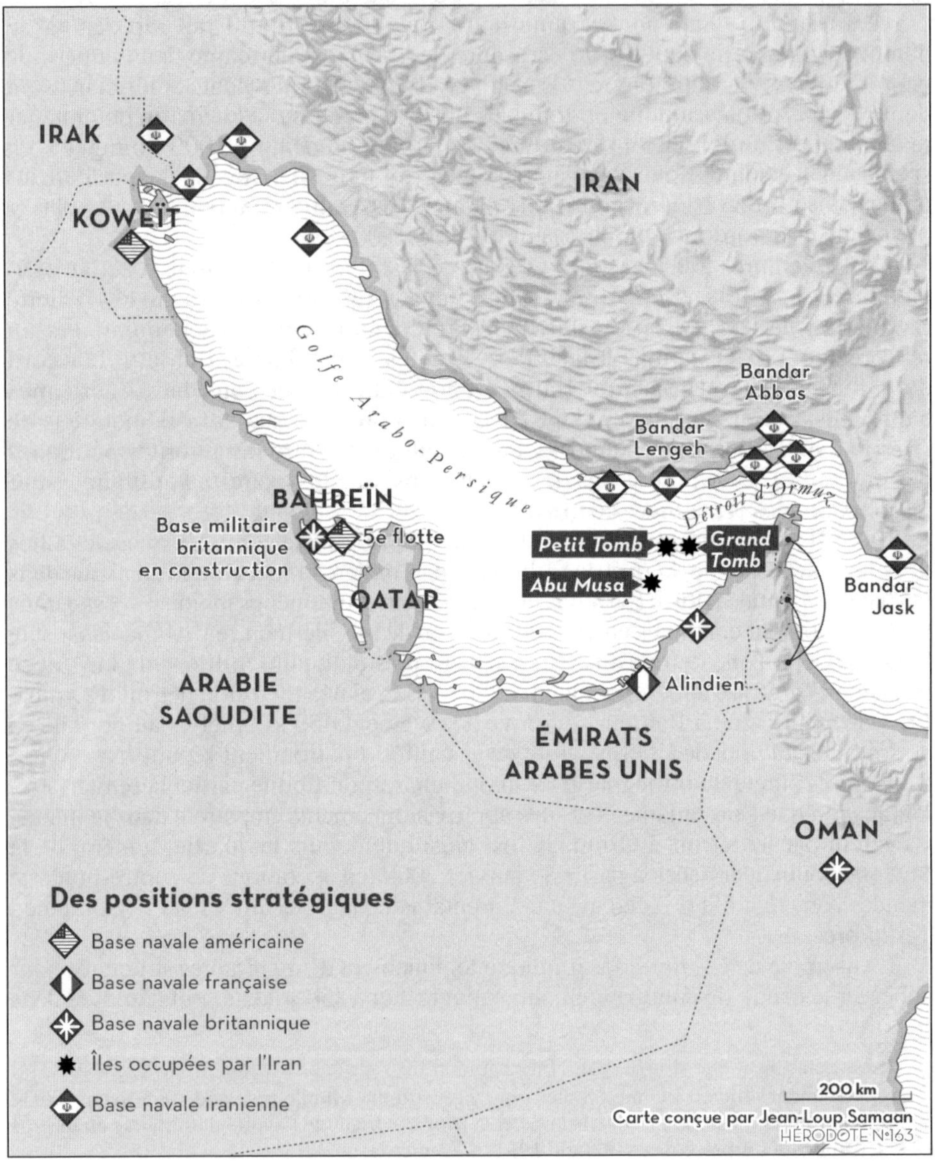

Hérodote, n° 163, La Découverte, 4e trimestre 2016.

ce cadre (le chiffre a pu monter par le passé jusqu'à 7 000)[7], et l'emplacement de leur quartier général couvre une superficie d'environ 400 680 m^2.

Bahreïn constitue aussi un point d'appui essentiel pour la logistique et la maintenance des navires. La base américaine assure le déplacement de personnels, de carburant, de munitions, du courrier, de pièces détachées pour plus d'une vingtaine de navires déployés au large. La plupart des navires américains de réapprovisionnement se rechargent et se ravitaillent en carburant à Bahreïn. D'autres ports de réapprovisionnement existent dans le Golfe – Fujaïrah et Jebel Ali aux Émirats arabes unis ou encore Mascate à Oman – mais l'ensemble des mouvements dans la péninsule est coordonné par la Task Force 53 depuis Bahreïn.

Une autre mission logistique est assurée depuis la base, celle de transport naval avec le Military Sealift Command Central (MSCENT). La base de Bahreïn constitue l'un des cinq commandements américains au monde capable d'assurer des missions de transport naval. Cela comprend le déplacement, *via* cargos, de vaisseaux de combat, de carburant et de divers matériels pour l'ensemble des troupes américaines déployées au Moyen-Orient (que ce soit en Irak ou en Afghanistan).

La Ve flotte organise également depuis 2012 un exercice militaire multilatéral dédié à la lutte antimines. Lors de la première édition une vingtaine de nations participe à cette opération complexe qui inclut des manœuvres à la mer afin de renforcer l'interopérabilité entre la marine américaine et ses alliées. Deux ans plus tard, 6 500 hommes et trente-huit navires de guerre provenant de quarante-quatre pays participent à l'édition de 2014. Officiellement, il s'agit d'un exercice de nature défensif, mais pour le commandant de la Ve flotte, le vice-amiral John Miller, « le nombre extraordinaire de nations participant à cet exercice envoie un message clair selon lequel les menaces envers le commerce international ne seront pas tolérées[8] ».

Si Bahreïn constitue le point d'appui central de la stratégie maritime américaine, le Pentagone déploie un nombre significatif de marins dans les autres pays. Par ses moyens humains et techniques, l'US Navy assure largement sa suprématie, si bien que les discours sur un éventuel retrait américain de la région restent à ce jour purement spéculatifs.

7. Le détail peut être trouvé dans : International Institute for Strategic Studies, *The Military Balance 2015*, Londres, Routledge, p. 52.

8. H. Simoes, « Largest international mine countermeasures exercise underway in Middle East », *Stars and Stripes*, 2 novembre 2014.

Les rivalités franco-britanniques dans les eaux du Golfe

Si un certain nombre de pays européens tels que l'Allemagne ou l'Italie entretiennent des relations diplomatiques et commerciales avec les États du Golfe, la France et le Royaume-Uni sont de loin ceux qui se sont le plus impliqués dans les développements stratégiques de la région au cours des dernières décennies[9]. Si le legs colonial peut expliquer ce phénomène, il faut y ajouter le maintien, depuis lors, de liens étroits sur le plan politique, militaire et économique. Compte tenu de l'ampleur des parts de marché que représente le Golfe (notamment dans les secteurs des infrastructures, de l'armement ou encore de la grande distribution), une compétition féroce s'est mise en place entre Londres et Paris dans le Golfe.

Malgré le retrait de ses forces militaires rendu effectif en 1971, le Royaume-Uni a préservé des relations étroites avec les monarchies du Golfe, en particulier avec Oman et les Émirats arabes unis. Très rapidement, les relations entre Londres et ses anciens protectorats sont formalisées par l'intermédiaire de traités d'amitié. Depuis lors, la Royal Navy continue à jouer un rôle essentiel dans la formation opérationnelle des marines locales.

Plus récemment, le gouvernement de David Cameron a multiplié les visites diplomatiques et les discours tendant à annoncer une inflexion majeure dans la politique britannique envers la région. À Londres, certains observateurs, tels que le Royal United Services Institute – un centre de recherche influent dans les cercles militaires britanniques – sont allés jusqu'à qualifier cette politique de « retour à l'est de Suez » [Stansfield et Kelly, 2013]. Celle-ci consisterait à réviser le prépositionnement des troupes britanniques dans le Golfe, en particulier à faire de la base aérienne d'Al Minhad à Dubaï le « hub » des interventions britanniques futures. À cela s'ajoute la signature, en 2012, d'un nouvel accord de défense entre le Royaume-Uni et Bahreïn, qui doit aboutir à l'ouverture d'une base navale dans le royaume (en cours de construction en 2016). Dans le même temps, le gouvernement britannique s'est montré extrêmement actif pour soutenir les industriels de l'armement, notamment dans la vente potentielle de 100 avions de combat Typhoon au sultanat d'Oman, à l'Arabie saoudite et aux Émirats arabes unis.

Si Londres fait feu de tout bois pour exporter l'avion de combat de BAE Systems, Paris assure simultanément la promotion du Rafale de Dassault, illustration parmi d'autres de la compétition économique entre les deux puissances européennes. Depuis le retrait britannique de 1971, la France cherche à contrecarrer

9. Depuis la signature d'un accord de coopération entre Rome et Abou Dhabi en 2012, la marine italienne déploie une centaine d'hommes à Dubaï, qui participent à de multiples exercices et consultations.

Hérodote, n° 163, La Découverte, 4e trimestre 2016.

l'influence de Londres dans la région. Les parts de marché dans le domaine du pétrole et de la vente d'armes ont fait de Paris un acteur actif dans la région, et ce dès les années 1970 lorsque les Britanniques entament leur retrait [Dazi-Heni, 2008]. Dans le domaine naval, l'industriel DCNS est présent, notamment en Arabie saoudite où il aide au développement d'un pôle de recherche maritime à la King Abdulaziz City for Science and Technology[10].

Pour la France, les potentiels d'exportations ne sont qu'un aspect d'une politique régionale qui recouvre aussi des aspects stratégiques. Le dernier *Livre blanc sur la défense et la sécurité nationale*, publié en avril 2013, fait notamment de la sécurité dans le Golfe sa quatrième priorité stratégique et désigne la principale menace à cet objectif : l'entreprise nucléaire iranienne.

Au cœur de la stratégie française, se trouvent les Émirats arabes unis et l'Arabie saoudite. Si Riyad constitue le premier partenaire commercial pour Paris, c'est depuis Abou Dhabi que la France affirme sa présence militaire. Le 15 janvier 2008, le président Sarkozy annonçait lors d'une visite officielle dans la capitale émirienne la création d'une nouvelle base militaire – la première base française à l'étranger depuis le général de Gaulle[11]. La base navale appuyée par 300 mètres de quai, dans le port de Mina Zayed, fait face aux côtes iraniennes. Au-delà du renforcement de la relation bilatérale, la base a pour mission d'appuyer les moyens militaires français déployés dans le Golfe et le nord de l'océan Indien. Signe de l'importance géographique des Émirats dans la politique régionale de la France, la base d'Abou Dhabi est celle à partir de laquelle une partie des avions de combat partent pour bombarder les positions de l'État islamique en Syrie et en Irak.

Vue de Paris ou Londres, cette rivalité franco-britannique dans le Golfe serait redoutable. Mais, en réalité, les monarchies arabes semblent voir dans les puissances européennes de simples contrepoids à l'hégémonie, parfois embarrassante, des États-Unis. Pour autant, qu'il s'agisse de contrats d'armement ou de la protection de leurs régimes, les membres du CCG ne comptent véritablement que sur la puissance américaine[12].

10. Au Qatar toutefois, l'entreprise française avait essuyé un sérieux revers en 2006 face au concurrent italien Fincantieri pour la construction de sept navires militaires, un contrat estimé à 4 milliards d'euros. *Cf.* A. Bauer et O. Tosseri, « L'italien Fincantieri souffle à DCNS un mégacontrat au Qatar », *Les Échos*, 16 juin 2006.

11. La France dispose en 2016 de forces prépositionnées à Djibouti, au Gabon, au Sénégal, en Côte d'Ivoire et aux Émirats arabes unis.

12. À titre de comparaison, la France abrite environ 800 soldats dans sa base régionale Alindien aux Émirats tandis que, dans ce même pays, les États-Unis y déploient 2000 hommes.

Hérodote, n° 163, La Découverte, 4e trimestre 2016.

La montée en puissance des marines régionales

Si les États-Unis assurent par leur suprématie navale la stabilité du golfe Persique, les armées de la région ont, depuis plusieurs années, renforcé leurs propres capacités, et ce à l'aune des tensions grandissantes entre l'Iran et les monarchies arabes, tout particulièrement dans les eaux du Golfe. Les dirigeants iraniens menacent fréquemment de fermer le détroit d'Ormuz. Si un tel scénario serait désastreux non seulement pour la région mais pour l'économie mondiale, sa probabilité reste faible, au vu des capacités de la marine iranienne [Talmadge, 2008]. Outre la primauté de l'US Navy, la plupart des marines des membres du CCG sont aujourd'hui plus importantes et surtout plus modernes que la marine iranienne. Cette supériorité technologique est le fruit des politiques massives d'achat d'armement menées par ces régimes depuis la guerre du Golfe [Barnett et Gause III, 1998, p. 163].

Cependant, si les ressources navales ne manquent pas, les experts estiment que la préparation opérationnelle des forces reste encore modeste, voire problématique. Seule la marine des Émirats arabes unis est jugée aujourd'hui capable de déployer en un temps rapide une flotte et de conduire des opérations maritimes d'envergure. Cette capacité s'est illustrée notamment par la conduite d'un débarquement amphibie à Aden début 2016 en pleine guerre du Yémen. Si l'opération a bénéficié d'une aide précieuse des forces spéciales américaines, elle a attesté du degré de professionnalisme acquis par les EAU[13].

Il n'en est pas de même des autres membres du CCG. En Arabie saoudite, la marine reste sous-dimensionnée et se trouve placée au second rang derrière l'armée de l'air qui reste la favorite des arbitrages budgétaires. La flotte saoudienne de la mer Rouge est ainsi jugée par certains analystes militaires comme « largement inopérante » [Cordesman, Wilner, Gibbs et Modell, 2013, p. 80]. En ce qui concerne les autres pays (Bahreïn, Koweït, Qatar, Oman), leurs moyens navals restent très modestes, si bien que les hypothèses d'engagement de ces marines dans un conflit de haute intensité semblent peu probables.

Les dernières années ont vu les monarchies du Golfe renforcer leur coopération multilatérale, au niveau du CCG, dans le domaine militaire, qu'il s'agisse de l'intervention en 2011 pour protéger le régime de Bahreïn ou de la coalition mise en place par Riyad en 2015 pour combattre les rebelles houthis au Yémen. Pour autant, le CCG reste une organisation faiblement intégrée dans le secteur de la défense et qui ne pourrait être comparée à l'Otan ni à la composante militaire

13. M. Mazzetti et E. Schmitt, « Quiet support for Saudis entangles U.S. in Yemen », *New York Times*, 13 mars 2016.

Hérodote, n° 163, La Découverte, 4e trimestre 2016.

de l'UE. La méfiance mutuelle entre ses membres sur un dossier qui relève de la souveraineté suprême se décline par une faible interopérabilité des armées entre elles. Des exercices navals sont régulièrement organisés entre certains pays du CCG mais, de l'aveu même de nombreux responsables dans la région, ceux-ci ont une valeur plus symbolique que réellement intégratrice[14].

De l'autre côté du Golfe, les forces iraniennes ont pour leur part compris depuis longtemps qu'elles ne pouvaient pas concurrencer les monarchies arabes et leurs alliés occidentaux sur le terrain des capacités navales conventionnelles. La majeure partie des navires datent de l'époque du shah et sont en condition opérationnelle médiocre. C'est moins du côté de la marine régulière que de celui des gardiens de la Révolution qu'il faut se tourner pour saisir la stratégie navale contemporaine de l'Iran.

La composante navale des pasdarans comprend un arsenal de plus de 6 000 mines qui peuvent être rapidement disséminées, un ensemble de navires de petite taille extrêmement mobiles, des missiles antinavires (le C-802), ou encore des sous-marins conventionnels classe Kilo. L'Iran développe également un arsenal balistique capable d'être emporté à bord de ses navires. Prises ensemble, ces capacités permettent à Téhéran non pas de s'engager dans une grande compétition maritime classique mais de pouvoir harceler les forces ennemies et infliger des dommages importants. Les escarmouches régulières entre l'US Navy et la marine iranienne témoignent de cette posture. En focalisant ses moyens limités sur des capacités asymétriques, l'Iran met en œuvre une stratégie dite de déni d'accès[15], qui, si elle ne lui permet pas de prétendre au leadership naval du Golfe, prévient les risques d'attaque ennemie, en particulier des États-Unis [Cordesman et Lin, 2015].

À Washington, cette stratégie asymétrique iranienne provoque de vifs débats depuis déjà plusieurs années. En 2002, le Conseil national du renseignement avait rapproché la date à partir de laquelle il estimait que l'Iran serait doté de missiles intercontinentaux. En 2009, le sénateur Carl Levin était même allé jusqu'à qualifier ce dispositif iranien de « plus grande menace au Moyen-Orient »[16].

Rappelons enfin que l'Iran et les Émirats arabes unis restent engagés dans un contentieux territorial autour des trois îles conquises par le shah en 1971.

---

14. Entretiens de l'auteur, printemps 2012.

15. Le terme désigne un ensemble de capacités militaires permettant à un État d'empêcher le déploiement des forces armées américaines (aériennes, navales, terrestres) sur le théâtre des opérations, en limitant les emplacements à partir desquels elles pourraient opérer, ou en les forçant à opérer depuis des emplacements plus éloignés du cœur du conflit.

16. Document officiel, « The president's decision on missile defense in Europe », audition devant le Comité des forces armées du Sénat, 24 septembre 2009.

Hérodote, n° 163, La Découverte, 4e trimestre 2016.

À l'époque, le shah, contredisant de précédents engagements diplomatiques, avait prétexté que de l'Antiquité jusqu'au début du XXe siècle ces îles avaient appartenu à l'Iran. Les Émirats s'en sont alors remis aux Nations unies en 1980 pour trouver une issue diplomatique qui reste à ce jour encore lointaine. En dépit des réclamations émiriennes, l'Iran n'a pas hésité à aménager les îles afin d'y construire des habitations pour la population iranienne et à utiliser les îles dans le cadre d'exercices navals, rappelant publiquement qu'il n'avait aucunement l'intention de céder son contrôle sur ces territoires. Le dispositif des bases iraniennes (en particulier Bandar Abbas et Bandar Lengeh) signale l'importance de ces îles dans la stratégie navale du pays.

En somme, les trois véritables acteurs régionaux susceptibles de déployer des capacités navales sont les Émirats arabes unis, l'Iran et l'Arabie saoudite. Toutefois, compte tenu de l'écrasante supériorité de l'US Navy et du soutien politique apporté par Washington aux monarchies arabes, il reste difficile d'imaginer un scénario dans lequel l'Iran se lancerait dans une expédition navale, sans risquer une défaite rapide.

La présence accrue des flottes asiatiques

Les liens entre le Golfe et l'Asie sont anciens. Depuis plus d'un siècle, les travailleurs sud-asiatiques peuplent les cités de la péninsule, hier pour assurer la collecte des perles, aujourd'hui pour constituer une main-d'œuvre bon marché dans les pétromonarchies. En revanche les relations politico-militaires entre les membres du CCG et les grandes puissances asiatiques (en particulier Chine, Inde et Japon) sont plus récentes. En témoignent les nombreuses visites officielles de chefs d'État de part et d'autre, au cours des dernières années. Sur le plan politique, ce rapprochement est dû aux forts besoins énergétiques des pays asiatiques, en particulier les géants indien et chinois. Mais il peut être aussi interprété comme un signal envoyé aux Occidentaux, et en particulier aux États-Unis, sur la volonté des régimes arabes de diversifier leurs options diplomatiques et d'alléger quelque peu leur dépendance vis-à-vis de leurs alliés historiques. À ce stade, la coopération militaire, et dans notre cas maritime, reste modeste et ne saurait constituer un substitut à celle entre les forces du CCG et les États-Unis. Cependant, des développements récents donnent à penser qu'il nous faudra observer attentivement les mouvements maritimes au cours des prochaines années.

Pour commencer, l'Inde entretient des relations étroites avec l'Arabie saoudite, les Émirats arabes unis mais aussi, dans une moindre mesure, l'Iran. Les deux premiers représentent 30 % des importations énergétiques de l'Inde. Cette dépendance énergétique et les échanges économiques et humains entre l'Inde et la région

Hérodote, n° 163, La Découverte, 4e trimestre 2016.

n'ont pas automatiquement fait de la question du Golfe un dossier prioritaire pour les dirigeants indiens. Comme l'expliquait en 2014 P. R. Kumaraswamy, professeur à l'université Jawaharlal Nehru de New Delhi, « les relations commerciales restent avant tout des transactions mercantiles dépourvues d'une vision stratégique étendue » [Kumaraswamy, 2014, p. 35].

Cette position de Delhi semble toutefois évoluer. Au printemps 2016, la marine indienne envoie une flotte de navires de guerre dans le Golfe afin de réaffirmer l'importance primordiale de la zone pour le pays. La flotte comprend le destroyer *INS Delhi*, les frégates *INS Tarkash* et *INS Trikhand* ainsi que le tanker *INS*. Après avoir abordé trois jours à Dubaï, les navires rejoignent le Koweït puis Bahreïn et le port de Mascate à Oman avant de revenir à Bombay. Le but affiché de ces visites est le renforcement de la coopération, tant au niveau des consultations politico-stratégiques qu'à celui de l'interopérabilité entre les marines.

Mais, au même moment, un navire indien arrive dans le port de Bandar Abbas sur la côte sud de l'Iran. L'Inde y investit en effet dans le développement du port de Chabahar et des champs pétroliers Farzad-B dans le sud-est du pays, le projet incluant une contribution indienne dans le réseau ferroviaire reliant les champs au port. Le calcul indien derrière cet investissement est moins à chercher dans les rivalités de la péninsule Arabique que dans les jeux de pouvoir sud-asiatiques. En effet, Chabahar se trouve à environ 80 km seulement du port pakistanais de Gwadar où Islamabad bénéficie d'un appui chinois dans la construction d'un important corridor économique. Cette présence simultanée de la marine indienne en Iran et aux Émirats rappelle le paradigme de la politique régionale de Delhi, à savoir le non-alignement comme gage d'autonomie stratégique. Jusqu'à ce jour, l'Inde a entendu maintenir une distance vis-à-vis de la compétition entre les monarchies arabes et l'Iran. Ainsi, en dépit de pressions des membres du CCG et des États-Unis, la marine indienne a régulièrement invité l'Iran à se joindre au Symposium Naval de l'océan Indien, une initiative de coopération lancée par Delhi entre les pays littoraux de l'océan Indien. Plus généralement, Delhi reste un acteur discret dans les affaires moyen-orientales, apportant publiquement son soutien à la cause palestinienne tout en accroissant sa coopération militaire avec Israël [Samaan, 2014].

Moins actif que l'Inde, le Japon a longtemps été contraint par sa Constitution et le rôle limité que celle-ci conférait à ses forces armées. La marine japonaise ne peut ainsi pas se prêter au jeu de la diplomatie navale et de la démonstration de force loin de ses côtes comme le font d'autres marines. Ainsi, Tokyo avait fait l'objet de vives critiques lors de son absentéisme durant la guerre du Golfe en 1990-1991. Les forces japonaises avaient toutefois mené une mission de dragage de mines mais seulement une fois le conflit achevé. La marine japonaise est par contre chargée d'escorter les navires commerciaux lorsque ceux-ci constituent une

Hérodote, n° 163, La Découverte, 4e trimestre 2016.

cible, en particulier pour les pirates. C'est principalement dans ce contexte qu'elle est amenée à échanger avec ses homologues du Golfe.

Dépendant également du bon acheminement de ses importations énergétiques, le Japon entretient des relations commerciales importantes avec les monarchies du Golfe. Ce n'est toutefois pas dans un de ces pays que la marine japonaise a inauguré en 2011 sa première base à l'étranger depuis la Seconde Guerre mondiale, mais à Djibouti. Cette base de 12 hectares se trouve à un point clé, là où la mer Rouge et le golfe d'Aden se rejoignent. Sa création est le résultat de la croissance continue d'actes de piraterie dans la zone et de l'intervention de la marine japonaise pour protéger les convois en route vers l'archipel nippon. Compte tenu de la distance et de la complexité des itinéraires maritimes, l'acheminement des ressources énergétiques vers le Japon constitue un défi majeur. Si, à ce jour, le Japon reste redevable à l'US Navy pour la sécurisation de ses voies maritimes d'approvisionnement, cette configuration pourrait changer, à la fois si le débat interne à Tokyo sur les conditions d'engagement des forces armées évolue ou/et si les États-Unis en viennent à remettre en cause leur propre dispositif naval.

Enfin, la Chine joue également un rôle grandissant dans les eaux du golfe Persique. Depuis fin 2014, ses importations de barils pétroliers surpassent celles des États-Unis et les projections pour les prochaines années restent à la hausse, attestant ainsi l'ampleur du défi énergétique auquel Pékin doit répondre. Cinquante-cinq pour cent du pétrole importé par la Chine provient du Golfe et se répartit entre les monarchies du GCC, l'Irak et l'Iran. L'acheminement de ces ressources vers la Chine suit un parcours soumis à de nombreux aléas sécuritaires : le détroit d'Ormuz comme le détroit de Malacca constituent des zones à risque qui inquiètent les assureurs. Longtemps, Pékin a profité de l'effet stabilisateur de l'US Navy en haute mer pour la bonne circulation des marchandises. Mais, depuis quelques années, la sécurisation des navires est devenue un enjeu politique significatif. En décembre 2008, la marine chinoise s'est engagée dans des patrouilles antipiraterie dans le golfe d'Aden, constituant une première pour des forces qui n'avaient jamais été déployées au-delà de l'océan Pacifique occidental. Si ce déploiement était avant tout une réponse à la croissance exponentielle des actes de piraterie perturbant le passage de navires commerciaux dans les eaux proches de la Somalie, la présence du *Kunlun Shan*, un navire d'assaut amphibie pouvant transporter jusqu'à 800 hommes et vingt véhicules blindés, n'a pas échappé aux pays riverains de l'océan Indien.

L'approvisionnement énergétique chinois dépend donc en grande partie de la stabilité des routes maritimes qui mènent ses importations d'Afrique jusqu'en Chine. La sécurisation de ces voies passe non seulement par le maintien de bonnes relations diplomatiques avec les pays littoraux mais aussi par la possibilité de déployer en soutien à des convois commerciaux une escorte navale crédible.

Hérodote, n° 163, La Découverte, 4e trimestre 2016.

Comme l'Inde, la Chine prend soin de s'affranchir des rivalités locales dans le Golfe pour poursuivre ses intérêts dans la région. Ainsi, elle maintient des liens tant avec les monarchies arabes qu'avec l'Iran. Cela peut se décliner sur le plan naval par des initiatives de coopération de chaque côté. Toutefois, l'Iran reste à ce jour son principal fournisseur de pétrole et si Pékin a parfois pris ses distances diplomatiques avec Téhéran – notamment sur le dossier nucléaire –, les relations économiques bilatérales n'en ont guère pâti. Surtout, en septembre 2014, les marines chinoise et iranienne ont mené pour la première fois de leur histoire un exercice militaire conjoint. Étaient déployés le destroyer *Changchun* et la frégate *Changzhou*. Se focalisant sur des missions de secours à la mer, cet exercice fut pour l'Iran une opportunité de signaler à ses rivaux du Golfe que le pays non seulement entretenait des liens privilégiés avec une puissance mondiale mais pouvait échanger avec celle-ci à un niveau opérationnel. Selon les mots du commandant de la flotte chinoise, le contre-amiral Huang Xinjian, la visite permettait de « renforcer la compréhension mutuelle et améliorer les échanges entre les marines des deux pays [...] Je suis sûr que cette visite encouragera le progrès continu de la coopération entre nos deux marines [17] ».

Cela n'a pas empêché la Chine de mettre en place dès 2010 un Dialogue stratégique avec le Conseil de coopération du Golfe, les dirigeants chinois aimant à rappeler l'importance qu'ils accordent au rapprochement avec les monarchies arabes. Si ce jeu consistant à entretenir de bonnes relations avec l'ensemble des acteurs peut fonctionner au niveau diplomatique, il touche à ses limites dans le domaine militaire. Les marines chinoise et indienne ne peuvent ainsi aller au-delà des simples visites de courtoisie tant qu'elles maintiennent ces mêmes échanges avec leurs homologues iraniens. C'est pourquoi, dans le domaine du partage de renseignement et de l'interopérabilité des navires, il semblerait que, hormis les missions de contre-piraterie, les flottes d'Asie et du Golfe ne soient pas encore amenées à coopérer en profondeur.

Conclusion

Si le Golfe a longtemps été perçu comme une chasse gardée de la Royal Navy et de l'US Navy, cette configuration a nettement changé et devrait encore évoluer dans les prochaines années. Les États-Unis restent, à n'en pas douter, la première puissance navale de la région. Mais cette hégémonie fait l'objet de multiples

17. T. Erdbrink et C. Buckley, « China and Iran to conduct joint naval exercises in the Persian Gulf », *New York Times*, 21 septembre 2014

Hérodote, n° 163, La Découverte, 4e trimestre 2016.

remises en cause. Les Britanniques et les Français entendent eux-mêmes jouer un rôle à travers leurs prépositionnements dans la région (aux Émirats, à Bahreïn ou encore à Oman). Par ailleurs, il ne faudrait pas négliger les développements, certes encore embryonnaires, dans le rapprochement des marines asiatiques. Mais au-delà de cette forte internationalisation des rapports de force dans cet espace maritime, ce sont les acteurs locaux qui en influencent de façon décisive le cours. Le développement continu des capacités de déni d'accès de la marine iranienne, et plus précisément des gardiens de la Révolution, suscite chez les monarchies du CCG de fortes appréhensions. Alors que la condition opérationnelle des marines arabes reste encore incertaine, ce climat de tensions et de possible confrontation devrait continuer à faire de la région une des zones maritimes les plus instables.

Bibliographie

ACHARYA A. (1989), *US Military Strategy in the Gulf*, Londres, Routledge.

BARNETT M. et GAUSE III G. (1998), « Caravans in opposite directions : society, state and the development of a community in the Gulf Cooperation Council », *in* ADLER E. et BARNETT M. (dir.), *Security Communities*, Cambridge, Cambridge University Press, p. 161-198.

COMMINS D. (2014), *The Gulf States. A Modern History*, Londres, I.B. Tauris.

CORDESMAN A. et LIN A. (2015), *The Iranian Sea-Air-Missile Threat to Gulf Shipping*, New York, Rowman & Littlefield.

CORDESMAN A., WILNER A., GIBBS M. et MODELL S. (2013), *US-Iranian Competition. The Gulf Military Balance*, Washington, Center for Strategic and International Studies.

DAZI-HENI F. (2008), *France and the Arabian Gulf*, Abou Dabi, Emirates Center for Strategic Studies and Research.

DOCKRILL S. (2002), *Britain's Retreat from East of Suez. The Choice between Europe and the World ?*, Londres, Palgrave.

KATZMAN K. (2015), *Bahrain. Reform, Security, and U.S. Policy*, Washington, Congressional Research Service.

KUMARASWAMY P. R. (dir.) (2014), *Persian Gulf 2014. India's Relations with the Region*, New Delhi, SAGE Publications India.

LIPPMAN T. (2005), « The day FDR met Saudi Arabia's Ibn Saud », *The Link*, vol. 38, n° 2.

MACRIS J. (2010), *The Politics and Security of the Gulf. Anglo-American Hegemony and the Shaping of a Region*, Londres, Routledge.

O'ROURKE R. (1988), « The Tanker War », *Proceedings*, vol. 114, n° 5.

PALMER M. (1992), *Guardians of the Gulf. A History of America's Expanding Role in the Persian Gulf, 1833-1992*, New York, Free Press.

SAMAAN J-L. (2014), « The ties that do not bind : the limits of the South Asian-Gulf rapprochement », *Contemporary Review of the Middle East*, vol. 1, n° 2.

STANSFIELD G. et KELLY S. (2013), *A Return to East of Suez ? UK Military Deployment to the Gulf*, Londres, Royal United Service Institute.

TALMADGE C. (2008), « Closing time : assessing the Iranian threat to the strait of Hormuz », *International Security*, vol. 33, n° 1.

WEINBERGER C. (1990), *Fighting for Peace. 7 Critical Years in the Pentagon*, New York, Grand Central Publishing.

Hérodote, n° 163, La Découverte, 4e trimestre 2016.

La France et la mer : approche stratégique du rôle de la Marine nationale

Jean Dufourcq[1]

La mer est aujourd'hui devenue l'avenir de la terre. Chacun en convient. La France, bien dotée en atouts maritimes, dispose en mer d'un formidable réservoir de croissance. Celui-ci justifie une véritable ambition maritime et requiert une véritable stratégie navale dont la Marine nationale est par destination le principal vecteur[2].

La nécessaire ambition maritime

Le monde change et bien des vulnérabilités de nos sociétés s'installent inexorablement en mer. Car si la mer change peu, les sociétés marchandes mondialisées en dépendent tous les jours un peu plus. En ces temps de brouillard stratégique, la mer redevient un théâtre stratégique global.

Incertitude stratégique

Nous vivons des temps déconcertants ; l'avenir nous semble incertain, l'équilibre entre les humains et la terre de plus en plus fragile (*cf.* COP21) et même entre les humains entre eux (*cf.* l'État islamique et ses avatars). On a le sentiment

1. Académie de marine, rédacteur en chef de *La Vigie*. www.lettrevigie.com.

2. Cette réflexion conduite à la fois dans le cadre de l'Académie de marine reprend et complète des travaux publiés dans la revue *Défense nationale* ces dernières années et diffusés en début d'année 2016 aux abonnés de la lettre bimensuelle *La Vigie* (www.lettrevigie.com). Pour apprécier l'ordre de bataille actuel et la liste navale de la Marine nationale, se reporter au site de la Marine nationale.

Hérodote, n° 163, La Découverte, 4e trimestre 2016.

d'avoir atteint les limites d'un système hier cohérent. La planète à peine globalisée semble se défaire et l'actuelle phase de mondialisation n'est ni maîtrisée, ni heureuse, ni vertueuse. Au loin, se profile une planète de plus de 9 milliards d'habitants peu stable, de plus en plus dense, avec des points de friction démultipliés. On y redoute la pénurie des ressources vitales accessibles sur terre. Chacun cherche donc à s'approprier une part significative des biens communs mondiaux, notamment en mer, où sont repérés des réservoirs de développement intacts.

Des 30 verts aux 70 bleus

Car nous avons commencé à épuiser les ressources des 30 % verts, ces terres émergées de la planète où l'homme vit et où s'est écrite l'histoire des peuples. Et on devine qu'il va falloir tirer demain beaucoup plus de ressources des 70 % bleus, encore largement intacts, des océans, réserve de provisions vitales que la planète offre à l'humanité. Mais pour cela, il va falloir réconcilier la diversité et l'unité de la planète, une planète encombrée d'hommes qui se rapprochent tous des littoraux, comme s'ils avaient compris avant l'heure que là se trouvaient des solutions positives à un avenir incertain. Il va donc falloir mieux utiliser ces 70 % bleus de la mer. Comment s'y prendre ? Va-t-on territorialiser le bleu, fluide par nature, avec les outils nationaux et multinationaux du droit, de l'économie et de la sociologie du vert, l'enfermer dans une superstructure rigide et le rendre *de facto* rugueux à son tour ? Va-t-on le gérer d'abord avec le souci du bien commun et de la nécessaire coopération que crée l'interdépendance assumée ? Forte de ses atouts et de ses responsabilités, la France a là son mot à dire. On voit bien qu'une nouvelle axiomatique émerge de la mondialisation, de ses risques, de ses enjeux et des possibilités qu'elle offre. Elle peut mettre les mers en danger en cherchant à les administrer étroitement comme le sont les territoires terrestres que les intérêts, les idéologies, les nationalismes ont souvent divisés, opposés, maintenus en état de guerre, les empêchant de tirer un bénéfice de leurs diversités et de leurs complémentarités. Elle peut à rebours réintroduire sur la terre la vertu des échanges fluides et mutuellement favorables en offrant à tous des ressources et des espaces devenus rares à terre. De deux choses l'une. Ou bien la territorialisation gagne les mers et alors les pratiques des hommes habitués à s'approprier les espaces par la force y entretiendront les risques et les tensions. Ou bien la maritimisation bonifie les échanges entre les sociétés terrestres. L'actuelle tension en mer de Chine illustre bien cette problématique de l'interaction entre le « vert saturé » et le « bleu dilué ». La France est là aussi concernée.

Hérodote, n° 163, La Découverte, 4e trimestre 2016.

Les vertus de la maritimisation

De la maritimisation de la planète, on a bien parlé, notamment dans un récent rapport du Sénat, « Maritimisation : la France face à la nouvelle géopolitique des océans », qui fait autorité sur la question [Lorgeoux et Trillard, 2012]. Deux aspects, stratégique et sociétal, émergent de ces travaux qui caractérisent la mer, matrice de la vie et avenir de la terre, comme les enjeux maritimes et les activités réticulaires qu'elle suscite.

Dans le champ stratégique, la maritimisation développe les idées de bien commun, de patrimoine à préserver, de bénéfice à s'allier pour exploiter des richesses, partager des ressources et des technologies. Ce qui compte, c'est le maintien d'un libre exercice, d'un libre accès, pour le profit collectif que permet une compétition plus ou moins coopérative mais régulée par la performance. La coordination sécurisée des flux nécessaires au développement de chacun, la solidarité de tous face à l'immensité des champs marins créent les conditions de partenariats multiples. À défaut d'équipements collectifs ou d'infrastructures partagées des mers, on peut favoriser des espaces maritimes régis par les mêmes règles et procédures, comme l'a fait la convention de Montego Bay de 1982 qui tend à réguler les limites du « chacun pour soi » dans un espace ouvert de moins en moins *res nullius* et de plus en plus *res communis*. Les échanges maritimes internationaux se sont tant développés qu'ils ne peuvent plus être interrompus sans graves dommages pour tous ; vitaux, ils doivent être sanctuarisés. Et toutes les puissances ont un intérêt majeur à leur maintien hors conflits. Qu'il s'agisse d'infrastructures portuaires, d'exploitations *offshore*, de canaux et passages resserrés commerciaux, des grandes artères de flux de conteneurs, ils sont tous au cœur du développement de la planète consacrant l'interdépendance massive des économies mondiales. L'interdépendance maritime assumée est devenue un enjeu vital, une réalité stratégique, une source de régulation de la planète mais aussi un espace de vulnérabilités à réduire.

Dans le champ sociétal maintenant, une autre dimension est à relever : elle résulte de la vertu unifiante du comportement des gens de mer, qui rend tous les travailleurs de la mer le plus souvent solidaires. Il se crée une déontologie de l'assistance et de la souplesse que partagent ceux qui ont à affronter l'immensité et la puissance de la mer qui, comme chacun le sait, a toujours le dernier mot. Cette conscience partagée des limites humaines face à la nature, à la vie de la planète, entretient un état d'esprit dont la transposition à terre peut avoir des vertus apaisantes sur la pratique des relations de voisinage et les processus multilatéraux économiques, culturels et politiques des sociétés modernes.

Hérodote, n° 163, La Découverte, 4e trimestre 2016.

Une France maritime

Ceinturée de mers et richement dotée d'outre-mers qui lui offrent un immense domaine maritime de ZEE[3] (plus de 11 millions de km²), la France dispose là d'un atout inaliénable dans la planète globalisée, qu'elle a encore peu exploité. C'est même l'un de ses principaux réservoirs de croissance. Elle est mieux dotée que quiconque en Europe pour ce faire, avec une métropole placée au carrefour des artères maritimes les plus denses du monde, avec des relais nombreux au large sur tous les continents comme autant de promesses de développement, et une industrie de construction navale capable d'assembler les unités les plus complexes qui soient au monde. La mer est à nous si nous savons y inscrire le développement de la France. La France a donc de sérieux atouts pour développer une véritable « ambition du large » et y établir les relais d'une nouvelle croissance fondée sur l'économie maritime, les bases d'une réelle sécurité économique durable, et figurer parmi les puissances de la mer. Chacun voit aussi que les puissances maritimes, à l'abri de leur insularité, anglo-américaines en particulier, mais aussi japonaise, ont acquis une grande capacité d'action dans ce monde fluide. On remarque encore que les puissances émergentes, Brésil, Inde ou Turquie renforcent leur capacité navale. La Chine s'affiche comme une grande puissance maritime de demain. En France, on paraît sous-estimer la maritimisation dopée par la mondialisation, voire la réduire à une banale perspective industrielle ou commerciale, sur fond de compétition interministérielle ou interarmées. Certes, une défense de l'avant et une stratégie de prévention imposent d'y être vigilants aux avant-postes des intérêts exposés du pays, prêts à agir. Certes, il nous faut une capacité militaire expéditionnaire pour réagir aux aléas du monde et soutenir par la voie maritime les théâtres d'action, voire pour y engager une force aéromaritime d'intervention. Mais un engagement plus résolu, y compris militaire, de la France en mer s'impose aujourd'hui car, comme on l'a dit, la mer est devenue une superstructure vitale de la planète qui nous oblige.

3. Deuxième pays du monde en termes de surface maritime juste derrière les États-Unis. La convention de Montego Bay permet aux pays côtiers d'étendre leur plateau continental au-delà des 200 milles marins (environ 370 km) de leur ZEE – jusqu'à une limite maximale de 350 milles – s'ils démontrent que leur territoire terrestre se prolonge sur le fond des océans. Les droits d'un État sur cette zone ne s'exercent cependant que sur le sol et le sous-sol marin et non sur la colonne d'eau, qui reste du domaine international. Ainsi, les nouvelles limites extérieures du plateau continental français au large de la Martinique et de la Guadeloupe, de la Guyane, des îles Kerguelen et de la Nouvelle-Calédonie ont été fixées par quatre décrets publiés fin septembre 2015. Les zones concernées par ces extensions en France portent sur une superficie de 423000 km² au large des îles Kerguelen, de 76000 km² au large de la Nouvelle-Calédonie, de 72000 km² au large de la Guyane et de 8000 km² au large de la Martinique et de la Guadeloupe.

Hérodote, n° 163, La Découverte, 4e trimestre 2016.

Nous devons être prêts à comprendre qu'il y a dans le monde d'autres potentialités, d'autres réservoirs de richesse et de puissance, d'autres complémentarités, d'autres alliances que ceux que l'Occident et les mondes européens continentaux ont organisés. Nous devons mieux comprendre que c'est dans la diversité que se trouvent les ressorts de la croissance et du progrès, que c'est elle qui porte les espoirs d'une planète dont 70 % sont à notre disposition, si l'on sait en partager les ressources et en sécuriser les accès.

Dans ces temps incertains, la mer est bien devenue l'avenir de la terre à laquelle elle offre des ressources importantes, un relais de croissance essentiel, mais aussi une nouvelle approche coopérative des échanges et des compétitions et une déontologie que fondent les valeurs partagées par tous ceux qui la fréquentent assidûment. Sachons la préserver des appropriations patrimoniales antagonistes qui reproduisent des schémas continentaux belligènes. Cette réalité est déterminante pour la posture stratégique de la France et pour le format de sa Marine nationale.

Stratégie navale de la France

La puissance a toujours eu une dimension maritime, et c'est chaque jour plus vrai. Trois espaces clés du monde, les zones de coprospérité nord-américaine, euro-méditerranéenne et sud-asiatique, sont interconnectés par leurs façades maritimes et liés par leur forte dépendance à la mer pour leurs approvisionnements et leurs échanges. Dans ces espaces, les flottes de guerre les plus importantes du monde sont à l'Ouest mais celle, dominante, des États-Unis a désormais pivoté vers l'Asie où les puissances régionales de l'Est sont avides de stature militaire et navale, en Inde, en Chine, en Corée du Sud ou au Japon.

Bien des enjeux et des vulnérabilités se sont installés en mer mais derrière la ligne d'horizon au loin, comme toujours, l'action navale se fait sans témoins ni spectacle. Pour sécuriser les approches côtières nationales et les espaces océaniques communs, les marines de guerre doivent entretenir des missions permanentes, lourdes à supporter. Cela vaut évidemment pour la Marine nationale.

Or la posture qu'elle doit adopter est à double usage : pour exercer l'action régalienne de l'État en mer, comme instrument de son autorité et noyau de son expertise maritime, et pour constituer la composante navale des forces armées en charge du théâtre aéromaritime des tensions et conflits qui engagent la France. Rapportées à la capacité industrielle et commerciale et à la trace de la France dans le monde, *via* notamment son « cluster maritime » ou ses outre-mers avantageux, ces réalités forment le socle d'une nécessité maritime qui justifie une stratégie navale. Agent de l'État et son *ultima ratio* sur mer, la « Royale » assume des tâches variées qui fondent une dualité navale peu perçue à l'extérieur.

Hérodote, n° 163, La Découverte, 4e trimestre 2016.

Voici quelques considérations sur l'action navale de la France, son environnement, ses forces et la manœuvre militaire qu'elle doit conduire en mer.

Environnement naval exigeant

Bien qu'une agression militaire radicale contre son territoire et une atteinte vitale à ses intérêts soient aujourd'hui improbables, la France est exposée en mer. Elle doit y gérer des vulnérabilités socioéconomiques et sécuritaires. Il lui faut aussi donner une dimension maritime, *via* sa capacité navale, à sa stratégie diplomatique. Ainsi doit-elle disposer d'une capacité ostensible de surveillance et de protection de ses approches maritimes, les moyens de la sauvegarde de ses intérêts au large et, pour cela, une capacité prouvée d'intimidation et de combat à la mer. La dimension navale de sa posture militaire doit donc être conséquente et la France ne peut faire l'économie de la puissance navale.

De plus, la compétition interne dans laquelle sont impliqués les pays de l'Union européenne et celle qui les met aux prises avec les autres centres de puissance du monde possèdent à l'évidence un aspect militaire et maritime que la Marine nationale doit également endosser sans faillir. Or, dans l'espace euro-méditerranéen, nos voisins ont renoncé à entretenir une capacité navale substantielle, en forces de combat, en train logistique ou en points d'appui. Alors, bien qu'ayant réduit fortement son format (30 000 marins, 60 unités de combat et 200 aéronefs dont une trentaine de Rafale déployés), la Marine a dû entretenir toutes les composantes d'une force navale globale, et se retrouve au premier rang européen, et désormais devant la Royal Navy.

La distinction entre paix et guerre s'étant estompée depuis la fin de la guerre froide, la crise connaissant de soudains « orages de violence » à proximité des côtes où se massent les hommes, ses unités sont souvent sollicitées pour y faire face.

La gamme des actions requises d'elles est très étendue, de la surveillance à la police, de l'assistance humanitaire à la chasse aux perturbateurs de tous genres (trafics, traite, narcos, pirates, terroristes...) et aux combats de haute intensité des opérations aéromaritimes et aéroterrestres combinées et coalisées.

À cela s'ajoutent les « servitudes » propres de la France. Et d'abord son immense espace maritime d'intervention. Malgré le bénéfice d'une position géopolitique privilégiée (continentale comme outre-mer) et une compétence industrielle attestée par des réalisations technologiques majeures, à l'égal des pays plus avancés, (ingénierie pétrolière, paquebots, sous-marins, porte-avions), la France a bien du mal à déployer ses forces sur les mers qui lui reviennent, au large de métropoles, dans ses ZEE et le long de ses voies d'approvisionnement maritimes. De plus, la marine doit endosser l'essentiel de la posture de dissuasion nucléaire

Hérodote, n° 163, La Découverte, 4e trimestre 2016.

stratégique qui dimensionne à grands frais une bonne partie de ses moyens humains, militaires et industriels.

Malgré un savoir-faire opérationnel entretenu avec ténacité dans les domaines exigeants des actions aéronavales, sous-marines et de forces spéciales où elles agissent avec les meilleurs, c'est dans un climat de forte contraction budgétaire que la marine doit concevoir une stratégie navale pour les temps actuels afin de faire face aux exigences de la posture qu'on attend d'elle : dans les domaines clés de son action permanente et emblématique de défense des responsabilités et des intérêts de la France en mer, et de composante navale occasionnelle d'opérations combinées de stratégie militaire générale interarmées.

Pour y pourvoir, cette stratégie navale passe par une patiente stratégie des moyens permettant d'articuler efficacement des forces polyvalentes dans une manœuvre soignée pour conduire de multiples combinaisons d'actions militaires de vigilance, de sauvegarde et de rétorsion, selon les circonstances.

Forces polyvalentes et mobiles

L'action navale, activité militaire permanente et multimodale, s'exerce de fait dans un espace commun où l'adversaire est dilué dans l'activité marchande d'une économie maritime en plein essor dans la course aux richesses de la mer et transportées par elle. Les forces doivent donc être en permanence capables de toutes formes d'action, équipées et dotées en moyens de surveillance, d'analyse et de feu, ce qui exige d'elles une grande polyvalence et un entraînement soigné pour pouvoir agir immédiatement sur le lieu de l'action. À cette polyvalence requise s'ajoutent deux autres exigences, l'endurance pour durer à la mer avec un ravitaillement réduit et la mobilité pour compenser le faible nombre d'unités, et créer un effet suffisant d'ubiquité pour entretenir l'incertitude chez le perturbateur et l'adversaire.

On ne sera pas surpris que l'unité de base de cette flotte soit la frégate ; on apprendra sans doute qu'il en faut aujourd'hui deux catégories, des légères pour les actions à portée militaire limitée, FTI, et des lourdes, FREMM, pour les actions spécialisées en haute mer. La France devrait en aligner une trentaine.

À ces frégates à tout faire, « poumon de la marine », on doit ajouter de puissants moyens offensifs, sous-marins d'attaque et porte-avions qui, par la mobilité et l'autonomie que leur procure la propulsion nucléaire, peuvent mener une action décisive de coup d'arrêt, de rétorsion ou d'inhibition des actions adverses. Si la flotte sous-marine se renouvelle avec l'entrée en service progressive de six Barracuda, la singularité du porte-avions *Charles-de-Gaulle* constitue une limite stratégique majeure de la marine et une bévue de la stratégie militaire de la

Hérodote, n° 163, La Découverte, 4e trimestre 2016.

France à rattraper sans délai. En revanche, les trois grands bâtiments de projection récents sont un marqueur décisif d'une forte capacité d'intervention aéromaritime et amphibie.

Manœuvre aisée et configuration souple.

Cette stratégie des moyens, éternel « plan bleu marine », permet à la marine de conduire une large gamme d'actions conjuguant les postures d'une marine de raid avec celles d'une marine de présence : privilégier une posture permanente de prévention à distance, flanquée par une capacité de constitution rapide et d'action d'une force d'intervention ; exercer localement une pression constante en montrant sa force ; baser en mer une capacité ostensible d'intimidation et de neutralisation décisive dans des zones d'intérêt stratégique...

La manœuvre navale de demain consistera sans doute à conduire, avec nos voisins euro-méditerranéens, une patrouille navale permanente dans nos atterrages communs, à montrer avec quelques-uns notre vigilance sur les routes océaniques de nos ravitaillements vitaux avec des unités prépositionnées, capables de rétorsion, à illustrer notre détermination par une force de raid apte au combat et rapidement mobilisable.

Un tel dispositif naval doit être soutenu par une capacité d'information spationavale permanente et des structures d'appui logistique implantées le long des routes maritimes vitales. Hormis le second porte-avions, tout ceci existe ou existera et doit encore être étayé.

La Marine nationale, déployée en permanence et mobile, est au cœur de la liberté d'action militaire de la France. Elle constitue un atout décisif de sa posture stratégique. La stratégie navale doit lui permettre de protéger, surveiller, renseigner et opérer avec des messages politiques et des actions militaires incontestables.

À l'étiage de ses moyens et de ses effectifs, la Marine nationale doit être étoffée à nouveau pour maintenir une stratégie navale à l'échelle océanique, c'est-à-dire mondiale, et soutenir cette ambition maritime qui devra animer la France au XXIe siècle, une France qui dispose d'atouts décisifs pour relever les défis de la maritimisation de l'économie mondiale.

Bibliographie

LORGEOUX J. et TRILLARD A., rapport du Sénat : « Maritimisation : la France face à la nouvelle géopolitique des océans ». Rapport d'information fait au nom de la commission des affaires étrangères, de la défense et des forces armées n° 674 (2011-2012) – 17 juillet 2012 http://www.senat.fr/notice-rapport/2011/r11-674-notice.html

Hérodote, n° 163, La Découverte, 4e trimestre 2016.

Partage de la mer et nouveaux conflits géopolitiques en Baltique[1]

Nicolas Escach[2]

L'espace baltique a souvent été cité en exemple par les autorités européennes depuis la fin des années 1990 comme un laboratoire propice à l'expérimentation de nouvelles pratiques communautaires [Commission européenne, 1994, 1999]. L'existence de liens transnationaux anciens, réactivés après la chute du Rideau de fer, a même conduit certains chercheurs à évoquer un modèle de gouvernance transnationale [Christiansen, 1997]. La singularité géographique de la Baltique, neuf États riverains se faisant face autour d'une mer quasiment fermée (superficie réduite, verrou des détroits danois, faible renouvellement des eaux, englacement), inviterait tantôt à la rapprocher d'une Méditerranée [Brunet, 1995 ; Dollfus, 1995], tantôt d'un lac [Joenniemi, 2009].

Longtemps glacis sur la frontière ouest/est, la mer Baltique est devenue, au cours des décennies 1980-1990, un support et un moteur pour les réseaux de coopération entre acteurs de tous niveaux (municipalités et ports, régions, États). Signée en 1974 et révisée en 1992, la Convention pour la protection du milieu marin de la mer Baltique, aussi appelée convention d'Helsinki, est le premier texte-cadre d'envergure rédigé par les États riverains[3] alors engagés dans la guerre froide [Rydén, 2002]. L'article 1 précise que l'aire à protéger comprend la Baltique proprement dite à laquelle s'ajoutent les golfes de Finlande et de Botnie [HELCOM, 1974]. La réunification imparfaite des deux rives doublée d'une intégration partielle au

Hérodote, n° 163, La Découverte, 4e trimestre 2016.

1. L'auteur tient à remercier Madison Ryckman pour l'aide apportée à la traduction.

2. Docteur et agrégé en géographie, ATER à l'IEP de Rennes, Campus Bretagne (Rennes) et Normandie (Caen), membre de l'UMR-5600 EVS.

3. URSS, Pologne, RDA, Danemark, Suède, Finlande.

sein de l'Union européenne[4] ont ensuite généré une multitude de structures plus ou moins formelles sans qu'une institution dominante n'impose sa vision du développement régional [Ostergren et Le Bossé, 2005]. L'Union des villes de la Baltique (1991), le Conseil des États de la mer Baltique (1992), Vision et stratégies autour de la mer Baltique (1992) ou encore Baltic 21 (1996) en sont quelques exemples. À mesure que le champ lexical s'est « démilitarisé », un nouveau vocabulaire (« voisins », « riverains ») a accompagné un discours sur la Baltique comme espace de coopération, l'imaginaire de la rive succédant à celui du rivage. Le besoin de compter dans une Union européenne en construction, des recherches opportunistes d'investissements ou la volonté d'accélérer l'harmonisation des structures économiques et juridiques, le tout teinté d'une coloration historique et culturelle, ont un temps masqué les divisions et les rancœurs. Olav Knudsen rappelle pourtant que « ce sont les conflits, plutôt que la coopération, qui ont rapproché les puissances qui entourent la mer Baltique » [Knudsen, 1999, p. 9].

Trop souvent étudiée comme le théâtre secondaire voire collatéral de conflits qui la dépassent – en témoigne l'intérêt des médias pour les conséquences de la crise ukrainienne sur les relations russo-baltes –, la mer Baltique n'est pas exempte de tensions géopolitiques à toutes les échelles. Les frontières étatiques s'y enchevêtrent sur à peine 385 000 km² traversés d'enclaves terrestres et maritimes. Les zones sous juridiction se superposent. Les ressources maritimes font l'objet d'une appropriation [Escach, 2014]. Ces dynamiques nous amènent à considérer la mer Baltique non seulement comme cadre mais aussi comme objet même des antagonismes interétatiques. Elles révèlent l'accumulation de tensions actives de faible intensité et leurs conséquences sur la recomposition en cours de l'ensemble de la zone.

La Baltique : mer de guerre ou mer de paix ?

Des conflits armés en héritage

La mer Baltique a constitué une zone de front militaire pendant la plupart des conflits du XXe siècle (Première Guerre mondiale, Seconde Guerre mondiale, guerre froide) comme en témoignent les 40 000 tonnes d'armes chimiques encore enfouies au sud-est de Gotland, à l'est de l'île de Bornholm[5] et dans le Skagerrak,

4. Intégration du Danemark (1973), de la Suède et de la Finlande (1995), de la Pologne et des États baltes (2004).

5. Le bassin de Bornholm (105 mètres de profondeur) et la fosse de Gotland (459 mètres de profondeur) ont été des lieux privilégiés pour l'enfouissement des munitions chimiques

Hérodote, n° 163, La Découverte, 4e trimestre 2016.

ou l'existence de nombreuses bases militaires et villes fermées dont certaines sont aujourd'hui à l'abandon (voir carte 1). La rive orientale présente un « paysage du conflit » encore visible (friches militaires, glacis littoral, miradors et bunkers) dont l'île de Hiiumaa en Estonie et le port de Karosta en Lettonie nous donnent une idée plus précise.

Hiiumaa, avec une superficie de 1 000 km², est la deuxième plus grande île d'Estonie après Saaremaa. L'île occupe une position stratégique qui a conduit à sa militarisation constante au cours du XXe siècle et donc à sa fermeture envers le reste de l'Europe (carte 2). Au cours de la Première Guerre mondiale, un vaste complexe de fortifications, la « forteresse navale de Pierre le Grand », est construit autour de Tallinn afin de protéger l'entrée du golfe de Finlande. Quatre lignes de défense sont alors établies depuis Saint-Pétersbourg jusqu'à l'entrée du golfe, la dernière étant située entre Hiiumaa et la péninsule de Hanko en Finlande. L'île accueille ensuite des bâtiments militaires et de protection pendant la Seconde Guerre mondiale avant de devenir un élément clé du système de ceinture verte estonienne à l'époque soviétique. L'édification de nouvelles barrières de protection qui débute dès 1939 se prolonge donc jusque dans les années 1980. Le 26 octobre 1946, le Conseil des ministres de la République socialiste soviétique d'Estonie vote une réglementation (n° 058) établissant une ceinture littorale frontalière à accès restreint (*restricted boarder coastal belt*). Le 14 février 1955, celle-ci est étendue à toutes les îles estoniennes, à vingt-quatre conseils de village dans sept comtés à l'intérieur du pays et à la ville de Paldiski. Ces deux textes sont à l'origine d'une division du territoire estonien par zone (I, II, III, IV) en fonction du niveau de restriction. Hiiumaa, située en zone II, est accessible uniquement avec une permission émanant de la police militaire. L'île accueille plusieurs bases militaires soviétiques notamment une base antiaérienne sur la pointe de Tahkuna sur la rive nord. Aujourd'hui, la pointe abrite le musée militaire de Hiiumaa et concentre la plupart des anciennes bases militaires et des bunkers de l'île, si l'on excepte les casernes et les tours de surveillance de la pointe occidentale de Ristna près du port de Kalana (péninsule de Kõpu).

Dans un contexte plus urbain, le quartier de Karosta au nord de Liepāja, troisième ville de Lettonie, a accueilli une base navale soviétique jusque dans les années 1990. Les dernières troupes russes, soit 40 000 soldats, n'ont quitté le port qu'en 1994 [Le Bourhis, 2008]. Cette situation a longtemps empêché Liepāja de devenir un port commercial d'importance, ce qui explique sa faible place dans la hiérarchie portuaire actuelle. Aujourd'hui, le quartier de Karosta et le canal qui le

comme du gaz moutarde après la décision prise lors de la conférence de Potsdam de détruire 267 500 tonnes de bombes, missiles et mines contenant des armes chimiques.

Hérodote, n° 163, La Découverte, 4e trimestre 2016.

CARTE 1. – ENJEUX GÉOPOLITIQU

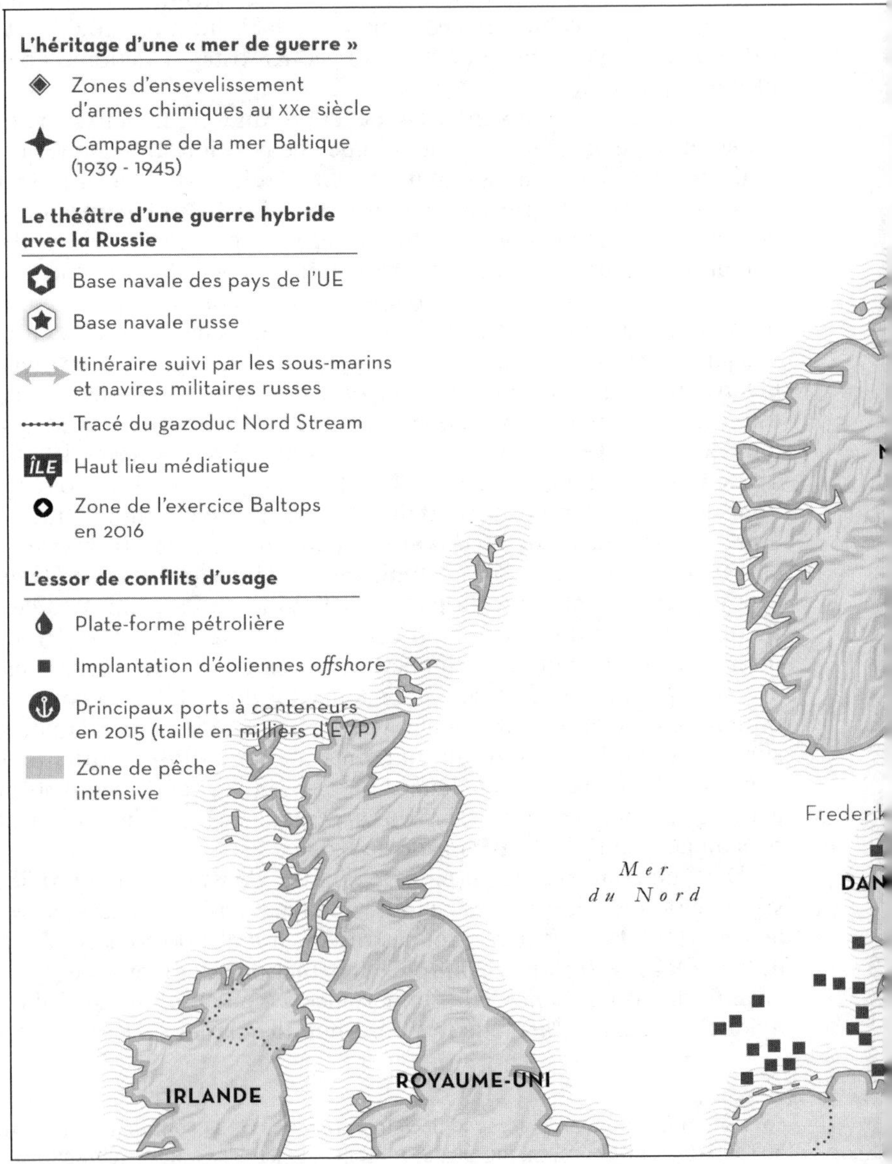

CONFLITS EN MER BALTIQUE

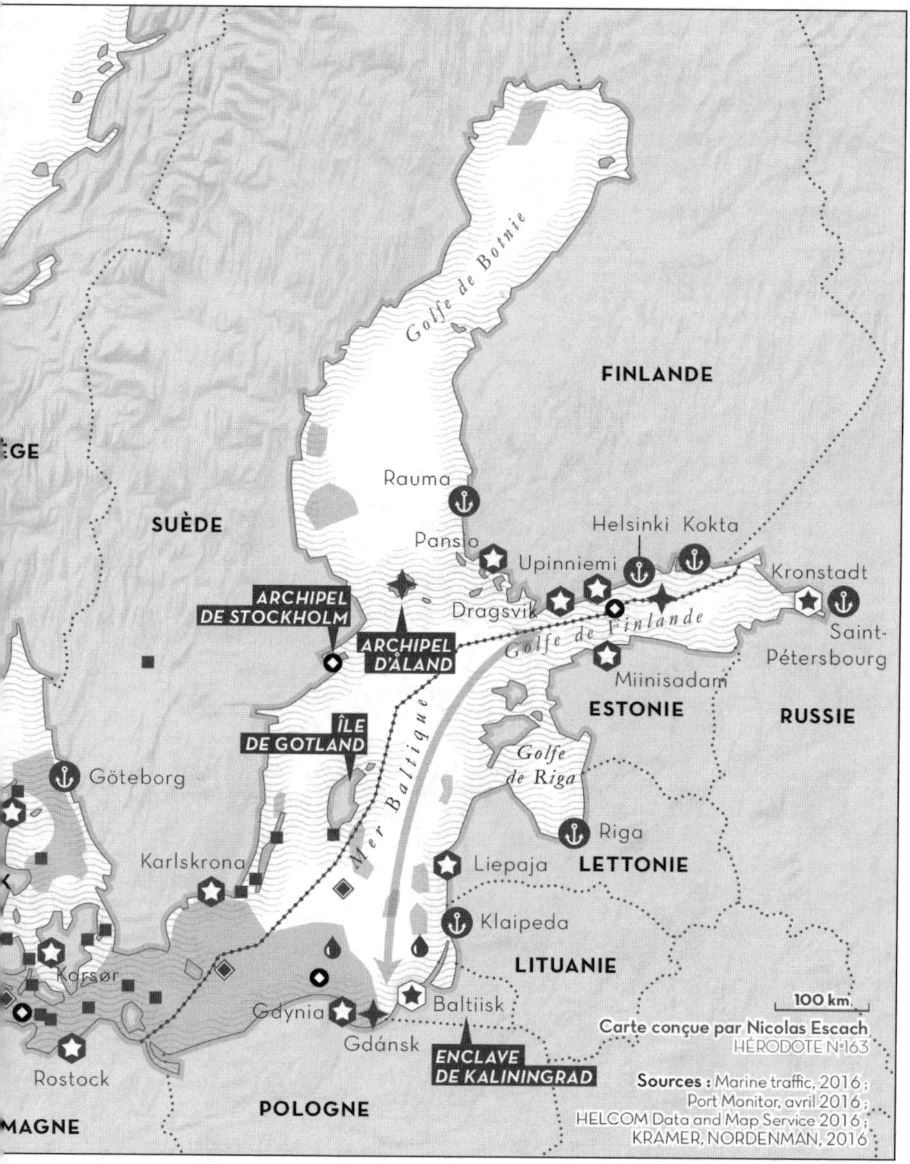

CARTE 2. – UN ENTRE-DEUX GÉOPOLITIQUE À L'ENTRÉE DU GOLFE DE FINLANDE

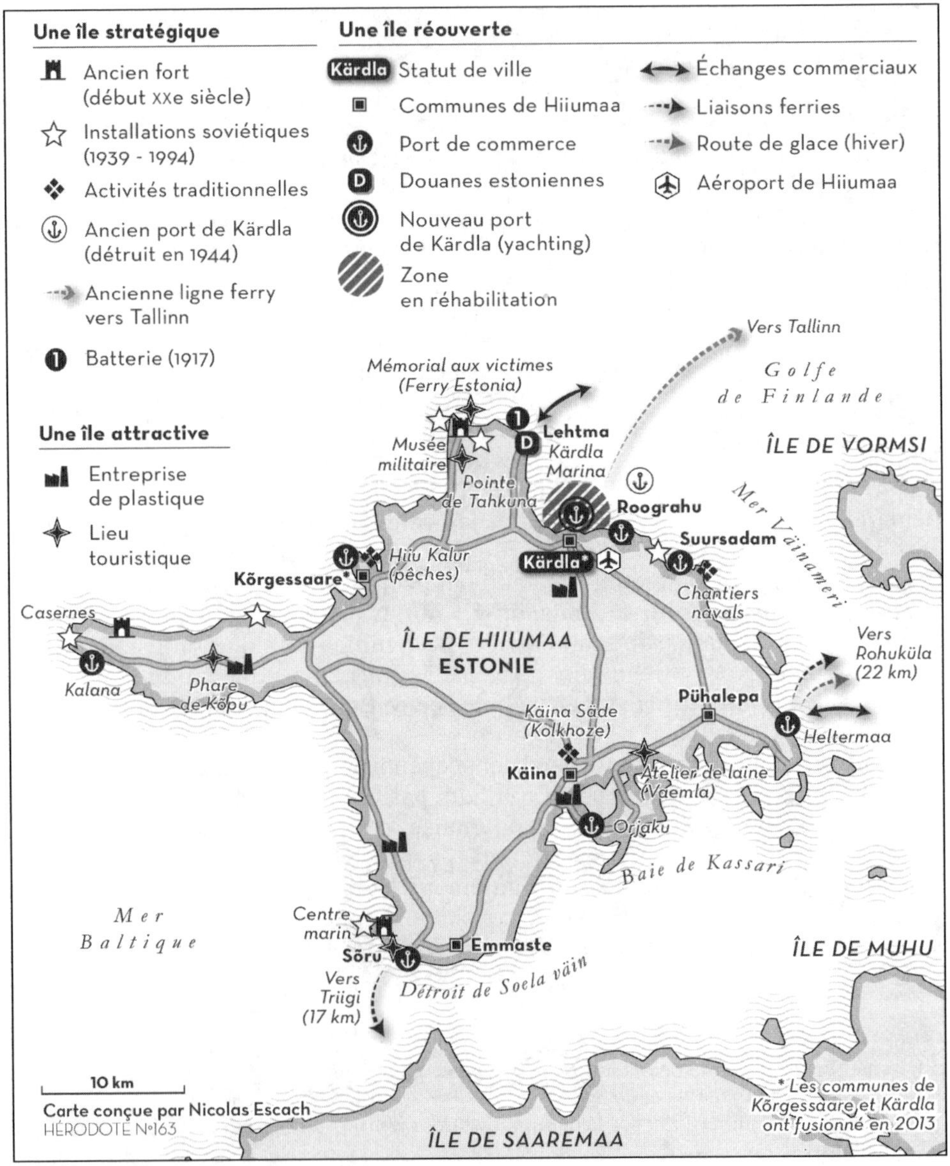

Hérodote, n° 163, La Découverte, 4e trimestre 2016.

traverse présentent de graves problèmes de pollution, les Russes ayant coulé la plupart des navires avant leur départ.

Une relative pacification avec la fin de la guerre froide

À la fin de la guerre froide, les États baltes ont choisi la méthode de l'équidistance pour le tracé de leurs frontières maritimes respectives ainsi qu'avec la Suède et la Finlande[6] [Ortolland et Pirat, 2010]. Des litiges ont en revanche opposé la Lettonie et la Lituanie au sujet de leur frontière commune. Fin 1995, le gouvernement letton a en effet signé un accord avec deux compagnies pétrolières étrangères pour exploiter des puits de pétrole *offshore* en mer Baltique au sein d'une zone disputée. De son côté, la Lituanie prévoyait la construction d'un terminal pétrolier à Būtingė [Chillaud, 2007], fortement critiqué par son voisin au nom d'arguments écologiques. Les négociations ont finalement abouti sous la pression de l'Union européenne en mai 1999[7]. La fixation de la frontière maritime entre Estonie et Russie a quant à elle été retardée par un contentieux terrestre au niveau du lac Peïpous. Un accord a été engagé en février 2014 sur un échange de 128,5 hectares de terre et 11,4 km² de surface aquatique dans le lac ainsi que sur une ligne de démarcation dans la baie de Narva et le golfe de Finlande. Dans les passages resserrés, des ententes ont pu être trouvées afin de maintenir une zone de mer internationale. L'Estonie et la Finlande ont décidé en 1994 de borner leurs mers territoriales dans le golfe de Finlande à 3 milles nautiques de la ligne médiane, ce qui revenait à laisser libre un corridor de 6 milles nautiques utilisé d'ailleurs par le gazoduc Nord Stream ainsi que par le trafic maritime en direction de la Russie. Une mesure similaire a été adoptée entre Bornholm et la Suède et dans les détroits danois.

Deux différends territoriaux persistent cependant sous forme de conflits larvés. Le Danemark et la Pologne n'ont toujours pas délimité leur frontière maritime entre l'île de Bornholm et la côte polonaise, ce qui a suscité des incertitudes pour le tracé du gazoduc Nord Stream. L'approche septentrionale des ports de Świnoujście et de Szczecin fait également l'objet d'une contestation entre Allemagne et Pologne, l'Allemagne considérant cette zone comme une partie de sa ZEE, la Pologne comme incluse dans ses eaux territoriales.

6. Un accord d'avril 1997 a établi un tripoint équidistant des côtes de Lettonie, de Suède et d'Estonie. En 2001, la même opération a été répétée pour déterminer un tripoint équidistant des côtes d'Estonie, de Finlande et de Suède.

7. Accord du 9 juillet 1999 sur la délimitation des mers territoriales, des ZEE et des plateaux continentaux.

Hérodote, n° 163, La Découverte, 4e trimestre 2016.

La Baltique, un modèle de guerre hybride

Si l'espace baltique est pacifié du point de vue des affrontements directs, les deux dernières décennies se sont caractérisées par une « guerre hybride » avec forte composante de *soft power* (désinformation à travers les médias, encouragement à la subversion politique, violation des espaces maritimes et aériens). Le dernier soldat russe n'a quitté le sol balte qu'en octobre 1999. Le souvenir de la présence russe est donc particulièrement pesant pour les États baltes qui n'ont pas tardé à rejoindre l'Otan en 2004. Ces adhésions ont été particulièrement mal perçues par le gouvernement russe qui multiplie les intimidations sans déclencher la clause de défense collective prévue par l'article 5 du traité de l'Atlantique nord. La mer Baltique constitue donc une nouvelle ligne de démarcation entre les pays de l'UE membres ou non de l'Otan à l'ouest et les pays satellites de la Russie qui souhaite étendre l'Union économique eurasiatique vers l'est.

Les conflits entre Russie et États baltiques membres de l'UE se sont notamment révélés à propos du passage du gazoduc Nord Stream dont le tracé forme géographiquement une sorte de nouveau Rideau de fer au centre de la Baltique (carte 1). La construction du gazoduc a été décidée suite à un accord signé en 2005 entre Vladimir Poutine et Gerhard Schröder. Inauguré en 2011, sa mise en service a eu lieu en 2012, les deux pipes sous-marins parallèles reliant la région de Vyborg (Russie) à celle de Greifswald (Allemagne) sur 1 198 kilomètres. Dès sa conception, le tracé du gazoduc achoppe [Cameron, 2007 ; Larsson, 2007]. Le premier sujet de discorde est politique. Il oppose la Russie aux traditionnels pays de transit (Pologne, Ukraine, Biélorussie, Slovaquie, République tchèque) qui craignent une remise en cause de leur rôle et une extension de la guerre du gaz russo-ukrainienne à d'autres pays. Le tracé définitif évite la Pologne en raison de différends territoriaux non tranchés au niveau de Bornholm, tout comme l'Estonie qui a refusé d'accueillir les recherches préalables sur ses eaux. La discorde politique s'est accompagnée d'inquiétudes quant à une instrumentalisation géostratégique, voire militaire, du gazoduc. Vladimir Poutine avait en effet annoncé en 2006 que le rôle de la flotte russe était de protéger les intérêts économiques du pays en mer Baltique, par exemple les gazoducs. Des experts et le ministre de la Défense suédois ont exprimé leurs craintes sur de nouvelles intrusions de patrouilles ou sous-marins russes dans la ZEE suédoise ou l'utilisation du pipeline à des fins de renseignement ou d'espionnage au détriment des pays nordiques ou de l'Otan grâce à des plateformes capteurs. Une troisième controverse a porté sur la question environnementale, non exempte d'égoïsme territorial sous la forme d'un syndrome NIMBY (*Not In My Backyard* : « pas chez moi »). Des ONG suédoises ainsi que l'Agence suédoise de protection de l'environnement ont fait part de leur inquiétude quant au passage du gazoduc à proximité d'une réserve marine près de

Hérodote, n° 163, La Découverte, 4e trimestre 2016.

Gotland. La branche finlandaise du WWF a appelé quant à elle à un tracé au sud de l'île d'Hogland, arguant que le sol marin y était plus plat, ce qui permettrait un tracé plus droit du gazoduc et moins de risques de fuite. Le consortium du gazoduc a répondu que cette proposition était impossible compte tenu d'un projet de zone de conservation écologique. Enfin, la branche russe de Greenpeace a souligné la fragilité de l'est du golfe de Finlande, notamment la réserve Kurgalsky. L'argument écologique s'est doublé d'une crainte de risque technologique émise par les Suédois et Finlandais en raison des munitions enfouies dans le golfe de Finlande après la Seconde Guerre mondiale.

Après l'inauguration de Nord Stream, un autre élément récurrent de conflit a été la violation, supposée ou réelle, de l'intégrité territoriale, notamment suédoise, par l'armée russe. Régulièrement, des articles de presse évoquent une présence supposée de sous-marins russes, témoins oculaires à l'appui, et mettent en scène les recherches actives côté suédois sans que celles-ci n'aboutissent toujours à des faits avérés. En octobre 2014, une opération militaire a par exemple été lancée à la recherche d'un sous-marin russe de classe Lada endommagé autour de Kanholmsfjärden dans l'archipel de Stockholm. Cette « chasse aux sous-marins » a gagné d'autres pays comme la Finlande (avril 2015), la Lettonie (mai 2015, avril 2016) ou encore la Lituanie. En mai 2015, le gouvernement lituanien a ainsi accusé la Russie de rompre la convention des Nations unies sur le droit de la mer en effectuant des rotations de navires dans la zone de construction de l'interconnexion électrique sous-marine NordBalt (Lituanie-Suède) au sein de la ZEE lituanienne. Les rumeurs de mouvements de bâtiments battant pavillon russe sont prises très au sérieux par les États baltes, d'autant plus depuis la crise ukrainienne qui a pu laisser craindre une intensification de la présence militaire russe en mer Baltique. Des incidents aériens ont également eu lieu, comme en 2016 lorsque deux avions de combat russes Sukhoi Su-24 ont réalisé entre quinze et vingt passes à très basse altitude au-dessus du navire de guerre américain *USS Donald Cook* au large de l'Estonie. Côté russe, une même rhétorique de provocation est employée à propos des exercices effectués par les navires de l'Otan nommés Baltops. Les tensions se sont renforcées après les déclarations du ministre letton de la Défense, se disant prêt en 2014 à accueillir des navires de l'Otan à Liepāja au sein de la base navale.

Les tensions entre États riverains, Otan et Russie, se sont cristallisées autour de plusieurs hauts lieux stratégiques : l'archipel de Stockholm, la baie de Gdańsk et la lagune de la Vistule, l'enclave de Kaliningrad, et plus récemment l'île de Gotland. Les navires transitant le long des littoraux baltes et accusés de pénétrer dans les eaux baltes effectuent le plus souvent la liaison entre la base navale de Kronstadt (golfe de Finlande) située à proximité du quartier général de la marine russe de Saint-Pétersbourg et la base de Baltiisk près du quartier général de la flotte de la

Hérodote, n° 163, La Découverte, 4e trimestre 2016.

CARTE 3. – INCIDENTS IMPLIQUANT L'OTAN ET LA RUSSIE

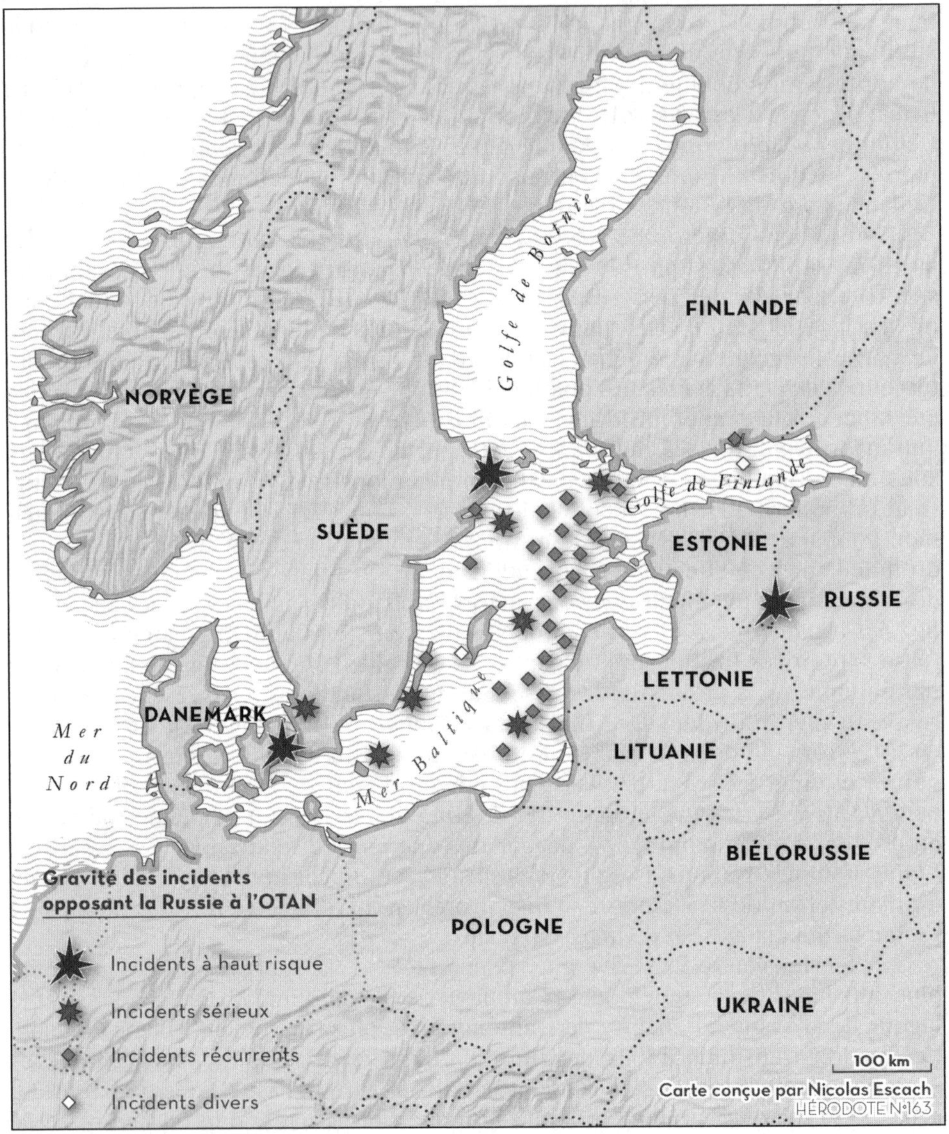

Source : Kramer, Nordenman, 2016.

Hérodote, n° 163, La Découverte, 4e trimestre 2016.

Baltique à Kaliningrad. Cette route, le long du littoral balte, concentre d'ailleurs la plupart des accidents impliquant l'Otan et la Russie comme le montre la carte 3.

L'enclave de Kaliningrad constitue un point stratégique pour la Russie. La Flotte baltique comprend à Baltiisk deux sous-marins, deux destroyers, trois frégates, huit corvettes, un navire amphibie et des navires militaires côtiers. Le dispositif russe est constitué d'unités de défense côtières avec système d'alerte antimissile, station radar, et missiles Iskander positionnés à Chernyakhovsk, à 200 km de la base terrestre polonaise de Redzikowo. Cette dernière devrait abriter en 2018 une base du système de défense antimissile de l'Otan. En 2014, la Russie a également déployé dans l'enclave des bombardiers tactiques Sukhoi Su-34 avec des capacités de lutte anti-navire (missiles Kh-35). De l'autre côté de la frontière, la baie de Poméranie accueille régulièrement des exercices Baltops, notamment les ports polonais de Gdynia ou Ustka[8]. L'île de Gotland est également devenue plus récemment un lieu majeur de tensions en raison de sa situation stratégique (passage de Nord Stream, relais sur les axes maritimes majeurs). Le ministre de la Défense suédois a annoncé vouloir y poster 150 soldats pour faire face à une éventuelle action militaire russe dans la région sur le modèle de l'invasion de la Crimée. L'île a également accueilli plusieurs exercices de l'Otan en 2015, soit un contingent de 3600 soldats et 115 avions. La perspective d'un gazoduc Nord Stream 2 a enfin relancé les débats dans la région autour du choix d'un futur tracé.

D'autres points d'achoppement sont apparus au moment de la crise ukrainienne, affectant par exemple la commercialisation des ressources halieutiques baltes. Suite aux sanctions touchant la Russie, un embargo sur la plupart des produits alimentaires venant de l'Union européenne a été décrété par le Kremlin le 6 août 2014 pour une durée d'un an, et étendu aux abats et farines animales en octobre. Le 4 juin 2015, la Russie a imposé un nouvel embargo sur les poissons ou produits de la mer importés d'Estonie et de Lettonie, alors que près de la moitié de la production lettone se dirige vers le marché russe. Cette décision a fait suite à la découverte annoncée d'un taux excessif de benzopyrène, une substance cancérigène, dans les sprats lettons par le Service fédéral russe pour la surveillance vétérinaire et phytosanitaire (Rosselkhoznadzor). Les sanctions russes n'ont cependant affecté que 0,5 % du total des exportations lettones en 2014, selon l'OCDE.

Hérodote, n° 163, La Découverte, 4e trimestre 2016.

8. L'Otan a récemment reconnu l'importance stratégique des mers au sommet du pays de Galles en septembre 2014 et la réalisation d'un cadre stratégique pour la mer Baltique est régulièrement mentionnée [Kramer et Nordenman, 2016].

Des conflits sur la mer aux tensions pour la mer

Les conflits géopolitiques interétatiques ne sont pas sans conséquences sur des conflits plus locaux générés par une appropriation croissante de la mer Baltique [Escach, 2016]. Celle-ci associe densité des usages et faible ressource spatiale, une combinaison propice aux tensions à toutes les échelles. Le trafic maritime la traversant représente par exemple 8 % du commerce maritime mondial en 2012, ce qui s'explique par un fort niveau d'internationalisation des économies baltiques et par la présence de clusters industriels dans la région et son hinterland. Celui-ci a doublé depuis 1997 alors que le trafic mondial ne connaissait qu'une croissance de 65 % environ. S'ajoutent au transit des porte-conteneurs à destination de Saint-Pétersbourg ou Gdańsk de nombreuses lignes roulières locales[9] (pour 44 % d'entre elles), transnationales (30 %) ou à destination de la Norvège et de la Northern Range (26 %). Parallèlement, le tourisme de croisière s'est lui aussi développé rapidement (4,3 millions de passagers en 2012 contre seulement 1,1 million en 2000) et représentait 10 % des parts de marché européennes en 2012. Cette superposition des lignes explique des phénomènes de saturation dans les passages resserrés à l'image du golfe de Finlande. Dans la baie d'Helsinki, les bacs vers Suomenlinna croisent les ferries vers Tallinn ou Stockholm et les navires de croisière. Les activités traditionnelles, qui avaient généré une forte littoralisation sur la plupart des rives baltiques (tourisme balnéaire, pêche et aquaculture, transit portuaire, extraction de graviers), sont désormais débordées par de nouveaux usages à distance des côtes (énergies marines renouvelables, développement des croisières...). Comme le montre la carte 1, la plupart des activités se concentre dans les mêmes zones : une polarisation nette au sud-ouest de la Baltique, au niveau des détroits danois et du littoral nord-allemand, où les conflits d'usage sont nombreux, et une concentration assez importante dans le golfe de Finlande plutôt caractérisé par des conflits géopolitiques à petite échelle.

Afin d'organiser le franchissement de la dernière frontière [Virilio, 2013], les activités humaines se déployant de plus en plus loin des terres, et parallèlement à des initiatives étatiques notamment en mer du Nord[10], l'Unesco et l'UE ont successivement appelé à un aménagement de l'espace maritime. Une directive adoptée en 2014 a exhorté tous les États membres de l'UE à lancer un processus de planification dès septembre 2016 pour un aboutissement à l'horizon 2021. La planification

9. Lignes au sein d'une même zone transfrontalière : Øresund, Baltique méridionale ou golfe de Finlande.

10. En Europe, les pays du Nord comme la Belgique, le Royaume-Uni et l'Allemagne figurent parmi les pionniers en raison de la combinaison entre des espaces maritimes restreints et une forte convoitise des acteurs (ressources *offshore*, flux maritimes, pêche).

Hérodote, n° 163, La Découverte, 4e trimestre 2016.

maritime est à entendre ici comme un processus consistant à organiser géographiquement un espace maritime en rationalisant la localisation des activités humaines notamment par le zonage, chaque fraction délimitée se voyant attribuer des qualités spécifiques (types d'activités, réglementations, prescriptions). Les objectifs affichés par la Commission sont de plusieurs ordres : assurer localement une organisation plus rationnelle entre les différents usages de la mer, créer des synergies et réduire les conflits entre acteurs et entre États, appliquer à l'échelle européenne les objectifs de la stratégie Europe 2020 (encouragement de la recherche et des technologies numériques, essor d'une croissance bleue), renforcer enfin, à petite échelle, l'attractivité de l'espace maritime européen (susciter des investissements en accroissant leur prévisibilité, simplifier le processus de décision multiniveaux, améliorer l'attractivité par une attention portée au paysage).

Si la planification de l'ensemble de la Baltique est encore embryonnaire, les exemples d'expériences menées à l'échelle locale existent. La planification maritime est inscrite dans la stratégie européenne pour la mer Baltique ratifiée en 2009 au sein de l'action horizontale consacrée à l'aménagement terrestre et maritime. Elle est encouragée par les organisations VASAB[11] et HELCOM qui ont conjointement défini en 2010 les principes d'une planification en Baltique. Plusieurs projets transnationaux ont vu le jour en Baltique pour entamer des études prospectives à l'image des projets INTERREG BaltSeaPlan (2009-2012) et PartiSEApate (2012-2014)[12]. Ces démarches liminaires révèlent l'existence de multiples conflits d'usage et d'acteurs et la difficile conciliation entre des intérêts nationaux souvent divergents.

Une réflexion sur la planification de la ZEE lituanienne a été intégrée dans les projets BaltSeaPlan et PartiSEApate. La ZEE lituanienne fait partie des plus petites du monde et *a fortiori* de l'espace baltique avec une superficie de 7031 km². Celle-ci est en grande partie organisée autour des mouvements au départ et à l'arrivée du port de Klaipėda qui concentre la majeure partie du trafic portuaire lituanien, les autres pôles côtiers étant le terminal pétrolier de Būtingė (d'où part un oléoduc) et le port de Šventoji (d'où partent deux câbles sous-marins[13]). Au sud

11. VASAB est un forum de coopération associant les ministres responsables de l'aménagement du territoire de onze États (Norvège, Suède, Finlande, Russie, Estonie, Lettonie, Lituanie, Biélorussie, Pologne, Allemagne, Danemark) autour d'une démarche principalement prospective visant à définir des options possibles pour un développement territorial intégré de l'espace baltique.

12. La mer Baltique figure parmi les zones pilotes choisies par la Commission européenne, avec la mer du Nord et la mer Adriatique.

13. Le BCS East-West Interlink (en service depuis 1997) et le BCS East (en service depuis 1995).

Hérodote, n° 163, La Découverte, 4e trimestre 2016.

de la ZEE, l'aménagement est contraint par des zones Natura 2000 de protection spéciale (ZPS) et de conservation (ZSC) s'inscrivant dans l'écosystème de la lagune de Courlande classée à l'Unesco. Deux zones militaires à accès restreint sont également situées dans la ZEE (EYD17 Juodkrantė, EYD18 Nida), auxquelles s'ajoutent des espaces identifiés comme dangereux en raison de la présence de mines. À l'extrême ouest de la zone, un site contenant des armes chimiques doit être préservé de toute activité de pêche, notamment par les chalutiers.

De nouvelles activités doivent pourtant être développées au sein de la ZEE dans le futur. La stratégie nationale sur l'énergie 2008-2012 prévoit que la part des énergies renouvelables dans les énergies primaires au niveau national soit de 20 % au moins d'ici à 2025. Deux parcs sont ainsi prévus (financés par JSC Renerga et Baltic Energy Group) pour une puissance de 800 MW. Parallèlement, un nouveau terminal flottant de stockage du LNG (gaz non liquéfié) nommé « Indépendance » (Independence) a débuté ses activités à Klaipėda le 3 décembre 2014. Il permet le stockage d'un gaz produit à Snøhvit en Norvège par la compagnie Statoil (compagnie étatique norvégienne). Ces choix actuels ou futurs, conformes au plan d'interconnexion des marchés énergétiques de la Baltique (PIMERB), ne manqueront pas de renforcer les tensions avec la Russie. La situation n'est pas très éloignée du pitch de la série *Occupied* de Jo Nesbø imaginant un conflit entre la Russie et la Norvège autour du contrôle de la production énergétique.

Le processus s'est révélé plus avancé dans la zone de la Baltique méridionale. Elle comprend sur 14 100 km² les eaux territoriales et les ZEE de plusieurs États (Allemagne, Pologne, Danemark, Suède), ce qui complique le processus d'expérimentation.

La difficulté d'une gouvernance commune est renforcée par des cultures de la planification et des systèmes politiques différents. La ZEE allemande et le littoral du Mecklembourg-Poméranie-Occidentale ont déjà fait l'objet de plans maritimes antérieurs qui doivent être intégrés, ce qui n'est pas le cas du Danemark et de la Suède. Le *Land* du Mecklembourg-Poméranie-Occidentale, très attractif pour les touristes (11 % du PIB), a déjà réalisé un plan régional pour la zone des 12 milles nautiques (eaux territoriales) prévoyant des règles particulièrement drastiques limitant l'implantation d'éoliennes *offshore* dans son secteur. Cela obligerait les autres États à accepter, dans le cadre d'une planification conjointe, plusieurs champs d'éoliennes en dehors des eaux territoriales allemandes. La situation rappelle à l'échelle étatique les dérives du phénomène NIMBY.

Les conflits d'acteurs sont d'autant plus nombreux que la zone de la Baltique méridionale est écologiquement l'une des dix plus importantes aires d'habitat, d'hibernation, de mue et de migration des oiseaux de l'espace baltique. Plusieurs espèces sont représentées : canards marins, mouette pygmée, macreuse noire, macreuse brune, plongeon catmarin, grèbe esclavon... Les zones de l'Oderbank

Hérodote, n° 163, La Découverte, 4e trimestre 2016.

et de l'Adlergrund sont les plus recherchées en raison d'eaux peu profondes (moins de 15-20 m) et de la présence de bancs de moules. La région est située à l'intersection de plusieurs itinéraires de migration (route est-ouest utilisée par les canards et les oies dans la partie sud du projet, déplacement des grues depuis Rügen jusqu'aux côtes de Scanie, route nord-sud pour les oiseaux terrestres). La présence d'espèces protégées a des conséquences notables sur l'aménagement de la zone. Tout d'abord, les oiseaux se déplacent en permanence, ce qui va à l'encontre de l'organisation par fractions d'espace. De plus, les blocs de glace qui dérivent en hiver sont autant de vecteurs modifiant la géographie de l'habitat des oiseaux. Enfin, selon les ornithologues, 30 % environ des oiseaux volent en dessous de 200 m de hauteur, sont donc difficilement repérables par des radars et peuvent subir les conséquences d'installations de fermes éoliennes *offshore*. Un conflit d'usage entre production d'énergie et protection des espèces menacées risque ainsi d'émerger dans la zone car celle-ci est particulièrement propice à une exploitation de la force éolienne. La vitesse du vent à 100 m au-dessus du niveau de la mer peut même atteindre régulièrement le niveau 9 sur l'échelle de Beaufort (fort coup de vent, 75 à 88 km/h) au niveau du bassin de Bornholm, à proximité de la zone contestée entre Pologne et Danemark. Outre les fermes éoliennes, la Baltique méridionale est une zone majeure pour l'extraction du sable et des graviers. Des licences d'exploitation ont notamment été accordées au niveau de la région de l'Adlergrund dans les eaux territoriales allemandes.

À l'issue de la concertation avec des acteurs locaux, les porteurs de projet ont conclu à quatre conflits d'usage possibles : entre la navigation et l'exploitation d'éoliennes, entre la protection environnementale et trois activités concurrentes que sont l'exploitation éolienne, l'extraction de sables et de graviers et les activités liées à la pêche ou la plaisance. Afin de contourner la difficulté, les coordinateurs ont proposé d'associer deux systèmes : le *zoning* d'une part et l'approche sectorielle d'autre part. Le tout est modélisé grâce à un logiciel d'aide à la décision nommé Marxan. Les activités ne répondant pas à une logique de site et impliquant des territoires aux limites fluctuantes comme la pêche semblent être les perdantes d'un tel quadrillage malgré leur importance décisive pour le développement des populations côtières.

Les zones définies *in fine* sont de quatre types : les zones prioritaires (aucune activité portant atteinte à l'usage défini comme prioritaire ne sera permise), les zones réservées (au sein desquelles certains usages sont avantagés), les zones ou domaines appropriés (un usage est déterminé pour ces zones et interdit ailleurs) et les zones à libre usage (toutes les activités sont tolérées). Les zones les plus contraignantes sont en réalité rarement instituées, y compris lorsqu'il s'agit de protéger l'environnement. La pêche, le tourisme, l'exploitation du sable et graviers et les réglementations Natura 2000 s'exercent au sein de zones réservées : pas

Hérodote, n° 163, La Découverte, 4e trimestre 2016.

de priorité absolue, mais simplement une « attention particulière » dans l'arbitrage avec d'autres usages. Seuls les parcs nationaux sont classés comme zones prioritaires.

Conclusion

Loin de constituer l'apogée d'un rapprochement attendu, la gestion commune du milieu marin, bien que fondamentale, a plutôt contribué à l'émergence d'un consensus mou, alors que des questions sécuritaires et géopolitiques majeures restaient non résolues. Des normes plus ou moins respectées censées prévenir les risques, lutter contre la pollution ou réguler le trafic maritime ont relégué au second plan des débats jugés trop polémogènes. En ce sens, les États riverains et les autorités européennes ont échoué, en dépit d'une configuration favorable, à inventer des interactions innovantes et pacifiées entre l'UE et la Russie, par exemple à propos de Kaliningrad. Le Conseil des États de la mer Baltique, créé en 1992, associant la Russie aux États baltes et aux autres pays riverains, a rapidement écarté les questions de sécurité dures au profit d'une coopération sur des sujets moins polémiques comme l'environnement, la culture ou l'économie [Marin, 2009]. La stratégie européenne en mer Baltique, censée renforcer la dimension septentrionale en approfondissant la gouvernance transfrontalière aux marges de l'Europe, a quant à elle rapidement relayé la Russie au rang de « partenaire associé ». Les conflits d'usage ne pourront être efficacement traités sans des coopérations actives avec la Russie et la Biélorussie qui comptent parmi les pays les plus pollueurs. La Baltique n'aurait-elle donc rien d'autre à partager que les conséquences de la « tragédie des biens communs[14] » ?

Bibliographie

BRUNET R. (1995), « Modèles de Méditerranées », *L'Espace géographique*, vol. 24, n° 3, p. 200-202.

CAMERON F. (2007), « Le projet de gazoduc Nord Stream et ses implications stratégiques », *Note de la Direction générale des politiques internes*, Département thématique C : droit des citoyens et affaires constitutionnelles, Bruxelles, Parlement européen, 17 p.

CHILLAUD M. (2007), « La démarche stratégique des États baltes dans l'architecture européenne de sécurité et de défense. Une politique fondée sur une dialectique identitaire et militaire », thèse soutenue à l'université Montesquieu, Bordeaux, 30 mars 2007, 613 p.

14. Expression tirée d'un article controversé de l'écologue américain Garrett James Hardin publié dans la revue *Science* en 1968.

Hérodote, n° 163, La Découverte, 4e trimestre 2016.

CHRISTIANSEN T. (1997), « A European meso-region ? European perspectives on the Baltic sea region », *in* JOENNIEMI P. (dir.), *Neonationalism or Regionality, the Restructuring of Political Space Around the Baltic Rim*, Stockholm, NordREFO, p. 254-292, 348 p.

COMMISSION EUROPÉENNE (1994), *Europe 2000 +, Coopération pour l'aménagement du territoire européen*, Luxembourg, Office des publications officielles des Communautés européennes, 244 p.

– (1999), *Schéma de développement de l'Espace communautaire*, Luxembourg, Office des publications officielles des Communautés européennes, 94 p.

DOLLFUS O. (1995), « Méditerranées, essai d'analyse géographique », *L'Espace géographique*, vol. 24, n° 3, p. 194-199.

ESCACH N. (dir.) (2014), *Géographie des mers et des océans*, Paris, Dunod, 448 p.

– (2016), « De la mer en partage au partage de la mer », *Monde diplomatique*, juillet 2016.

HELCOM (1974), *Convention of the Protection of the Marine Environment of the Baltic Sea Area*, Helsinki, disponible en ligne : http://www.helcom.fi (consulté le 20/08/2013).

JOENNIEMI P. (2009), « The EU strategy for the Baltic sea region, a catalyst for what ? », *DIIS Brief*, Danish Institute for International Studies, 8 p.

KNUDSEN O. (dir.) (1999), *Stability and Security in the Baltic Sea Region*, Londres/Portland, Frank Cass, 287 p.

KRAMER F.-D. et NORDENMAN M. (2016), « A maritime framework for the Baltic sea region », *Issue Brief*, Brent Scowcroft Center on International Security, Atlantic Council, 11 p.

LARSSON R-L. (2007), « Nord Stream, Sweden and Baltic sea security », *Defense Analysis*, FOI, Swedish Defense Research Agency, 110 p.

LE BOURHIS E. (2008), « Karosta, du militaire au culturel », *Regard sur l'Est*, disponible en ligne.

MARIN A. (2009), « Argument Baltique : faux prétexte et modèle juste », *Outre-Terre*, vol. 3, n° 23, p. 347-362.

ORTOLLAND D. et PIRAT J.-P. (2010), *Atlas géopolitique des espaces maritimes*, 2e éd., Paris, Éditions Technip, 333 p.

OSTERGREN R. et LE BOSSÉ M. (2005), « Cross-border regionalism and the "macro" scale : the Baltic sea region », *in* HÖNNIGHAUSEN L., FREY M., PEACOCK J. et STEINER N., *Regionalism in the Age of Globalism. Forms of Regionalism*, vol. 2, Madison, University of Wisconsin Press, p. 49-76, 440 p.

RYDÉN L. (2002), « The Baltic sea region and the relevance of regional approaches », *in* MACIEJEWSKI W. (dir.), *The Baltic Sea Region, Cultures, Politics, Societies*, Uppsala, The Baltic University Press, p. 7-29, 676 p.

VIRILIO P. (2013), *Le Littoral, la dernière frontière. Entretien avec Jean-Louis Violeau*, Paris, Sens & Tonka, 42 p.

Hérodote, n° 163, La Découverte, 4e trimestre 2016.

Les grandes aires marines protégées des Marquises et des Australes : enjeu géopolitique

Marc Tarrats[1]

Dans le vaste océan Pacifique, la création d'un nouveau territoire marin n'échappe pas aux dynamiques des jeux d'acteurs et aux enjeux de pouvoir et de territorialité. C'est le cas des grandes aires marines protégées des îles Marquises et des îles Australes qui pourraient ne jamais voir le jour pour ne pas faire d'ombre au nouveau grand projet d'Édouard Fritch, président de la Polynésie française, qui a déclaré le 1er septembre 2016 à Hawaii au Sommet de l'océan Pacifique (organisé par l'Union internationale de conservation de la nature – UICN) sa volonté de créer la plus grande aire marine gérée au monde en classant ainsi toute la zone économique exclusive (ZEE) (4,8 millions de km^2) de la Polynésie française à l'horizon 2020.

Cette annonce vient directement en écho à celle du président américain Barack Obama qui venait d'annoncer à ce même sommet qu'il allait élargir le monument national marin des îles hawaiiennes, également connu sous le nom de monument national marin de Papahānaumokuākea, passant d'environ 360 000 km^2 à 1,5 million de km^2 et devenant ainsi l'aire marine protégée la plus vaste au monde, devançant les 1,291 million de km^2 de l'aire marine protégée calédonienne créée en 2014. Nous relèverons que cette décision de Barack Obama s'inscrit dans la droite ligne de celle de Georges Bush qui avait créé cette aire marine lui aussi à l'approche de la fin de son mandat présidentiel. Il est également important de

1. Géographe, UMR 241 : Écosystèmes insulaires océaniens, université de la Polynésie française.

Hérodote, n° 163, La Découverte, 4e trimestre 2016.

noter que cette aire marine protégée entoure un chapelet d'îles inhabitées du nord-ouest de l'archipel hawaiien.

L'annonce du président de la Polynésie française est une réponse directe au petit jeu d'affichage de l'exemplarité en matière de protection environnementale des gouvernants d'Océanie (Hawaii est un territoire du grand triangle polynésien s'étendant jusqu'à Rapa Nui – l'île de Pâques – et la Nouvelle-Zélande). Elle s'inscrit dans un cadre régional important puisque le sommet en question se tenait en même temps que la 10e conférence des dirigeants des îles du Pacifique. Et cet affichage se justifie d'autant plus quand on est président d'une ancienne colonie française et qu'on souhaite « s'affirmer » sur le plan international, ou pour le moins sur ses voisins qui sont autant de territoires anciennement anglo-saxons ou américains, peu réceptifs à l'influence française.

Liste des abréviations

AAMP : Agence française des aires marines protégées
AMP : Aire marine protégée
AMG : Aire marine gérée
CODIM : Communauté de communes des îles Marquises
COP 21 : 21e conférence des États signataires (en anglais, Conference of Parties) de la convention-cadre des Nations unies sur les changements climatiques
ONG : Organisation non gouvernementale
TAAF : Terres australes et antarctiques françaises
UICN : Union internationale pour la conservation de la nature
UNESCO : Organisation des Nations unies pour l'éducation, la science et la culture
ZEE : Zone économique exclusive

En fait, l'idée de faire de la totalité de la ZEE de la Polynésie française une immense aire marine gérée n'est pas nouvelle et cette intention remonte à décembre 2015 lorsque Édouard Fritch l'avait évoquée lors de la COP21 à Paris. Cette orientation n'a pourtant pas qu'une vocation écologique, loin de là. Elle répond à trois préoccupations territoriales majeures : ne pas perdre du « terrain », continuer à exploiter à loisir cette zone et ne pas se faire dicter en interne la gestion de son espace maritime par les populations des archipels qui composent la Polynésie française.

Hérodote, n° 163, La Découverte, 4e trimestre 2016.

Verrouiller sa souveraineté

Xavier La Roche soulignait qu'en droit de la mer la souveraineté d'un État décroissait à mesure que l'on s'éloigne du rivage jusqu'à disparaître en haute mer [La Roche, 1999]. On pourrait ajouter également que cette souveraineté ne tient que pour autant qu'un rivage existe. Dès lors que le rivage de référence tend à reculer, voire à disparaître, il en est tout autant *a priori* de son territoire marin. C'est pourquoi en Océanie cette question est des plus préoccupantes. En effet, la submersion marine annoncée avec le réchauffement climatique est une menace pesant toujours un peu plus sur les territoires océaniens, surtout lorsqu'ils sont composés d'îles basses telles que le sont les atolls polynésiens pour ne citer qu'eux. Cette question est donc existentielle pour plusieurs micro-États de la région, comme Kiribati par exemple, qui a déjà négocié à moyen terme le transfert d'une partie de sa population vers une île de ses États voisins.

En Polynésie française aussi, la question est évoquée dans les milieux de pouvoir. Édouard Fritch l'a clairement évoquée lors de la COP21 en s'inquiétant de la perte d'intégrité maritime. Cela constituerait, selon lui, une violation de l'identité des peuples autochtones concernés puisque l'histoire et la culture des Polynésiens sont liées à l'océan et la nature: « Les îles, même englouties sous les mers, doivent rester la propriété des peuples qui y vivaient. Leur descendance doit pouvoir y retourner pour pêcher[2]. » Et donc demander à ce que les lignes de base établies en accord avec la convention des Nations unies sur le droit de la mer (CNUDM) soient fixées définitivement. Quand on est président d'un territoire composé d'eau à plus de 99,93 %, on comprend aisément l'enjeu de conserver la souveraineté de l'espace maritime même si on ne peut plus le justifier par un lien avec un territoire terrestre.

Ainsi, en s'attachant à créer un territoire non plus seulement économique, la ZEE, mais également à connotation écologique, on ajoute dans un premier temps une nouvelle strate au mille-feuille de représentation du territoire sur lequel on entend garder une souveraineté. En attendant une éventuelle reconnaissance juridique internationale.

Au-delà de l'effet d'annonce dans le concert des États d'Océanie, les mots choisis, aire marine gérée plutôt qu'aire marine protégée, n'ont rien d'anodin dans la stratégie globale du gouvernement de la Polynésie française.

2. Discours d'Édouard Fritch au Bourget le 2 décembre 2015 pour la COP21.

Hérodote, n° 163, La Découverte, 4e trimestre 2016.

CARTE 1. – LE GRA

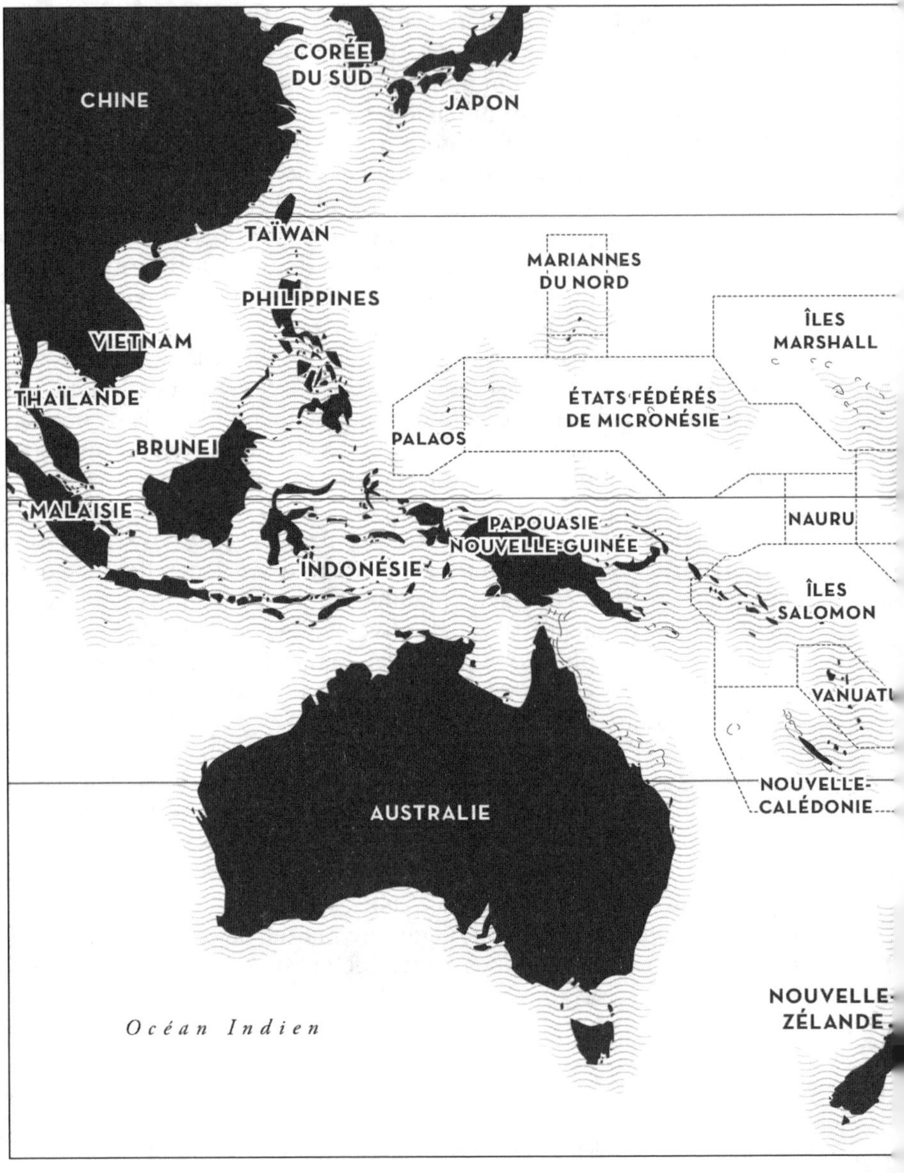

ANGLE POLYNÉSIEN

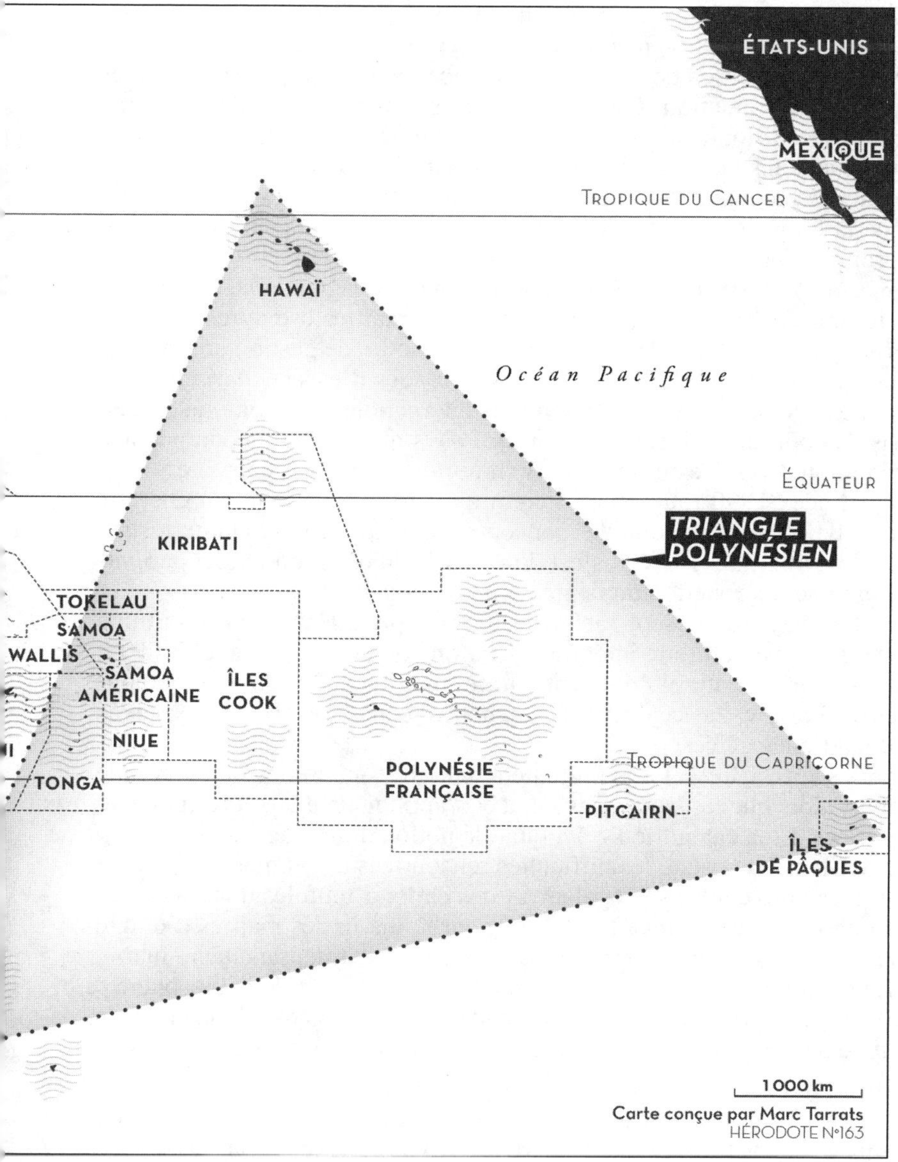

Aire marine protégée ou aire marine gérée

Une aire marine protégée est d'abord un concept : envisager la gestion d'un espace marin pour en protéger ou reconstituer les systèmes naturels, flore et faune, et éventuellement maintenir ou développer les services écosytémiques compatibles avec les objectifs de protection. C'est également privilégier dans une certaine mesure les usages traditionnels des communautés humaines locales. C'est donc un cadre conceptuel dans lequel il appartient à chaque État, ou pour le moins celui qui a la compétence reconnue juridiquement comme c'est le cas de la collectivité d'outre-mer de la Polynésie française, de prendre les mesures législatives qui lui semblent appropriées pour soutenir les objectifs.

Une aire marine protégée est donc une réalisation très pragmatique, qui correspond à une situation donnée et aux ambitions de ses maîtres d'œuvre. Chacune a ses caractéristiques, son degré de protection et des modes de gestion propres qui peuvent différer fortement de l'une à l'autre. Si cette idée d'espace marin protégé est de plus en plus évoquée dans les conventions internationales et régionales, elle n'emporte pas de contraintes juridiques pour les pays qui gardent la compétence de la réglementation. C'est l'esprit qui doit l'emporter, pourrions-nous dire.

Depuis les années 1990 toutefois, la communauté internationale a cherché à trouver une grille d'harmonisation des concepts d'aires protégées, tant terrestres que marines. C'est pourquoi l'UICN s'est dotée en 1994 d'un référentiel permettant de les catégoriser en fonction du degré de protection.

Une grille définissait donc sept catégories d'aires protégées et proposait une appellation : Ia. Réserve naturelle intégrale ; Ib. Zone de nature sauvage ; II. Parc national ; III. Monument naturel / élément naturel marquant ; IV. Aire gérée pour l'habitat et les espèces ; V. Paysage terrestre ou marin protégé ; et VI. Aire protégée de ressources naturelles gérées.

Les catégories I, II, III et VI s'appliquaient aux aires naturelles ou en grande partie naturelles, alors que les catégories IV et V s'appliquaient aux aires pouvant avoir été modifiées. Et la catégorie IV évoquait la notion d'aire gérée...

À l'usage, l'UICN a constaté les difficultés rencontrées à nommer d'une seule manière les espaces protégés, avec également des choix d'intitulés dont la portée n'était pas la même d'une langue à l'autre. Et pour le marin, les maîtres d'œuvre n'ont jamais manqué d'imagination : parc marin, réserve marine, sanctuaire marin, réserve naturelle, aire de gestion marine, réserve côtière, réserve de la biosphère... Du coup, l'UICN a développé une classification des aires protégées selon le type de gestion et le type de gouvernance, avec un document de référence en 2008[3] intitulé

3. En 2012, l'UICN a sorti un supplément qui procure des conseils complémentaires sur l'utilisation des lignes directrices de l'UICN pour les aires marines protégées notamment.

Hérodote, n° 163, La Découverte, 4e trimestre 2016.

CARTE 2. – AIRE MARINE PROTÉGÉE

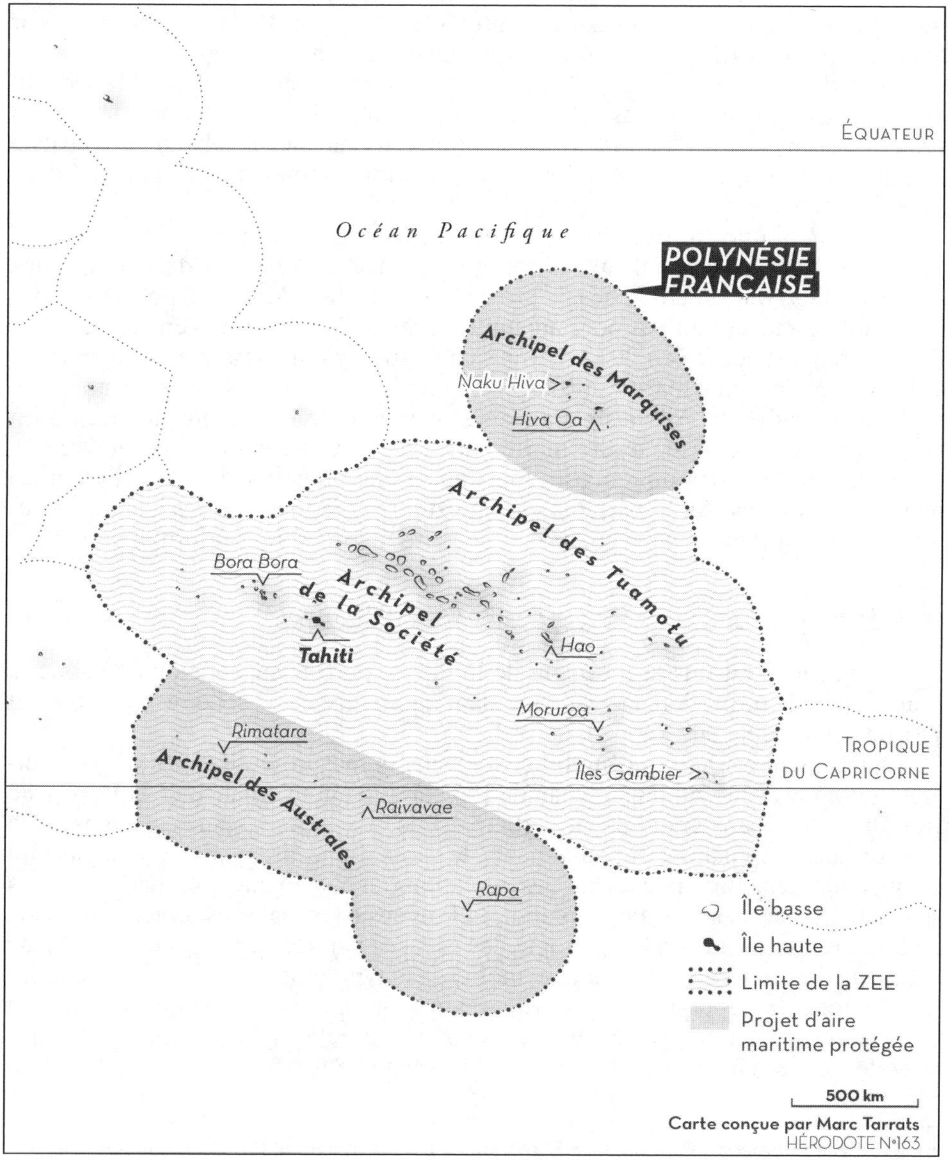

Hérodote, n° 163, La Découverte, 4e trimestre 2016.

«Lignes directrices pour l'application des catégories de gestion aux aires protégées». Et cette fois ne compte que le contenu et non plus l'appellation du contenant puisqu'il n'y a que des aires (marines) protégées. Ce point-là est très important car le nom donné aux AMP n'emporte donc aucune valeur de typologie.

La seule donnée retenue par la base de données mondiale des AMP (World Database on Protected Areas – WDPA) est la catégorie de I à VI décidée (et en principe assumée) par l'autorité de tutelle. Mais au final, aucun label n'est distribué comme par exemple pour l'inscription au patrimoine mondial de l'humanité délivrée par l'Unesco.

En France, une loi de 2006 a défini six catégories d'aires marines protégées, complétées par neuf autres catégories en 2011 relevant de conventions internationales ou de démarches de protection nouvelles. Mais la typologie «franco-française» ne retient pas pour autant les termes d'aire marine gérée. Toutefois, dans un rapport adopté en 2012 définissant la stratégie nationale pour la création et la gestion des aires marines protégées, la notion d'AMG est évoquée pour une seule collectivité, la Polynésie française, avec une précision qui justifie qu'on ne puisse retenir le terme d'aire marine protégée: «Celle-ci devra permettre une préservation du patrimoine marin, mais aussi une pérennisation des ressources marines exploitées. Aussi parlera-t-on plus d'aires marines "gérées", car les intérêts socioéconomiques de la création d'une aire marine seront prioritaires.»

Aire marine gérée : concept ambitieux ou choix géopolitique

Pour quelles raisons le président de la Polynésie française s'éloigne-t-il de la seule notion de protection, la gestion n'étant qu'au service de celle-ci et ne pouvant justifier à elle seule une «appellation»?

La première est la moins ambitieuse. Dans la mesure où il s'agit d'une décision *top-down*, prise au plus niveau de l'appareil de gouvernance de la Polynésie française, donc sans grand débat participatif de la «nation», sans échanges entre scientifiques, populations et gouvernants, le choix d'une aire marine gérée est celui de quelques personnes peu au fait des évolutions au niveau international et dont les seules références sont locales. En effet, la Polynésie française est dotée d'un code de l'environnement dont la typologie des espaces naturels protégés est proche de celles établies par l'UICN[4]... tout au moins de la typologie de 1994 s'inspirant des appellations de l'époque. On y retrouve ainsi «l'aire de gestion des habitats ou des espèces» et «l'aire protégée de ressources naturelles gérées». En avril 2016, le code de l'environnement a été modifié justement pour supprimer le terme

4. Le site Internet polynésien de la Direction de l'environnement (DIREN) l'indique ainsi.

Hérodote, n° 163, La Découverte, 4e trimestre 2016.

« protégée » de cette dernière classification et préciser que désormais l'enquête publique préalable prévue dans tous les cas ne s'applique plus pour la ZEE.

La seconde explication est la plus ambitieuse mais aussi la moins défendable : la Polynésie française s'affranchit des standards internationaux et propose un nouveau concept de catégorie d'espace maritime sur l'ensemble des eaux océaniques sous sa compétence. Or, comment est-il possible de considérer que la ZEE de Polynésie française n'était jusque-là pas gérée quand s'y appliquaient des décisions territoriales sur la sauvegarde des baleines et tortues, sur la pêche aux requins, et bien d'autres réglementations encore ? Si cette « plus grande aire marine gérée au monde » peut permettre les gros titres de quelques médias généralistes, il est peu probable qu'elle emballe le monde des experts internationaux.

La troisième et dernière explication relève davantage de la géopolitique et touche aux deux dernières préoccupations territoriales majeures évoquées au début de l'article : continuer à exploiter à loisir l'espace maritime et ne pas se faire dicter en interne la gestion de cet espace par les populations des archipels qui composent la Polynésie française.

Les aires marines protégées bien encombrantes pour les investisseurs chinois

Concernant l'exploitation de l'« économie bleue » sans trop de contraintes, l'annonce d'une aire marine gérée repose vraisemblablement sur une stratégie de communication, non pas à destination de la communauté internationale, mais bien des investisseurs (notamment asiatiques).

Depuis plusieurs années, la Polynésie française lorgne sur les investisseurs chinois (l'inverse est aussi vrai) dans l'espoir d'une manne financière qui permettrait la relance de chantiers créateurs d'emplois[5]. C'est devenu un thème récurrent dans le discours politique, notamment initié par le président indépendantiste Oscar Temaru dès 2012. Ainsi, ce dernier avait détaillé le 12 avril 2012, lors de l'ouverture de la session de l'Assemblée de Polynésie française, un projet gigantesque d'investissements chinois :

> Bâtir autour de l'atoll de Hao[6] un véritable écosystème économique autour du potentiel marin de notre ZEE. Nos interlocuteurs sont prêts à investir 1,5 milliard de dollars sur quinze ans, pour développer toute une gamme d'activités, de la pêche à la transformation mais aussi l'élevage aquacole de diverses ressources marines, du thon

5. Complexe hôtelier gigantesque à Tahiti même, reconstruction de l'aéroport international de Tahiti-Faaa, logement social, ligne d'aviation, photovoltaïque, etc.

6. Atoll des Tuamotu, ancienne base arrière militaire française lors des essais nucléaires à Moruroa et Fangataufa dont la décontamination a été sujet à de nombreuses polémiques.

Hérodote, n° 163, La Découverte, 4e trimestre 2016.

> au rori, en passant par les espèces de poissons lagonaires. Il ne s'agit pas d'un projet de petite envergure qui serait autocentré sur le seul atoll de Hao, mais bien d'un vaste réseau, s'étalant sur les atolls environnants, et jusqu'aux îles Marquises. Hao jouant ici le rôle de « hub », de par l'existence sur place d'infrastructures portuaires et aéroportuaires conséquentes.

Dès lors et jusqu'aux élections de mai 2013, le gouvernement indépendantiste avait imposé que le projet d'AMP marquisienne soit converti en aire marine gérée des Marquises...

Depuis, le projet chinois a connu des hauts et des bas. Il a plus ou moins changé d'interlocuteurs chinois, et plusieurs fois de noms (« Tahiti Nui Jingmin Ocean Farm » puis « Tahiti Nui Marine » et enfin « Tahiti Nui Ocean Foods »), a été envisagé un temps sur un autre atoll (Makemo[7]), mais a été conservé par les deux présidents autonomistes suivants, Gaston Flosse et Édouard Fritch, comme fer de lance de leur politique de création d'emploi.

L'investisseur chinois, soutenu par la Banque de développement de la Chine, est aujourd'hui Wang Cheng, président de Tian Rui International Investment spécialisée dans les affaires de pêche maritime. Il a commencé en Espagne puis s'est déployé en Afrique de l'Ouest et dans l'océan Indien. Son objectif est aujourd'hui de s'implanter dans le Pacifique sud. Sa spécialité est l'élevage de poisson et c'est ce qu'il propose de faire sur l'atoll de Hao avec une ferme aquacole pharaonique qui pourrait produire un million de tonnes de poisson annuellement et créer 400 emplois. La communauté scientifique balance entre scepticisme et inquiétude devant la démesure du projet et les risques de pollution qui s'annoncent, mais les intérêts politiques ne sont pas toujours ceux des scientifiques. Ainsi, la Polynésie française a déroulé un tapis rouge à ces investisseurs, toujours sous couvert d'un discours sans concession sur la protection de l'environnement.

On comprend donc aisément que parler d'AMP aux Marquises et aux Australes pourrait refroidir les investisseurs chinois, d'autant plus à la lumière des déclarations du président Oscar Temaru en 2012. Si l'idée du vaste réseau de fermes aquacoles et de pêcheries (il faut *a minima* nourrir les poissons d'élevage...) jusqu'aux Marquises avec un « hub » à Hao n'est plus évoquée aujourd'hui.

7. Makemo est également un atoll des Tuamotu, mais il ne dispose pas d'une grande piste d'aviation susceptible d'accueillir des vols longs courriers comme c'est le cas à Hao.

Hérodote, n° 163, La Découverte, 4e trimestre 2016.

Concilier exemplarité écologique et projets pharaoniques

C'est pourquoi il fallait à la fois s'afficher sur la place internationale en bon élève de la protection des océans et dans le même temps trouver l'argument recevable pour rassurer l'investisseur étranger éventuellement moins soucieux des considérations écologiques, et pouvoir se justifier auprès de ses électeurs. Or cette fameuse classification de 1994 de l'UICN mentionne qu'en 4e catégorie les « aires gérées pour l'habitat et les espèces » permettaient l'utilisation durable des ressources à des fins autres que de subsistance. Le code de l'environnement de Polynésie française s'appuyant sur cette classification, l'échappatoire technique pour justifier de grands projets d'exploitation, est tout trouvé.

Ainsi, en associant l'idée d'aire marine à celle d'aire gérée pour l'habitat et les espèces, le gouvernement de la Polynésie française s'exonère d'une énorme contrainte si on se réfère à une analyse parue en 2015 au sein même de la collectivité :

> Selon les critères de l'UICN, la « pêche industrielle » n'est pas admise dans une AMP, même dans une AMP de catégorie V ou VI. Il n'existe pas de définition partagée de la « pêche industrielle » au niveau international. Mais la « pêche artisanale », autorisée dans une AMP de catégorie VI, est définie en France comme une pêche sur tout type de navire de moins de 24 mètres avec armateur embarqué (c'est-à-dire le propriétaire du navire travaillant à bord) [Tanret *et al.*, 2015].

À Tahiti, le gouvernement envisage une bien plus grande exploitation de la ressource halieutique polynésienne. Or cette ressource, particulièrement de thons, est située au nord du territoire, c'est-à-dire autour de l'archipel des Marquises. La création d'une AMP n'est donc pas la meilleure publicité pour des grandes annonces et des grands projets... même si l'analyse de 2015 pourrait trouver matière à être contournée, notamment par des « joint-ventures » avec les pêcheurs locaux. Du côté du ministère polynésien de l'Économie bleue, on parle ouvertement de plans de développement de la surgélation, de la pêche fraîche, des filières de services, etc.

Alors que les responsables du projet de grande AMP aux Marquises commençaient leurs comités de pilotage Pays/État pour en finaliser la réalisation, le gouvernement polynésien a donc fait volte-face, sous prétexte d'aller plus loin avec l'ensemble de la ZEE « gérée ».

On aurait pu s'attendre à une réaction de l'État très impliqué dans le projet marquisien. En 2009, lors du Grenelle de la Mer, le gouvernement français s'était engagé dans un objectif de classer 20 % de ses mers et océans en aires marines protégées. L'année suivante, à Nagoya, l'objectif 11 d'Aichi engage les États à créer 10 % des eaux territoriales en aires marines protégées d'ici 2020. Il fallait donc regarder vers les territoires d'outre-mer pour envisager de les atteindre.

Hérodote, n° 163, La Découverte, 4e trimestre 2016.

Or, en Polynésie française, le gouvernement local avait exprimé le besoin de recherches sur la biodiversité marine. L'Agence française des aires marines protégées (AAMP), qui disposait de budgets pour mener des recherches, fut mise à disposition de la collectivité polynésienne. L'archipel des Marquises présentait un double intérêt à cette époque. D'une part, il était en pleine effervescence pour sa candidature à l'inscription sur la liste du patrimoine mondial de l'humanité et, d'autre part, la communauté de communes des îles Marquises (CODIM), récemment créée, réfléchissait à son plan de développement 2012-2027.

La proposition de créer une AMP a alors retenu toute l'attention de la CODIM et les élus marquisiens en ont fait un projet d'excellence communautaire. L'État était tout autant enthousiasmé qui voyait là une occasion de se rapprocher de ses objectifs, d'autant que les Marquisiens convergèrent très vite vers un classement de l'intégralité de la ZEE autour de leurs îles, soit 720 000 km². Cette AMP aurait été la seconde au monde en superficie, juste derrière celle de la Grande Barrière de corail australienne !

Mais l'empressement français de 2012 n'est plus à l'ordre du jour en 2016. Entre-temps, la Nouvelle-Calédonie a réalisé son Parc naturel de la mer de corail qui à lui seul a permis de dépasser le seuil des 10 % d'AMP des eaux françaises ; et prochainement l'État doit étendre le périmètre de la Réserve naturelle nationale des TAF (océan Indien) à une zone marine de protection intégrale d'environ 550 000 km². Cette extension portera à 21,91 % (au lieu de 16,52 % actuellement) le total des eaux françaises classées en AMP. Avec pour gros avantage qu'il n'a que lui en interlocuteur, au contraire de la situation en Polynésie française[8].

Par ailleurs, ne pas chercher à fermer la porte aux investisseurs chinois tant convoités par les Polynésiens est lui aussi d'un grand intérêt. D'une part, tout ce que les Polynésiens pourront obtenir des Chinois en investissement, c'est autant qui ne sera pas réclamé à l'État, et même si les projets du gouvernement tahitien peuvent apparaître comme une possible menace écologique à long terme pour la région, l'État préfère endosser le beau rôle de celui qui accompagne sans avoir la responsabilité des conséquences, surtout si elles se révéleraient négatives. Ainsi, lors du passage du président de la République, François Hollande, en février 2016 à Tahiti, celui-ci a déclaré que l'État validait la possibilité de défiscalisation jusqu'en 2025 pour soutenir entre autres le projet aquacole à Hao.

Pour l'État, l'abandon des AMP des Marquises et des Australes ne représente plus d'intérêt suffisant pour qu'il intervienne dans le débat politique local, d'autant plus que les accusations d'ingérence colonialiste y sont vives.

8. La réglementation des eaux territoriales (ZEE comprise) en Polynésie française est de la compétence du gouvernement de Tahiti.

Hérodote, n° 163, La Découverte, 4e trimestre 2016.

Enfin, l'appellation « aire marine gérée » est une réponse à la seconde préoccupation territoriale tahitienne : ne pas se faire dicter en interne la gestion de son espace maritime par les populations des autres archipels.

Les deux grands projets d'AMP, aux Marquises et aux Australes, ont tous les deux la particularité de s'adosser à une démarche « *bottom-up* » (du bas vers le haut), à l'inverse donc de celle préconisée par le gouvernement polynésien.

Aux Marquises, l'AAMP a mis en place une approche innovante conduisant une démarche « *top-down* » (du haut vers le bas) et, en intégrant plusieurs projets parallèles de recherches discutés avec la population, elle a réussi à impliquer toutes les vallées de toutes les îles.

Aux Australes, c'est l'ONG américaine Pew Environment Group qui a financé des études sur la diversité biologique marine de l'archipel et qui a contribué à la dynamique de projet de l'AMP. Et comme l'a fait d'une certaine manière l'AAMP aux Marquises, la fondation a privilégié une démarche « *bottom-up* » en invitant la population à accompagner le projet. Ainsi, les cinq communes de l'archipel ont voté en 2014 une délibération appelant à « la création d'une réserve marine dans la ZEE des Australes ». Et c'est une association créée pour ce projet qui est allée le défendre auprès des autorités tahitiennes ensuite.

Dans les deux cas, le gouvernement local a soutenu initialement la démarche : aux Marquises en demandant à l'AAMP d'être maître d'ouvrage et aux Australes en invitant Pew Environment Group à dresser un état des lieux écologique et économique des patrimoines naturels et culturels de l'archipel puis à « développer les stratégies nécessaires à la gestion du territoire concerné ». C'était même devenu un sujet de fierté à l'international avec à plusieurs reprises des effets d'annonce lors de congrès importants sur les AMP. À Ajaccio, en octobre 2013, Tearii Alpha, alors ministre des Ressources marines, s'était illustré en annonçant l'immense AMP des Marquises. Il avait alors parlé d'« aire marine protégée et gérée ». Heremoana Maamaatuaiahutapu, actuel ministre de l'Environnement, de la Culture et du Patrimoine, annonçait en novembre 2014, à Sydney, la création d'une aire marine protégée de 1,5 million de km^2 (Australes et Marquises), soit 30 % de la ZEE polynésienne.

Pourtant, pour les Australes, le président de la Polynésie française, Édouard Fritch, a confirmé en avril 2016 le refus du projet de création d'une aire marine protégée autour de l'archipel. Et d'argumenter notamment que la protection de la zone économique était un sujet important et qu'elle relevait du gouvernement, non pas d'associations. Le pouvoir est particulièrement centralisateur en Polynésie française et, depuis l'autonomie interne accordée par l'État en 1984, les gouvernements tahitiens n'ont eu de cesse de freiner les velléités des archipels de revendiquer la décentralisation.

Hérodote, n° 163, La Découverte, 4e trimestre 2016.

Cet autoritarisme présidentiel n'est pas une surprise au vu des soubresauts politiques internes de l'autonomie polynésienne. Les difficiles relations centre-périphérie entre Tahiti et les archipels excentrés ont conduit à des inégalités d'aménagement, mais aussi à des dérives institutionnelles où la centralisation poussa les élus des archipels à marchander leurs voix et les acteurs politiques au pouvoir à agir en clientélistes. Une méfiance et une incompréhension se sont mises en place au fil du temps entre populations excentrées et populations du centre, et ont nourri une volonté d'émancipation des populations périphériques. Ainsi, une réforme statutaire de juillet 1990 avait institué des conseils des archipels pour une vraie décentralisation. Ils n'ont jamais été mis en place par le pouvoir tahitien et ont été supprimés du statut en 1996. La crise la plus grave a été aux Marquises où la liste *Te Fenua Enata A Tu* a obtenu plus de 50 % des suffrages aux élections territoriales de 2008 sur la base d'un programme séparatiste. La réponse géopolitique de l'État pour éteindre le feu a été la création de la CODIM (pour donner une tribune commune aux élus marquisiens) tout en étouffant le débat en créant une circonscription unique contre une pour chaque archipel auparavant, et ce dès les élections territoriales suivantes.

Enfin, rappelons que l'actuel président de la collectivité en place depuis septembre 2014 à la suite d'une condamnation de son mentor, l'autonomiste Gaston Flosse, a été vice-président de ce dernier de 1995 à 2004. Il est donc issu de cette tradition centralisatrice tahitienne et avait eu en charge notamment le dossier de la déconcentration administrative en réponse aux demandes de décentralisation.

Des revendications non apaisées

Tahiti est au centre du jeu et veut en conserver le contrôle, ne serait-ce que pour satisfaire l'électorat majoritaire. « On est en train de s'enfermer. On ne peut pas interdire aux Polynésiens d'accéder à la zone économique de notre pays. On va commencer par les Australes, puis ce sera les Marquises, les Tuamotu, et on ne pourra plus pêcher nulle part alors que notre flottille de pêche participe au développement et à l'emploi », communiquait ainsi le président tahitien en avril 2016. Mais comment concilier une volonté de protection de la part de populations des archipels excentrés, peu enthousiasmés de voir les pêcheurs tahitiens (ou étrangers) piller la ressource, et l'autorité politique présidentielle tournée vers la satisfaction de son électorat principal ?

Pour l'AMP des Marquises, son abandon fut plus discret. Notamment car les maires des Marquises s'étaient vu proposer fin 2015 un projet pharaonique de pêche (à l'échelle des Marquises) par des investisseurs tahitiens... en attente de financements publics. Les élus marquisiens sont donc passés d'un projet à l'autre

Hérodote, n° 163, La Découverte, 4e trimestre 2016.

sans états d'âme lorsque le ministre de l'Environnement leur a expliqué faire une pause sur l'AMP car le Pays avait une ambition à l'échelle de tout l'archipel. Mais il était impossible de justifier le choix d'interdire des AMP sur la ZEE des Australes et des Marquises et en même temps de créer une autre AMP couvrant tout l'espace marin de la collectivité : c'est pourquoi il fallait lui donner une autre appellation : aire marine gérée.

Si la discussion sur ces AMP semble définitivement terminée pour les autorités, il est possible que ces projets reviennent dans le débat citoyen lors de prochaines échéances électorales.

Aux Australes, le projet est d'abord porté par la population et seul un maire a réussi à faire annuler la délibération municipale souhaitant l'AMP. Il s'agit d'un proche de l'actuel président de la Polynésie française qui n'a jamais caché vouloir retrouver un poste de ministre avec tous les avantages que cela confère. Soutenue par l'ONG américaine, la population pourrait ne pas se résigner si vite à abandonner le projet d'AMP.

Aux Marquises, le projet de grande AMP pourrait devenir l'étendard du refus de l'autorité tahitienne à plus ou moins long terme. Début septembre 2016, les six maires des Marquises se sont entendus pour engager les démarches visant à solliciter leur détachement de la collectivité Polynésie française et la création d'une nouvelle collectivité d'outre-mer rattachée directement à la France. C'est évidemment une mauvaise nouvelle pour l'exécutif tahitien qui fourbit déjà ses armes (financières) pour faire entendre raison aux élus de son archipel rebelle. Et le projet de pêche marquisien, gourmand en financements publics, pourrait devenir ainsi une monnaie d'échange : je te finance ton projet et tu abandonnes tes idées séparatistes ! À moins qu'il ne présente un risque de télescopage avec des projets tahitiens en *joint-venture* de bien plus grande envergure avec des investisseurs asiatiques et en arrière-plan le *hub* de Hao...

C'est donc un rapport de forces qui se prépare avec d'un côté le pouvoir financier du gouvernement à Tahiti et de l'autre la revendication du droit « autochtone » des Marquises à s'émanciper et à se développer et/ou se protéger en prenant à témoin la République.

Bibliographie

AGENCE DES AIRES MARINES PROTÉGÉES (2012), « Stratégie nationale pour la création et la gestion des aires marines protégées », ministère de l'Écologie, du Développement durable, des Transports et du Logement, 89 p.

DAY J., DUDLEY N., HOCKINGS M., HOLMES G., LAFFOLEY D., STOLTON S. et WELLS S. (2012), *Application des catégories de gestion aux aires protégées : lignes directrices pour les aires marines*, UICN, Gland, Suisse, 36 p.

Hérodote, n° 163, La Découverte, 4e trimestre 2016.

HOERNER J.-M. (1996), *Géopolitique des territoires. De l'espace approprié à la suprématie des États-nations*, Presses universitaires de Perpignan, 340 p.

LA ROCHE X. (1999), « Littoral et droit de la mer », *Littoral, frontières marines*, *Hérodote*, n° 93, p. 37-41.

RELTIEN P. (2016), « Une ferme aquacole géante installée sur une ancienne base atomique », *Secrets d'info*, France Inter [en ligne], URL : https ://www.franceinter.fr/emissions/l-enquete/l-enquete-20-mai-2016, mn 28'10.

TANRET D., PETIT J.-N. et AUSSEDAT N. (2015), *Outils juridiques disponibles pour la création de grandes aires marines protégées en Polynésie française*, Polynésie française, 11 p.

Hérodote, n° 163, La Découverte, 4e trimestre 2016.

Hérodote a lu

Alexis Bautzmann (dir.), *Atlas géopolitique mondial 2017,* Éditions du Rocher, 2016, 190 pages.

En France, les atlas géopolitiques sont particulièrement nombreux – beaucoup plus que dans les autres États européens –, signe que ces questions de géopolitique intéressent et inquiètent aussi nombre de nos concitoyens. La revue *Carto* contribue à les éclairer avec des dossiers qui s'appuient sur une cartographie attrayante et claire malgré la complexité des questions abordées. Cet atlas est la synthèse des numéros de *Carto* des dix-huit mois précédents, et réunit ainsi 300 cartes et graphiques dans un découpage classique, par continent, avec un focus particulier sur la France et un choix de thèmes actuels : « Calais, salle d'attente des migrants en Europe » ; « Carte des nouvelles régions françaises » ; et d'autres plus inattendues à l'instar de « Spoliation des Juifs, mémoire et réparation en France », « Le sport en France, la fin du tout football ». L'environnement fait aussi l'objet d'un thème à part, curieusement sans carte, sur le réchauffement climatique mais avec des problématiques traitées à différents niveaux d'analyse, de la mégapole Jakarta sauvée des eaux, à la mer Adriatique, à la Chine et, plus inattendu, l'ours polaire, au cœur de la géopolitique de l'Arctique. Enfin, logiquement dans un atlas géopolitique, on y trouve une partie sur les enjeux internationaux : « Daech et Al-Qaïda : quel djihad choisir », et le financement et la structure de l'État islamique ; un sujet sur « Les murs : de la mondialisation à la fermeture des frontières » ainsi que des thèmes moins habituels comme « La persistance des inégalités de genre », « L'aviation, un marché des évolutions du monde ».

Un bon outil géopolitique et pédagogique très à jour.

Bruno Tertrais et Delphine Papin, design des cartes Xemartin Laborde, *L'Atlas des frontières. Murs, Conflits, Migrations,* Éditions Les Arènes (2016), 140 pages.

Entre le retour et l'obsession des frontières, pour reprendre le titre d'un des derniers ouvrages de Michel Foucher, il est bienvenu d'avoir un atlas des frontières qui fasse le point sur les principaux conflits et tensions passés et présents, liés à l'existence d'une frontière. Bruno Tertrais (maître de recherches à la Fondation pour la recherche stratégique, professeur à l'IEP) a écrit les textes qui accompagnent les cartes pensées par Delphine Papin, responsable du service infographie du *Monde*, et donc des cartes géopolitiques à la fois claires et complexes que nous découvrons et regardons avec

Hérodote, n° 163, La Découverte, 4e trimestre 2016.

grand plaisir et attention chaque semaine ou presque.

Dans un atlas destiné à un large public, la démarche choisie est différente. Plus question de multiplier les informations et d'accompagner les cartes de longues légendes. Ici, c'est le texte qui accompagne la carte beaucoup plus accessible dès le premier coup d'œil que dans les cartes du *Monde*, car n'est cartographié qu'une ou deux informations, la légende est donc simple.

Parmi les cartes présentées certaines sont attendues : les frontières politiques de l'Europe, le golfe Arabo-Persique, les murs, les migrants et les frontières, etc. D'autres sont plus inattendues ou traitées de façon inhabituelle et ce sont quelques-unes de celles-ci que je vais signaler.

Le premier chapitre, « Frontières en héritage », s'ouvre sur deux doubles pages qui montrent les six étapes au cours desquelles ont été tracées les frontières actuelles. La colonisation et la décolonisation ayant été des étapes majeures, les deux doubles pages qui suivent ont pour thème les frontières coloniales, celles du Proche-Orient avec les accords Sykes-Picot où on rappelle utilement qu'il s'agissait des zones d'influence respectives de la France et du Royaume-Uni et non d'un tracé précis, et les frontières coloniales en Asie, les « lignes » tracées en Asie par des Britanniques, dont la célèbre ligne Durand entre l'Afghanistan et le Pakistan. Dans le chapitre suivant, « Les frontières invisibles », la carte intitulée « Les mers françaises : la France repousse ses frontières » est très claire et permet de comprendre, enfin, comment marchent les fameuses ZEE et pourquoi la France pourrait devenir le premier domaine maritime du monde. La carte 11, « La Caspienne, une mer ou un lac ? », selon la réponse donnée, son appropriation par les États riverains change du tout au tout et donc la possibilité ou non d'en exploiter les gisements pétroliers. On peut aussi être intrigué ou amusé par quelques curiosités cartographiques comme la ligne de changement de date, ou les curiosités frontalières (quatrième chapitre), par exemple la base américaine de Guantanamo à Cuba utilisée comme camp de détention extraterritorial, la région de Cooch Behar avec des enclaves bangladaises en Inde et des enclaves indiennes au Bangladesh ou encore l'imbroglio belgo-néerlandais – la Belgique possédant vingt-deux petits territoires aux Pays-Bas à l'intérieur desquels se trouvent huit contre-enclaves. Le chapitre 6 est consacré aux conflits, « Les frontières en feu », et la carte 33, « De l'Afrique à l'Arabie », est l'une des plus riches car la plus complexe (inspirée de la carte réalisée aussi par Xemartin Laborde pour les quarante ans d'*Hérodote* consacré au Monde arabe), deux autres conflits à beaucoup plus grande échelle le Golan et la complexité des frontières, ou encore la mer de Chine du Sud dont Pékin revendique les 90 %.

Un beau cadeau de fin d'année pour les amateurs curieux des frontières.

Hérodote, n° 163, La Découverte, 4e trimestre 2016.

Résumés

Béatrice Giblin, *Éditorial*

La mer reste plus que jamais un enjeu géopolitique et géostratégique majeur, tant dans le domaine stratégique qu'écologique et économique. *Hérodote* a choisi de centrer ce numéro, d'une part, sur les grandes marines nationales et leurs objectifs et, d'autre part, sur un risque majeur qui en est à ses débuts, du moins pour ces formes autres que la piraterie : le terrorisme maritime. Les situations géopolitiques en ce début de XXIe siècle incitent les grands États à se doter de puissantes marines nationales à l'exemple de la Chine, de la Russie et de l'Inde, qui en font des outils indispensables à l'exercice de leur stratégie de puissance.

Les mers et les océans étant devenus des enjeux stratégiques mais aussi économiques avec la maritimisation des transports. Il est logique qu'ils soient aussi devenus des cibles terroristes, en particulier les détroits et les littoraux des États qui sont incapables d'en assurer la sécurité. Le terrorisme maritime, qui a une longue histoire avec la piraterie, a encore de vastes perspectives de développement.

Hugues Eudeline, *Le terrorisme maritime, une menace réelle pour la stabilité mondiale*

L'activité maritime est devenue vitale pour la croissance économique mondiale. La fin de la bipolarisation a permis l'émergence de revendications régionales qui s'expriment par la violence. Elles accompagnent la renaissance d'un puissant islamisme dont les adeptes ont élargi leur champ d'action au globe tout entier. Tous ces mouvements pratiquent un terrorisme stratégique susceptible de créer un état latent d'incertitude économique et sociale en perturbant l'économie. Sa composante maritime a progressé à bas bruit, masquée par des attentats terrestres beaucoup plus spectaculaires et fréquents.

Localement, des savoir-faire spécifiques particulièrement efficaces ont été élaborés.

Des échanges tactiques et techniques entre des mouvements ne partageant pas les mêmes objectifs politiques sont avérés. Peuvent-ils faire gagner en efficacité les groupes terroristes islamistes au point de représenter une menace pour la stabilité du monde ?

Camille Morel, *Menace sous les mers : les vulnérabilités du système câblier mondial*

Les câbles sous-marins sont devenus les vecteurs principaux de l'économie mondiale. Au service des télécommunications, du Web mais également de la transmission d'énergie,

Hérodote, n° 163, La Découverte, 4e trimestre 2016.

le réseau du fond des mers constitue désormais une infrastructure vitale pour la société. Finance, commerce, administration, armée ou encore population civile en dépendent. Or les menaces qui pèsent sur le réseau se font de plus en plus nombreuses. Jusque-là confronté à un certain nombre de risques définis, le système sous-marin est aujourd'hui victime de faits nouveaux. Doit-on s'inquiéter davantage de l'intégrité physique du réseau sous-marin et de ses acteurs qu'auparavant ? Cet article cherchera à identifier les vulnérabilités actuelles et à venir des câbles sous-marins. De la coupure militaire en temps de guerre à la piraterie, en passant par l'espionnage, la cyberattaque, le sabotage ou encore l'action terroriste... le risque d'attaque sur le réseau semble se diversifier chaque jour un peu plus, ce qui interroge ainsi la protection des câbles sous-marins.

Pierre Royer, *Les États-Unis, maîtres des mers*

Les États-Unis alignent la première flotte de guerre du monde depuis maintenant près d'un siècle. Le déploiement de leur puissance s'est en effet toujours appuyé sur un outil aéronaval performant, illustrant les théories stratégiques de l'amiral Mahan et la vision géopolitique de Spykman, deux penseurs américains. Cette domination leur a permis de contribuer de façon décisive à la victoire des Alliés durant la Seconde Guerre mondiale et a joué aussi un rôle dans la guerre froide. Aujourd'hui, la composante aéronavale est omniprésente dans la gestion des crises et les interventions armées et permet aux États-Unis de veiller sur les routes maritimes absolument vitales pour notre économie mondialisée. Ils appliquent ainsi à la lettre la formule attribuée à Walter Raleigh : « Quiconque contrôle la mer contrôle le commerce ; quiconque contrôle le commerce mondial contrôle les richesses du monde, et conséquemment le monde en soi .» Et aucune puissance ne semble en mesure de contester cette domination, malgré la course aux armements navals à laquelle on assiste en particulier en Asie, car elle est assise à la fois sur un effort financier considérable (le premier budget d'armement mondial), sur une maîtrise technologique incontestable (notamment dans le domaine des porte-avions et des sous-marins, deux navires clés de nos jours) et sur un réseau d'alliés qui fournissent à la marine américaine un appoint de force et des bases de déploiement tout autour du monde. Aucune autre puissance ne réunit pour l'instant ces trois atouts.

Jean-Sylvestre Mongrenier, *Poutine et la mer. Forteresse* « Eurasie » et stratégie océanique mondiale

Vladimir Poutine manie des représentations géopolitiques qui font de la « Russie-Eurasie » l'archétype de la puissance continentale, engagée dans une confrontation avec les pays occidentaux, décrits comme des puissances marchandes et maritimes. Bref, la « nouvelle guerre froide » réitérerait le grand affrontement de la Terre et de la Mer, conformément aux théories géopolitiques de Mahan et Mackinder. *A priori*, ce système de pensée accorde peu de place à l'« océan mondial » dans la conception et la conduite de la grande stratégie russe. L'enjeu principal serait d'édifier une « forteresse eurasiatique ». Toutefois, les stratégies anti-accès en Baltique et en mer Noire ne sauraient occulter la volonté de Poutine de projeter puissance et influence au-delà des mers qui bordent la Russie-Eurasie, dans les « eaux bleues » (la haute mer). En cela, la composante navale de la grande stratégie russe met en évidence la

Hérodote, n° 163, La Découverte, 4e trimestre 2016.

dimension néosoviétique des conceptions et pratiques géopolitiques de Poutine.

Sébastien Colin, *Les mers lointaines, nouvelles frontières de la puissance halieutique chinoise ?*

Au-delà de ses objectifs sécuritaires et stratégiques, la politique maritime chinoise comprend un important volet économique consistant à développer l'économie maritime. Cet article analyse le développement de l'économie maritime en Chine à travers l'exemple de la pêche, un secteur d'activité éminemment important dont les implications sont à la fois environnementales, économiques et géopolitiques. Confrontée à de multiples défis dans les mers de Chine, la politique halieutique de la Chine cible désormais un plus grand développement de la pêche lointaine, faisant, à bien des égards, des vastes espaces océaniques les nouvelles frontières de la puissance halieutique chinoise. Bien qu'elles dépendent de facteurs politiques, diplomatiques et environnementaux, les marges de développement et de croissance semblent importantes pour cette pêche lointaine dont la modernisation s'inscrit pleinement dans l'ambition affichée du Parti communiste chinois depuis le début des années 2010 de faire de la Chine une puissance maritime de rang mondial.

Jean-Luc Racine, *La nouvelle géopolitique indienne de la mer : de l'océan Indien à l'Indo-Pacifique*

Longtemps focalisée sur la menace sino-pakistanaise le long de ses frontières himalayennes, l'Inde opère aujourd'hui une véritable redécouverte des enjeux maritimes, portée à la fois par l'essor de son économie et par l'évolution des paramètres stratégiques dans l'océan Indien et au-delà. Si l'expansion de sa marine marchande est à peine esquissée par le projet de rénovation de ses ports de commerce, l'effort porté sur sa marine de guerre est patent. Face aux avancées chinoises dans l'océan Indien, l'Inde développe une politique bilatérale et régionale avec les États maritimes de son voisinage proche ou étendu, et joue aussi, avec résolution mais prudence, la carte de l'Indo-Pacifique : garder autant que faire se peut sa marge d'autonomie stratégique, tout en intensifiant ses relations avec les grands acteurs (États-Unis, Japon, Australie) comme avec des pays tiers, du Vietnam aux îles Fidji.

Philippe Pelletier, *Le Japon et la mer, grandeurs et limites*

Le Japon considère son espace maritime de façon contrastée. La culture dominante, terrienne et citadine, a marginalisé sociologiquement et géographiquement les populations littorales vivant de la mer, lesquelles assurent cependant une grande partie de l'alimentation des Japonais. Mais la pêche japonaise qui s'est repliée sur sa ZEE est en déclin. Les litiges frontaliers surinsulaires donnent une importance géopolitique considérable au moindre îlot qui entoure l'archipel japonais, largement supérieure à tout intérêt économique.

Jean-Loup Samaan, *Les rivalités navales dans le Golfe : acteurs et ressources*

L'espace maritime du Golfe est un reflet des rapports de forces dans la région. Les États-Unis y maintiennent une suprématie navale sans rivale tandis que les Français et les Britanniques restent des acteurs influents.

Hérodote, n° 163, La Découverte, 4e trimestre 2016.

Mais si ces puissances occidentales demeurent fortement présentes, les marines des membres du Conseil de coopération du Golfe et de l'Iran se développent à leur tour. Enfin, les puissances asiatiques sont de plus en plus amenées à y déployer leurs moyens militaires en raison de leurs intenses échanges économiques avec le Golfe, sans que cela puisse à ce stade s'apparenter à un véritable rapprochement stratégique.

Jean Dufourcq, *La France et la mer : approche stratégique du rôle de la Marine nationale*

La mer est aujourd'hui devenue l'avenir de la terre : les sociétés marchandes mondialisées en dépendent tous les jours un peu plus et, en ces temps incertains, la mer redevient un théâtre stratégique global. La France bien dotée en atouts maritimes dispose en mer d'un formidable réservoir de croissance. La France a de sérieux atouts pour développer une véritable « ambition du large » et y établir les relais d'une nouvelle croissance fondée sur l'économie maritime, les bases d'une réelle sécurité économique durable, et figurer parmi les puissances de la mer. Ceci justifie une véritable ambition maritime et requiert une véritable stratégie navale dont la Marine nationale est par destination le principal vecteur.

Nicolas Escach, *Partage de la mer et nouveaux conflits géopolitiques en Baltique*

Les réseaux de coopération qui se sont multipliés en mer Baltique depuis la chute du Rideau de fer conduiraient presque à la considérer comme un lac dépourvu de la moindre fracture. D'importants conflits s'y sont pourtant succédé, révélant sa situation stratégique à l'échelle européenne. La guerre froide l'a même érigée en *no man's land* militarisé, confortant son rôle de glacis entre les deux blocs. Si la présence de l'Otan dans la zone semble désormais écarter la menace d'un futur conflit armé, des tensions de faible intensité, discontinues dans l'espace et le temps, s'accumulent. La mer Baltique représente un enjeu croissant pour ces nouvelles rivalités à mesure que s'accroît son appropriation. Les confrontations maritimes traduisent en Baltique un regain de conflictualité aux antipodes de l'image d'une gouvernance apaisée et exemplaire.

Marc Tarrats, *Les grandes aires marines protégées des Marquises et des Australes : enjeu géopolitique*

La Polynésie française avait annoncé à plusieurs reprises dans des congrès internationaux la réalisation de deux grands projets d'aires marines protégées (AMP) : une dans l'archipel des Marquises et l'autre dans l'archipel des Australes. Pourtant, lors de la 10e conférence des dirigeants des îles du Pacifique, le président de la collectivité française s'est illustré en annonçant la mise en place d'ici quatre ans de la plus grande AMG au monde. Il passait sous silence l'abandon des deux projets d'aires marines protégées pourtant prêts et interpellait les spécialistes de la protection des espaces marins par l'utilisation d'une appellation posant questionnement. En arrière-plan de ce revirement en matière de protection marine se jouent plusieurs intrigues géopolitiques : la menace de la submersion marine, l'affichage d'exemplarité sur la scène internationale, le développement économique par des investissements chinois, la curieuse absence de réaction du gouvernement central français et les rapports difficiles du centre tahitien avec ses autres archipels.

Hérodote, n° 163, La Découverte, 4e trimestre 2016.

Abstracts

Béatrice Giblin, *Editorial*

More than ever, the sea remains a major geopolitical and geostrategic stake as much in strategic terms as in ecological or economic ones. For this new issue, Hérodote chose to focus on the big national navies and their objectives on the one hand, and on a major risk – in its early stages, at least for other forms than piracy – on the other hand: the maritime terrorism. The geopolitical situations at this beginning of the 21st century push big States to equip themselves with powerful navies like China, Russia and India, all for whom they became essential tools to exercise their strategy of power.

Seas and oceans having become strategic and economic stakes with the maritimization of transport, it is logical that they also became the targets of terrorist attacks, especially in straits and littorals where state struggle maintain security. Maritime terrorism has a long history with piracy and has still even larger perspectives of development.

Hugues Eudeline, *Maritime terrorism, an actual threat to global stability*

Maritime trade is vital to the global economy. The end of political bipolarization has given rise to regional separatist claims along with the rebirth of jihadism whose most radical militants have broadened their scope to the entire globe. Those organizations carry out strategic global terrorism that could create a state of economic uncertainty and social chaos through the disruption of global economy. The maritime part of this strategy has grown steadily, however, it has been masked by the far more dramatic and frequent ground attacks.

Locally, very effective specific expertise has been developed. Maritime *modi operandi* of terrorist organizations tend to merge under some form of financing, tactical and technological barter that transcends ideological differences. Could the consecutive operational improvement destabilize the global economy to such a level that the jihadists achieve the political objectives they have set?

Camille Morel, *Threats beneath the seas: vulnerabilities in the global undersea cable network*

Submarine cables have become major vectors of our global economy. Medium of telecommunications, Internet data and electrical power, the undersea network represents a vital infrastructure. Finance, trade, administration, armies or civilian population

Hérodote, n° 163, La Découverte, 4e trimestre 2016.

rely on it. However, threats to the network are increasing. Until now facing a limited number of risks, the submarine system is challenged by new dynamics. Should the physical integrity of cables and its actors be a bigger worry than before? This paper aims to identify current and future vulnerabilities of submarine cables. From military cuts to piracy, through spying, cyberattack, sabotage or terrorist action, risks of attack are diversifying, which questions the protection of submarine cables.

Pierre Royer, *The United States of America, Masters of the seas*

The United States have aligned the first war fleet of the world for about a century. The deployment of their power has always been based on a competitive naval air force instrument, thus illustrating admiral Mahan's strategic theories and Spykman's geopolitical vision. This domination allowed the US to effectively contribute to the victory of Allies during the Second World War, and also played a major role during the Cold war. Nowadays, the rampant naval air force in crisis managements and armed interventions allows the US to oversee the maritime routes, which proved to be vital for this global economy. Thus, the US strictly follow Walter Raleigh's motto: « he who controls the sea controls the trade; he who controls the trade controls the wealth; and he who controls the wealth controls the world ». And no force seems powerful enough to question this domination even in the context of a naval arms race, especially in Asia where it stands on a considerable financial effort (1st arms budget in the world), on an undeniable technological expertise (aircraft carriers, submarines and two key ships as of today), and also on a network of allies that support the US navy with forces and bases around the world. No other force holds these three assets to this day.

Jean-Sylvestre Mongrenier, *Putin and the Sea. Fortress « Eurasia » and oceans strategy*

Vladimir Putin handles geopolitical representations which portray « Russia-Eurasia » as an archetypal continental power involved in a confrontation with the Western maritime and trading powers. Briefly, the "new cold war" would renew the major conflict between the Heartland and the Sea Power, in accordance with Mahan's and Mackinder's geopolitical theories. In the first place, this system of thoughts gives little consideration to the open wide ocean in the design and the conduct of Russia's grand strategy. The main stable would be to build a "Eurasian Fortress". However, the anti-access and aerial denial strategies (A2/AD) in the Baltic Sea and Black Sea should not hide Putin's will to project power and influence beyond the seas around Russia, in the "blue waters" (the high seas). Thus, the naval component of Russia's grand strategy highlights the neo-Soviet dimension of Putin's geopolitical conceptions and practices.

Sébastien Colin, *Distant seas: A new frontier of China's fishing power?*

The China's maritime policy, beyond its security and strategic objectives, has an important economic component consisting to develop the maritime economy. This article analyses the development of marine economy in China through the example of fisheries, a highly important sector of

Hérodote, n° 163, La Découverte, 4e trimestre 2016.

activity whose implications are environmental, economic and geopolitical. Facing multiple challenges in the China Seas, China's fisheries policy is now targeting further the development of the distant water fishing considering, in many respects, the vast ocean spaces as the new frontiers of the Chinese fishing power. Although they depend on political, diplomatic and environmental factors, the margins of the development and growth seem important for this distant water fishing, the modernisation of which is since the early 2010s fully in the ambition of the Chinese Communist Party aiming at the transformation of China into a global maritime power.

Jean-Luc Racine, *The new Indian geopolitics of the sea : from the Indian Ocean to the Indo-Pacific*

For long focused on its Himalayan borders contested by China and Pakistan, India is nowadays fully reassessing the stakes linked to its maritime environment, for reasons linked partly to its growing economy, partly to the new strategic parameters developing in the Indian Ocean and beyond. Despite the new project launched for renovating its trading ports, the expansion of its merchant navy remains a challenge. By contrast, the modernization and expansion of the Indian Navy is remarkable. Confronted to the growing Chinese presence in the Indian Ocean, New Delhi develops a bilateral and regional policy of cooperation with a number of maritime States of its near and extended neighbourhood, while playing as well, carefully but with dedication, the card of the Indo-Pacific. Trying to preserve most of its strategic autonomy, India is nevertheless expanding its relationship with key players (the U.S., Japan, Australia) as well as with other countries, be it Vietnam or Fiji.

Philippe Pelletier, *Japan and the sea, greatness and limits*

Japan considers his marine space with contrasts. Dominant culture, based on agrarian or urban values, sociologically and geographically marginalized inhabitants living by the sea, which still provides a major part of Japanese food. But Japanese fisheries withdrew to Japanese EEZ and declined. Hyperinsular border conflicts give to the smallest inlet surrounding the Japanese archipelago a geopolitical importance bigger than its specific economic weight.

Jean-Loup Samaan, *Naval rivalries in the Gulf : forces and resources*

The maritime space of the Gulf mirrors the power plays in the region. The US still prevails as the unrivaled naval *hegemon* while the French and the British remain influential actors. But if these Western powers are still active, the navies of the Gulf Cooperation Council's members and of Iran are developing as well. Finally, Asian powers are more and more deploying military means in the Gulf as a result of their increased economic relations with the area, although it does not yet qualify for a strategic rapprochement.

Jean Dufourcq, *France and the sea : a strategic approach of the national navy's role*

Sea became the future of the earth : globalized trade societies rely on it everyday a little more and the sea must again become a global strategic battlefield. France, well equipped in maritime assets, possess a great pool of growth and has serious advantages

Hérodote, n° 163, La Découverte, 4e trimestre 2016.

to develop an "open sea ambition" based on maritime economic power and to build the premisces of a new and sustainable economic security. This justifies a real maritime ambition and requires a genuine naval strategy for the National navy.

Nicolas Escach, *Sharing the sea and new geopolitical conflicts in the Baltic region*

The network of cooperation which has multiplied in the Baltic Sea since the fall of the Iron Curtain could almost be compared to a frozen lake without the smallest crack. The important conflicts there have nonetheless successfully revealed its strategic position on the European scale. The Cold War effectively built it into a militarized "*no man's land*" solidifying its role as a buffer between the two blocks. Even though NATO's presence in the zone appears to diffuse the threat of a future armed conflict, the slight underlying tensions are accumulating, redrawing the lines of the geopolitical divide, further pushing the regions apart. The Sea not only represents a stage but also ever higher stakes for the new rivalries, impacted by the increased appropriation of liquid territory. The maritime confrontations translate in the Baltic region into renewed conflict which is the antithesis of the image of a peaceful and exemplary coalition.

Marc Tarrats, *Marquesas and Austral Islands' large protected marine areas sacrificed on the altar of geopolitics*

French Polynesia announced several times in international conferences the setting up of two major projects of protected marine areas : one in the Marquesas archipelago and the other in the Austral archipelago. However, at the 10th Pacific Islands Leaders Meeting, the French Community's president announced the establishment of the largest marine managed area in the world within four years. He remained silent about the giving up of the two projects of marine protected areas – though ready – and called out specialists in protected marine areas by the use of an ambiguous appellation. In the background of this turnaround concerning marine protection, several geopolitical intrigues are at stake : the threat of coastal flooding, displaying an exemplariness on the international scene, the economic development through Chinese investments, the strange lack of reaction of the French central government and the complex relationship between the Tahitian center and other archipelagos.

a Revue de l'IEDES change de nom en 2017 et devient :

evue internationale des études du développement

REVUE TIERS MONDE - 2016/3 - VARIA

Revue Tiers Monde est publiée par l'Institut d'étude du
veloppement économique et social, de l'Université
is 1 Panthéon-Sorbonne.

6 ARTICLES

herine AUBERTIN
tiques forestières en Amazonie brésilienne.
REDD au code forestier.

ine BOUÉ, Jean-Philippe COLIN, Pierre-Marie BOSC
elle demande de formalisation légale des droits
ciers ? Éclairage à partir d'une commune des
utes Terres malgaches.

haine LEMÉNAGER, Véra EHRENSTEIN
principes agroécologiques à leur mise en
tique. Quels effets environnementaux en Zambie
quels enseignements pour les bailleurs de fonds ?

nanuel PANNIER, Gwen PULLIAT
anges, dons et dettes. Réseaux sociaux et
lience dans le Vietnam d'aujourd'hui.

oline BARBARY
autre jeunesse « copte » de la révolution en Égypte.
isation et trajectoires d'engagement dans l'Union des
es de Maspero.

élope LARZILLIÈRE
: réforme du secteur de la sécurité ». Généalogie
que du discours sécurité et développement.

2 DOCUMENTS

errand SERRURIER
réforme du secteur de la sécurité ». Généalogie
que du discours sécurité et développement.

ope LACOSTE, avec la collaboration de Lionel LEIGNEL
ucation aux Comores. Un modèle français en phase
ente hybridation.

Revue
TIERS MONDE
N°226-227 • avril-septembre 2016

VARIA

ARMAND COLIN

En janvier 2017, la Revue Tiers Monde s'appellera : la Revue internationale des études du développement, et passera de Armand Colin aux Publications de la Sorbonne.

Retrouvez la Revue Tiers Monde en ligne

∞ www.univ-paris1.fr/ufr/iedes/larevue/
∞ www.cairn.info/revue-tiers-monde.htm
∞ www.jstor.org/journal/revuetiersmonde
∞ www.persee.fr/
∞ www.revues.armand-colin.com
∞ www.iedespubli.hypotheses.org/

Persee
CAIRN
chercher : repérer : avancer
UNIVERSITÉ PARIS 1
PANTHÉON SORBONNE
INSTITUT D'ÉTUDE DU DÉVELOPPEMENT ÉCONOMIQUE ET SOCIAL

Revue Tiers Monde - IEDES
Campus du Jardin d'agronomie tropicale
45 bis av. de la Belle-Gabrielle
94736 Nogent-sur-Marne Cedex - France
Email : **tiermond@univ-paris1.fr**

BULLETIN D'ABONNEMENT

Hérodote : prix en vigueur à compter du 1er janvier 2015

Nom ....
Prénom ....
Adresse ....

Code postal .... Ville ....
Pays .... E-mail ....
Tél. .... Fax ....

❑ Je m'abonne pour 1 an à *Hérodote* à partir du numéro

• **Particuliers**

❑ France et Dom-Tom 70 € ❑ UE et Suisse 72 € ❑ Autres pays 76 €

• **Institutionnels**

❑ France et Dom-Tom 100 € ❑ UE et Suisse 112 € ❑ Autres pays 140 €

• **Abonnement de soutien**

❑ Tous pays 150 €

❑ Ci-joint mon règlement :

❑ Chèque libellé à l'ordre de Elsevier Masson

❑ Mandat-lettre

❑ Carte bancaire (Carte bleue et Master-Eurocard, uniquement) :

Numéro de carte :

Date de validité : Signature :

Aucun envoi n'est fait contre remboursement.

Adresse du service abonnements

***Hérodote*, Elsevier Masson SAS, services abonnements,**

65, rue Camille-Desmoulins, 92442 Issy-les-Moulineaux Cedex